16-17
Version

한국STATA학회
The Korean Association of STATA

2nd Edition

시계열 데이터 분석

민인식 • 최필선 공저

STATA

Time Series Data Analysis

시계열 데이터 분석 *2nd Edition*

STATA

Time Series Data Analysis

민인식 • 최필선 공저

16-17 Version

MEDIA JIPHIL
(주)지필미디어

머리말

시계열 데이터 분석은 거시경제학과 재무·금융 분야에서 주로 사용하는 통계적 접근법이다. 패널데이터와 달리 제한된 분야에서 사용한다는 점 때문에 재개정 작업이 늦어진 아쉬움이 있다. 시계열 데이터 분석은 이론적 내용이 어려울 뿐 아니라 시계열 분석만 전문으로 하는 통계프로그램들이 많이 있기 때문에 STATA가 이 분야에서 많이 활용되는 편이 아니다. 그러나 STATA 16/17 버전은 시계열 분석 명령어들이 많이 보완되어 출시되었다. 이 책에서는 STATA 16/17 버전에 기초하여 다양한 시계열 분석이론을 소개하고 그 활용을 STATA 명령어로 보여주고자 한다.

이 책의 내용은 크게 4개 부분으로 나눌 수 있다. 첫째, 시계열분석을 위한 기초적인 데이터 관리, 그래프 작성, 그리고 기초통계분석이다. 둘째, 내생변수가 1개인 모형을 예측모형으로 활용하는 단일변량 시계열 분석이다. 셋째, 2개 이상의 내생변수를 서로 연결하여 예측모형으로 활용하는 다변량 시계열 분석이다. 넷째, 패널데이터 모형을 예측모형으로 활용하는 시계열 분석이다. 대부분 시계열 교재와 같이 본서에서도 단변량과 다변량 시계열 분석에 초점을 두었지만, 최근 패널데이터 활용이 증가하는 트렌드를 반영하여 패널데이터 모형도 일부 포함하였다. 패널데이터에 기초한 시계열 분석의 이론과 다양한 예제에 대해서는 고급통계분석(2021)의 8장-10장을 추가적으로 참고할 수 있다. 사실 시계열 분석이론을 설명하기 위해서는 많은 수식이 필요하지만, 이 책의 독자들은 이론보다는 STATA 활용을 더 중요시 한다고 가정하고 이론적인 부분은 최소한의 수식으로 설명하고자 노력하였다.

본서는 STATA의 기본 명령문과 시계열 데이터 관리에 어느 정도 익숙한 독자들을 가정하였다. STATA 초보 독자들은 『STATA 패널데이터 분석』을 같이 참고하길 바란다. 이 책에 사용된 모든 예제 데이터 파일은 한국STATA학회 홈페이지(http://kastata.org/html/sub02-04.asp)에서 다운로드 받아 독자들이 직접 실습할 수 있다.

국내에서 STATA 보급에 노력해 주신 한국판매지사의 박정권 사장님, 그리고 어려운 출판환경에서도 STATA 서적에 꾸준히 관심을 가져주신 지필미디어 김성남 대표님께도 이 지면을 빌려 감사의 말씀을 전한다. 마지막으로 사랑하는 가족이 없었다면 이 책 역시 세상 빛을 보기 어려웠을 것이다.

2022년 2월

저 자

목차

제5장 | 정적 모형과 동적 모형

제6장 | 시계열 평활

제7장 | 시계열의 비정상성

제8장 | ARIMA 모형

제9장 | 시계열의 계절성

제10장 | ARCH and GARCH 모형

제11장 | VAR모형 (1)

제12장 | VAR모형 (2)

제13장 | VEC 모형

제14장 | 패널모형에서 단위근과 공적분 검정

제15장 | 패널 VAR 모형

제16장 | 거시 연립방정식 모형과 예측

CHAPTER 01 | 시계열 데이터 관리

1.1 tscollap 명령어

먼저 시계열의 주기(frequency)를 변환하는 방법에 대해 알아보자. 예를 들어 주가 데이터가 월별로 주어졌을 때 이를 분기별로 주기를 변환한 후 각 분기의 평균 주가를 계산하고자 한다. 이를 위해서는 collapse 명령어를 사용해야 한다.* 그림 1-1에서는 collapse 명령어를 이용하여 주기를 변환하는 예를 보여준다.

data file: T_data1_1.dta

| 그림 1-1 | collapse 명령어를 이용한 주기 변환

```
. use T_data1_1, clear
. gen qtr=qofd(dofm(dm))
. format qtr %tq

. collapse (mean) dowclose ln_dow, by(qtr)
. list qtr dowclose ln_dow in 1/10

     +------------------------------+
     |    qtr   dowclose     ln_dow |
     |------------------------------|
  1. | 1953q1   286.4015   5.657332 |
  2. | 1953q2   273.0367   5.609446 |
  3. | 1953q3   268.1452   5.591319 |
  4. | 1953q4   276.3227   5.621398 |
  5. | 1954q1   292.6456   5.678766 |
     |------------------------------|
  6. | 1954q2   320.5641   5.769762 |
  7. | 1954q3   346.7212   5.848328 |
  8. | 1954q4   375.9455   5.928559 |
  9. | 1955q1   405.8666   6.005855 |
 10. | 1955q2   428.4614   6.059902 |
     +------------------------------+
```

위 결과에서 볼 수 있듯이 원 데이터는 월별 데이터였고, 주기가 변환된 데이터는 분기별 데이터가 된다. 위 예제에서 핵심은 월 주기를 나타내는 dm 변수를 이용하여 분기 주

* collapse 명령어에 대한 자세한 내용은 민인식 · 최필선(2019a) 6장을 참고하라.

기를 의미하는 qtr 변수를 만들어내야 하는 것이다.

위의 동일한 작업을 tscollap 명령어를 이용하면 좀 더 쉽게 수행할 수 있다. 이를 위해서는 먼저 tscollap 명령어를 인터넷에서 다운로드 받아야 한다.*

data file: T_data1_1.dta

| 그림 1-2 |

```
. use T_data1_1, clear
. tsset dm
        time variable:  dm, 1953m1 to 1990m2
                delta:  1 month

. tscollap (mean) dowclose ln_dow, to(q) gen(qtr)
 Converting from M to Q
         time variable:  qtr, 1953q1 to 1989q4
                delta:  1 quarter

. list qtr dowclose ln_dow in 1/10

     +-------------------------------+
     |    qtr   dowclose     ln_dow |
     |-------------------------------|
  1. | 1953q1   286.4015   5.657332 |
  2. | 1953q2   273.0367   5.609446 |
  3. | 1953q3   268.1452   5.591319 |
  4. | 1953q4   276.3227   5.621398 |
  5. | 1954q1   292.6456   5.678766 |
     |-------------------------------|
  6. | 1954q2   320.5641   5.769762 |
  7. | 1954q3   346.7212   5.848328 |
  8. | 1954q4   375.9455   5.928559 |
  9. | 1955q1   405.8666   6.005855 |
 10. | 1955q2   428.4614   6.059902 |
     +-------------------------------+
```

tscollap 명령어를 사용하기 위해서는 반드시 tsset 명령어를 먼저 실행하여 시계열 데이터의 주기변수를 지정해야 한다. 주의해야 할 점은 tscollap 명령어는 월별(monthly), 분기별(quarterly), 반기별(half-yearly) 데이터인 경우에만 사용할 수 있다. 위 예제는 월별 데이터임을 알 수 있다. tscollap 명령어 다음의 괄호 안에 계산하고자 하는 통계량을 입력해준다. 계산할 수 있는 통계량은 다음 5가지이다.

---

* findit tscollap 실행하여 명령어를 다운로드 받는다.

| 표 1-1 |

mean	평균을 계산한다.
sum	합계를 계산한다.
gmean	기하평균(geometric mean)을 계산한다. (변수 값이 0보다 클 때만 사용할 수 있다)
first	해당 시점의 처음 값을 가져온다.
last	해당 시점의 마지막 값을 가져온다.

우선 (mean)은 평균을 계산하라는 의미가 된다. 평균을 계산하고자 하는 변수 이름을 입력한다. 필수 옵션으로는 to( )이다 현재 월별 데이터이고 분기별 데이터로 주기 변환하고자 하면 to(q)라고 입력한다. 만약 연도별 평균 데이터로 변환하고자 하면 to(y)라고 입력해야 한다. gen(qtr) 옵션은 새로 생성되는 분기주기 변수의 이름을 qtr로 지정한다는 뜻이다. 앞의 그림 1-2의 명령문을 통해 만들어지는 최종 분기 데이터는 정확히 그림 1-1과 일치함을 알 수 있다. 평균뿐만 아니라 해당 주기의 마지막 값을 가져와서 변수로 생성하고자 하면 다음과 같이 명령문을 작성할 수 있다.

data file: T_data1_1.dta

| 그림 1-3 |

```
. use T_data1_1, clear
. tsset dm
        time variable:  dm, 1953m1 to 1990m2
                delta:  1 month

. tscollap (mean) mean_dowclose=dowclose mean_lndow=ln_dow (last)
last_dowclose=dowclose last_lndow=ln_dow, to(q) gen(qtr)
 Converting from M to Q

        time variable:  qtr, 1953q1 to 1989q4
                delta:  1 quarter

. list qtr mean_dowclose- last_lndow in 1/5
     +-------------------------------------------------------+
     |    qtr   mean_d~e   mean_l~w   last_d~e   last_l~w |
     |-------------------------------------------------------|
  1. | 1953q1   286.4015   5.657332   286.7909   5.658709 |
  2. | 1953q2   273.0367   5.609446   266.8864   5.586792 |
  3. | 1953q3   268.1452   5.591319   261.9048   5.567924 |
  4. | 1953q4   276.3227   5.621398   281.1545   5.638891 |
  5. | 1954q1   292.6456   5.678766   299.1652   5.700979 |
     +-------------------------------------------------------+
```

그림 1-3의 명령문에서 주의해야 할 점은 평균과 마지막 값을 동시에 만들기 때문에 반드시 변수 이름을 새로 지정해주어야 한다. mean_dowclose는 dowclose 변수의 평균에 해당하는 변수가 된다. (last) 옵션을 통해 가령 1~3월 중 3월에 해당하는 값을 변수로 생성하게 된다.

tscollap 명령어는 그림 1-1 collapse 명령어보다 문법이 단순한 장점이 있다. 그러나 다음과 같은 2가지 단점이 있다. 첫째, collapse 명령어는 17개의 통계량을 선택할 수 있는 반면에 tscollap는 5개의 통계량만을 선택할 수 있다. 둘째, 월별, 분기별, 반기별 데이터만 이용해서 주기변환이 가능하다. 가령 일별 데이터를 월별(또는 분기별) 데이터로 변환하고자 하면 collapse 명령어를 사용할 수밖에 없다. 그림 1-4 예제에서는 일별 주기를 분기별 주기로 변환하는 명령문을 제시한다.

data file: T_data1_2.dta

| 그림 1-4 |

```
. use T_data1_2, clear
. tsset date
        time variable:  date, 02jan1953 to 20feb1990, but with gaps
                delta:  1 day

. tscollap (mean) dowclose, to(q) gen(qtr)
 The target frequency must be lower than the current frequency.
r(198);

. gen qtr=qofd(date)
. format qtr %tq

. collapse (mean) dowclose , by(qtr)
```

tscollap 명령어를 사용하면 에러 메시지를 얻는 것을 확인할 수 있다. 따라서 qofd( ) 함수를 이용하여 분기변수를 만든다. collapse 명령문을 이용하여 dowclose 변수의 분기별 평균 데이터를 만드는 과정을 거쳐야 한다.

1.2 tsreport 명령어

시계열 데이터에서 시간 갭(time gap)이 존재하는가는 중요한 문제가 될 수 있다. tsreport 명령어는 시계열 데이터 또는 패널 데이터에서 시간 갭이 존재하는지 알려준다.

data file: T_data1_3.dta

| 그림 1-5 |

```
. use T_data1_3, clear
. tsset date
        time variable:  date, 02jan1953 to 26may1953, but with gaps
                delta:  1 day

. tsreport, detail
Time variable:    date
----------------------------
Starting period = 02jan1953
Ending period   = 26may1953
Observations    =       100
Number of gaps  =        22

Gap report
----------------------------------------------------
Obs.          |      Start          End      N. Obs.
--------------+-------------------------------------
        1--2| 03jan1953   04jan1953            2
        6--7| 10jan1953   11jan1953            2
      11--12| 17jan1953   18jan1953            2
      16--17| 24jan1953   25jan1953            2
      21--22| 31jan1953   01feb1953            2
      26--27| 07feb1953   08feb1953            2
      29--30| 12feb1953   12feb1953            1
      30--31| 14feb1953   15feb1953            2
--------------------------- 이하 생략 ---------------------------------------
```

tsset 명령문의 결과에서 “but with gaps”으로 보아 date 변수에 시간 갭이 있음을 알 수 있다. 구체적으로 어떤 식으로 시간 갭이 존재하는지 알아보기 위해 tsreport 명령어를 detail 옵션과 함께 사용한다. 전체 관측치 100개 중에 시간 갭이 22곳에서 발견된다. 그리고 “Gap report”에 따르면 1번과 2번 관측치 사이에 시간 갭이 존재하고, 날짜로는 1953년 1월 3일과 1953년 1월 4일이 빠져 있다는 것을 알 수 있다.

패널데이터인 경우에는 반드시 panel 옵션을 다음 예제와 같이 사용함에 주의해야 한다.

data file: T_data1_4.dta

| 그림 1-6 |

```
. use T_data1_4, clear
. tsset com year
       panel variable:  company (unbalanced)
        time variable:  year, 1935 to 1954, but with gaps
                delta:  1 year

. tsreport, panel detail

Panel variable:   company
Time variable:    year
-------------------------

Starting period = 1935
Ending period   = 1954
Observations    = 196
Number of gaps  = 4

Gap report
-----------------------------------------------------------------
Obs.          |    company        Start          End       N. Obs.
--------------+--------------------------------------------------
         3--4|          1         1938         1938              1
       14--15|          1         1950         1950              1
       28--29|          2         1945         1945              1
       49--50|          3         1947         1947              1
-----------------------------------------------------------------
```

tsset 명령문을 company year 변수에 대해 실행하면 "but with gaps"라는 표현이 나오는 것을 확인할 수 있다. 구체적인 시간 갭에 대해 알기 위해 **tsreport** 명령어를 반드시 **panel** 옵션과 같이 사용해야 한다. 시간 갭이 4개 있고 1번 회사에서 1938년과 1950년이 빠져 있고 2번 회사에서 1945년, 3번 회사에서 1947년이 빠져 있음을 확인할 수 있다. **panel** 옵션을 사용하지 않는다면 시간 갭의 수는 13개라고 잘못 리포트하게 된다.*

1.3 tsappend 명령어

시계열 데이터에서는 일반적으로 시간 범위가 주어져 있다. 그러나 표본외 예측(out-of-sample forecast)을 실행하는 경우에 주어진 시간 범위 이상의 시점을 추가해야 한다. **tsappend** 명령어는 시점을 추가하고자 할 때 편리하게 사용할 수 있다.

* 패널그룹이 바뀌면서 년도가 바뀌는 부분을 시간 갭으로 인식하기 때문이다.

data file: T_data1_5.dta

| 그림 1-7 |

```
. use T_data1_5, clear
. tsset qtr
        time variable:  qtr, 1960q1 to 1982q4
                delta:  1 quarter

. tsappend ,add(12)

. list qtr inv inc in 90/95
     +-----------------------+
     |    qtr   inv     inc |
     |-----------------------|
 90. | 1982q2   824    2618 |
 91. | 1982q3   831    2628 |
 92. | 1982q4   830    2651 |
 93. | 1983q1     .       . |
 94. | 1983q2     .       . |
     |-----------------------|
 95. | 1983q3     .       . |
     +-----------------------+
```

그림 1-7 예제 데이터는 1960년 1분기~1982년 4분기까지의 시간범위를 가지고 있다. 이에 대해 1983년 1분기~1985년 4분기까지 총 12분기를 관측치를 추가하고자 하면 add(12) 옵션을 사용한다. list 명령문 결과에서 알 수 있듯이 qtr 변수는 1983년 1분기~1985년 4분기까지 추가되고, 나머지 변수는 해당 기간에 대해서는 결측치로 처리된다.

위와 같이 tsappend 명령문을 통해 관측치를 추가하는 작업은 그림 1-8에서 보여주듯이 표본외 예측과정과 연결할 수 있다. 예제 데이터를 이용하여 다음과 같은 AR(1) 모형을 설정해보자.

$$\ln CON_t = \alpha + \beta \ln CON_{t-1} + e_t \tag{1.1}$$

위 식에서 $\ln CON_t$는 t 시점의 소비에 자연로그를 취한 변수이고, $\ln CON_{t-1}$는 $t-1$ 시점의 소비 로그값이다.

| 그림 1-8 |

```
use T_data1_5, clear
tsset qtr
tsappend, add(12)
reg ln_consump L.ln_consump

replace ln_consump=_b[_cons]+_b[L.ln_consump]*L.ln_consump ///
if qtr>=yq(1983,1)
```

그림 1-8에서 작성한 do file의 실행결과를 살펴보면 1983년 1분기~1985년 4분기까지 (로그) 소득값이 채워져 있음을 아래 결과에서 확인할 수 있다. 그림 1-8에서 표본외 예측은 1983년 1분기부터 시작되어야 한다. 그림 1-8과 같이 표본외 예측을 실행하기 위해서는 먼저 tsappend 명령어를 사용하여 시간범위를 확장하고 시작해야 한다. $t-1$ 시점을 표현하기 위해서는 L. operator를 활용한다.*

```
. list qtr ln_consump if qtr>=yq(1982,2)

     +--------------------+
     |    qtr   ln_con~p |
     |--------------------|
 90. | 1982q2   7.712891 |
 91. | 1982q3   7.718686 |
 92. | 1982q4   7.727975 |
 93. | 1983q1    7.74368 |
 94. | 1983q2   7.759326 |
     |--------------------|
 95. | 1983q3   7.774915 |
     +--------------------+
```

한편, tsappend 명령문에서 확장하고자 시간범위의 마지막 값을 옵션으로 지정할 수 있다. 아래 그림 1-9에 실행 예가 나와 있다.

data file: T_data1_5.dta

* L. operator에 대한 자세한 설명은 민인식 · 최필선(2022b)의 2장을 참고하라.

| 그림 1-9 |

```
. use T_data1_5, clear
. tsset qtr
        time variable:  qtr, 1960q1 to 1982q4
                delta:  1 quarter
. tsappend, last(1985q4) tsfmt(tq)
```

last( ) 옵션에서는 1985년 4분기까지 시간변수 값을 확장하라는 의미이다. 주의해야 할 점은 last( ) 옵션은 반드시 tsfmt( ) 옵션과 같이 사용해야 한다. tsfmt( ) 옵션에서는 시간변수(qtr 변수)의 디스플레이 포맷(display format)을 지정해 준다. qtr 변수가 분기포맷이기 때문에 tsfmt(tq)라고 입력한다. 만약 시간변수가 월 포맷이라면 tsfmt(tm)이라고 입력한다.

패널데이터인 경우에도 tsappend 명령어를 사용할 수 있다. 아래 그림 1-10 예제에서는 연도별 데이터인 경우 각 패널 그룹별로 5년씩 관측치를 추가하는 명령문을 제시한다.

data file: T_data1_6.dta

| 그림 1-10 |

```
. use T_data1_6, clear
. tsset com year
       panel variable:  company (unbalanced)
        time variable:  year, 1935 to 1954
                delta:  1 unit

. tsappend , add(5)
```

tsset 명령문을 실행하면 패널데이터임을 Stata가 인식하기 때문에 tsappend 명령문을 사용하면 자동으로 패널 그룹별로 5년씩 관측치를 추가하게 된다. 주어진 예제 데이터에서는 3개의 회사는 마지막 관측된 년도가 서로 다르다. tsappend 명령어는 각 회사별로 마지막 관측된 년도부터 5년을 추가하게 됨에 주의해야 한다.

만약 3개 회사 모두 1960년까지 관측치를 추가하고자 하면 다음과 같이 명령문을 작성해야 한다. last( ) 옵션에서 1960년을 지정해 주고 tsfmt( ) 옵션에서 년도(year) 포맷이라고 알려주어야 한다. 생성된 데이터를 보면 3개 회사별로 추가된 관측치의 수가 서로 다르다는 것을 알 수 있다.

| 그림 1-11 |

```
. use T_data1_6, clear
. tsset com year
       panel variable:  company (unbalanced)
        time variable:  year, 1935 to 1954
                delta:  1 unit

. tsappend, last(1960) tsfmt(y)
```

1.4 tsfill 명령어

시간 갭이 있는 시계열 데이터 경우, 시간 갭을 채워주는 명령어가 **tsfill** 명령어이다. 그림 1-12는 시계열 데이터에서 **tsfill** 명령어 활용 예를 보여준다.

data file: T_data1_7.dta

| 그림 1-12 |

```
. use T_data1_7, clear
. tsset date
        time variable:  date, 02jan1953 to 26may1953, but with gaps
                delta:  1 day

. tsfill
. list in 1/6
     +------------------------------------+
     |      date   dowclose   t    ln_dow |
     |------------------------------------|
  1. | 02jan1953      292.1   1  5.677096 |
  2. | 03jan1953          .   .         . |
  3. | 04jan1953          .   .         . |
  4. | 05jan1953      293.8   2  5.682899 |
  5. | 06jan1953      292.2   3  5.677439 |
     |------------------------------------|
  6. | 07jan1953      290.8   4  5.672636 |
     +------------------------------------+

. tsset date
        time variable:  date, 02jan1953 to 26may1953
                delta:  1 day
```

예제 데이터는 일별 주기 데이터이고 시간 갭이 존재한다. 가령 1월 2일 다음에 1월 5일이 관측된다. 1월 3일과 1월 4일을 추가하기 위해서는 **tsfill** 명령어를 사용한다. 그 결과

date 변수에 1월 3일과 4일 관측치가 추가되었다. date 변수를 제외한 나머지 변수는 결측치로 처리된다. tsfill 명령어를 실행한 후 tsset date 명령문을 실행하면 "but with gaps"라는 표현이 사라지고 시간 갭이 없는 데이터임을 알 수 있다.

패널데이터인 경우에도 tsfill 명령어를 사용할 수 있다. 주의해야 할 점은 full 옵션을 어떻게 사용하느냐를 선택해야 한다. 예제 데이터에는 3개 회사가 있고 각 회사의 시간 변수는 다음과 같은 특징이 있다.

1번 회사: 1935년~1949년 관측되고 1939년이 빠져 있다.

2번 회사: 1935년~1951년 관측되고 1942년과 1943년이 빠져있다.

3번 회사: 1935년~1954년 관측되고 중간에 빠진 년도가 없다.

아래 그림 1-13 예제에서는 옵션 없이 tsfill 명령어 실행결과를 보여준다. tsfill 명령문 실행 후 tsset 결과를 보면 시간 갭은 없지만 "unbalanced" 즉 불균형 패널임을 알려준다. 예제처럼 패널 그룹별로 마지막 년도가 서로 다르면, tsfill 명령어는 단지 중간에 빠진 년도만을 채워 넣게 된다. 결과적으로 시간 갭은 없어지지만 여전히 불균형 패널로 Stata가 인식하게 된다.

data file: T_data1_8.dta

| 그림 1-13 |

```
. use T_data1_8, clear
. tsset com year
       panel variable:  company (unbalanced)
        time variable:  year, 1935 to 1954, but with gaps
                delta:  1 year

. tsfill
. tsset com year
       panel variable:  company (unbalanced)
        time variable:  year, 1935 to 1954
                delta:  1 year
```

같은 예제 데이터를 이용하여 tsfill 명령어에서 full 옵션을 추가하면 전혀 다른 결과가 얻어진다. full 옵션은 각 회사별로 빠진 년도를 채워 넣고 또한 1번 회사와 2번 회사의 마지막 시점도 3번 회사처럼 1954년으로 맞추게 된다. 따라서 1번 회사는 1950년~1954년 관측치가 추가되고 2번 회사는 1952년~1954년 관측치가 추가된다. tsset 명령문을 실행해

보면 시간 갭이 없을 뿐만 아니라 "strongly balanced" 결과를 얻게 된다. 즉 균형패널 데이터로 변환되었음을 알 수 있다.

data file: T_data1_8.dta

| 그림 1-14 |

```
. use T_data1_8, clear
. tsset com year
       panel variable:  company (unbalanced)
        time variable:  year, 1935 to 1954, but with gaps
                delta:  1 year

. tsfill, full

. tsset com year
       panel variable:  company (strongly balanced)
        time variable:  year, 1935 to 1954
                delta:  1 year
```

1.5 Stata do file

```
use T_data1_1,clear
gen qtr=qofd(dm)
format qtr %tq
collapse (mean) dowclose ln_dow, by(qtr)
list qtr dowclose ln_dow in 1/10

findit tscollap
use T_data1_1, clear
tsset dm
tscollap (mean) dowclose ln_dow, to(q) gen(qtr)
list qtr dowclose ln_dow in 1/10

use T_data1_1, clear
tsset dm
tscollap (mean) mean_dowclose=dowclose mean_lndow=ln_dow ///
(last) last_dowclose=dowclose last_lndow=ln_dow, to(q) gen(qtr)
list qtr mean_dowclose- last_lndow in 1/5

use T_data1_2, clear
tsset date
* tscollap (mean) dowclose, to(q) gen(qtr) // error message
gen qtr=qofd(date)
format qtr %tq
```

```
collapse (mean) dowclose , by(qtr)

use T_data1_3, clear
tsset date
tsreport, detail

use T_data1_4, clear
tsset com year
tsreport, panel detail

use T_data1_5, clear
tsset qtr
tsappend ,add(12)
list qtr inv inc in 90/95

use T_data1_5, clear
tsset qtr
tsappend, add(12)
reg ln_consump L.ln_consump

replace ln_consump=_b[_cons]+_b[L.ln_consump]*L.ln_consump ///
if qtr>=yq(1983,1)
list qtr ln_consump if qtr>=yq(1982,2)

use T_data1_5, clear
tsset qtr
tsappend, last(1985q4) tsfmt(tq)

use T_data1_6, clear
tsset com year
tsappend , add(5)

use T_data1_6, clear
tsset com year
tsappend, last(1960) tsfmt(y)

use T_data1_7, clear
tsset date
tsfill
list in 1/6
tsset date

use T_data1_8, clear
tsset com year
tsfill
tsset com year
```

```
use T_data1_8, clear
tsset com year
tsfill, full
tsset com year
```

CHAPTER 02 | 시계열 기초 통계분석

2.1 시계열 그래프

예제 데이터는 분기 주기를 가진 데이터이다. 시계열 모형에서는 관측된 레벨(level) 변수를 그대로 사용하기도 하지만, 차분(difference)을 이용하는 경우도 많다. 레벨 변수와 그 변수의 차분을 동시에 그리는 예를 그림 2-1에서 보여준다.

data file: T_data2_1.dta

| 그림 2-1 |

```
. use T_data2_1, clear
. tsset qtr
        time variable:  qtr, 1960q1 to 1982q4
                delta:  1 quarter

. twoway (tsline ln_consump) (tsline dln_consump, yaxis(2) lpattern(longdash))
```

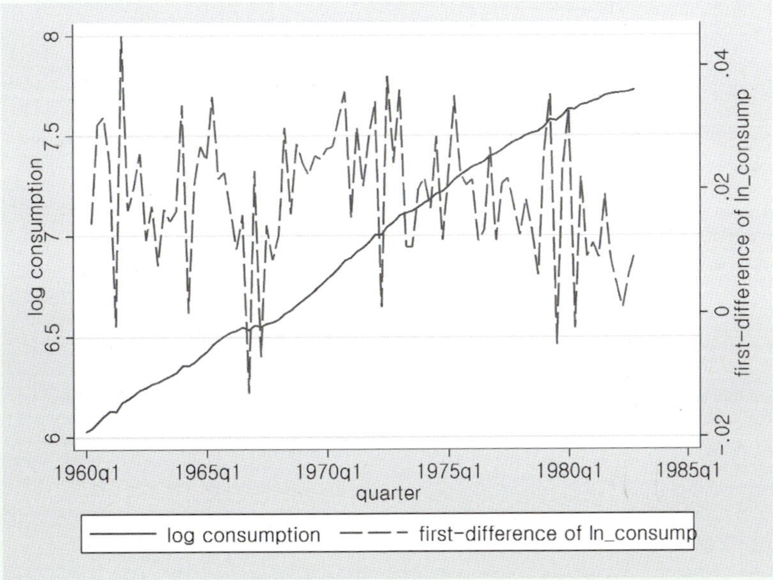

tsline 명령어는 시계열 선그래프를 그릴 때 사용하는 명령어이다. 왼쪽 Y축은 분기별 소비의 로그값를 표현하고, 오른쪽 Y축은 소비변수의 로그 차분(즉, 변화율)을 표현한다.

그리고자 하는 두 변수의 척도(scale)가 크게 다르기 때문에 두 번째 그래프에서 yaxis(2) 옵션을 사용해야 한다.

두 번째 그래프는 어떤 주어진 기간에 대해 그래프를 그리는 예이다. 한 평면에 2개의 선그래프를 그린다고 하였을 때, 두 선그래프 모두 1960년 4분기~1970년 4분기까지 그리고자 하는 경우이다. 시간 제약을 의미하는 if 조건문을 맨 마지막에 한 번만 써주면 된다. 분기를 표시할 때는 yq( ) 함수를 쓰는 것에 주의해야 한다.[*]

| 그림 2-2 |

```
. twoway (tsline ln_consump) (tsline ln_inv) if qtr>=yq(1960,4) & qtr<=yq(1970,4)
```

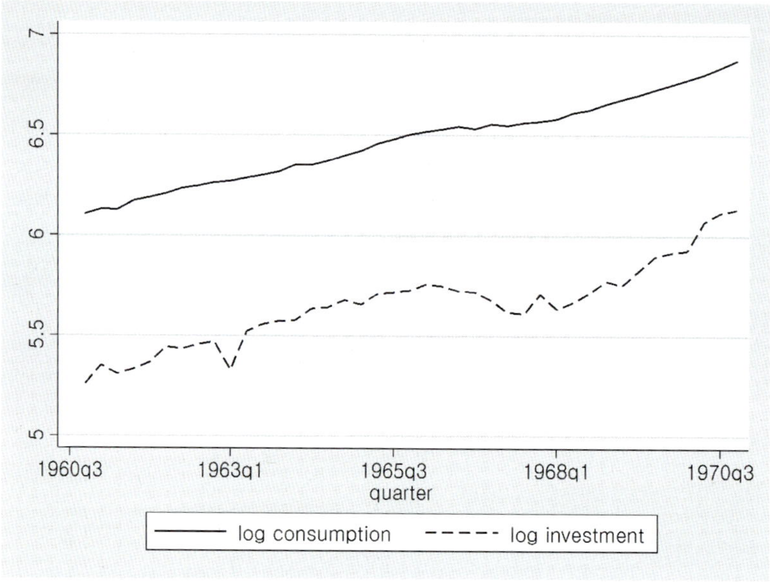

두 개의 선그래프를 그릴 때 각 선그래프의 시간제약이 다른 경우를 그려보자. 첫 번째 그래프는 1960년 1분기 ~ 1970년 4분기까지, 그리고 두 번째 그래프는 1965년 1분기부터 마지막 분기까지 그린다고 가정하자. 이 경우 그림 2-3에서와 같이 각 선그래프 괄호 안에 if 조건문을 두어야 한다.

---

[*] graph scheme은 s2mono를 선택하였다.

| 그림 2-3 |

```
. twoway (tsline ln_consump if qtr<=yq(1970,4)) (tsline ln_inv if qtr>=yq(1965,1))
```

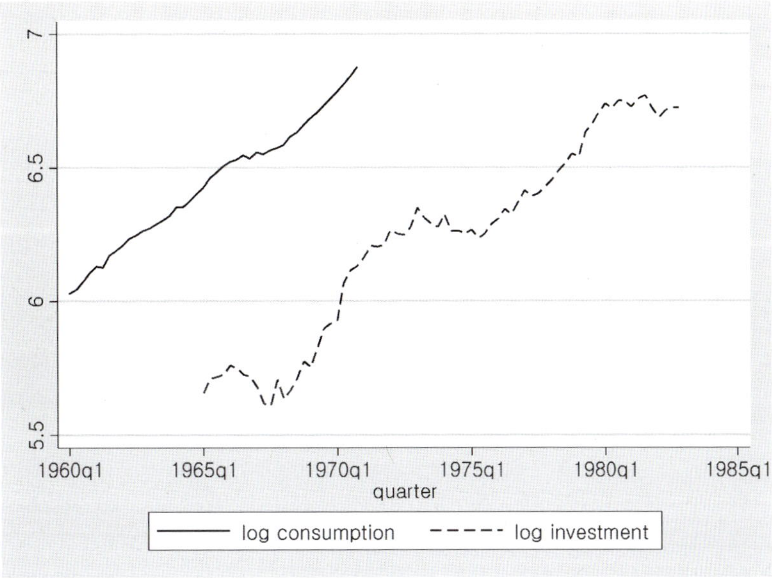

어떤 시계열 그래프에서 특정 기간을 음영(shade)으로 강조해서 표시하고자 한다. 음영을 표시하기 위해서는 area plot을 이용해야 한다. 소비 변수를 그래프로 그리고 1970년 1분기~1971년 4분기 기간을 음영으로 표시해 보자.

| 그림 2-4 |

```
. su ln_con

    Variable |       Obs        Mean    Std. Dev.       Min        Max
-------------+--------------------------------------------------------
  ln_consump |        92    6.928083    .5289602   6.028278   7.727975

. gen y=8.0

. twoway (tsline y if qtr>=yq(1970,1) & qtr<=yq(1971,4), recast(area))  (tsline
ln_consump)
```

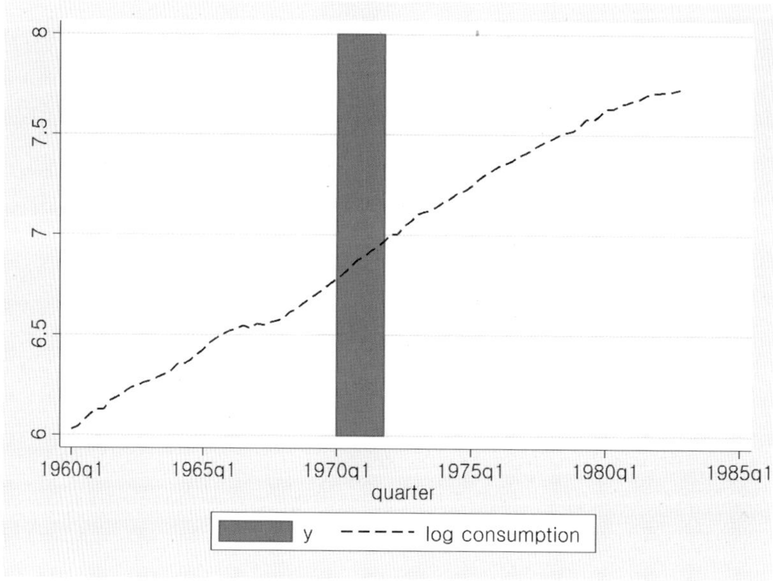

그림 2-4의 그래프의 그리기 위해서 먼저 상수변수(constant variable)인 y 변수를 생성한다. y 변수는 ln_consump 변수의 최대값과 유사하게 설정하면 된다. 최대값이 7.7이므로 y=8이라고 정한다. y 변수와 ln_consump 변수를 동시에 그리면 된다. 주의해야 할 점은 y 변수는 반드시 영역형 그림(area plot)으로 그려야 한다. 이에 해당하는 옵션이 recast(area)이다. 또한 y 변수 그래프가 먼저 나오고 ln_consump 변수를 두 번째로 그려야 한다. 그렇게 해야만 음영 위로 선그래프가 나타나게 된다. 음영으로 표시된 부분이 너무 진하면 fintensity( ) 옵션을 사용해서 음영을 옅게 만들 수 있다. 가령 다음과 같이 fintesity(50) 옵션을 추가하면 음영의 색이 바뀌는 것을 알 수 있다.

```
. twoway (tsline y if qtr>=yq(1970,1) & qtr<=yq(1971,4), recast(area)
fintensity(50)) (tsline ln_consump)

======================== 그래프 생략============================================
```

시계열 선그래프의 단점은 그래프 위에 레이블(label)을 설정할 수 없다는 것이다. 즉 특정 분기의 소비금액이 얼마인지 알고자 할 때 그 값을 표시해 줄 수 없다. 아래 그림 2-5 예제에서는 선그래프를 그리면서 레이블을 설정하는 방법을 보여주고 있다.

| 그림 2-5 |

```
. gen qtr4=quarter(dofq(qtr))

. twoway (tsline consump) (tsline consump if qtr4==4, recast(scatter)
msymbol(none) mlabel(consump) mlabsize(vsmall))
```

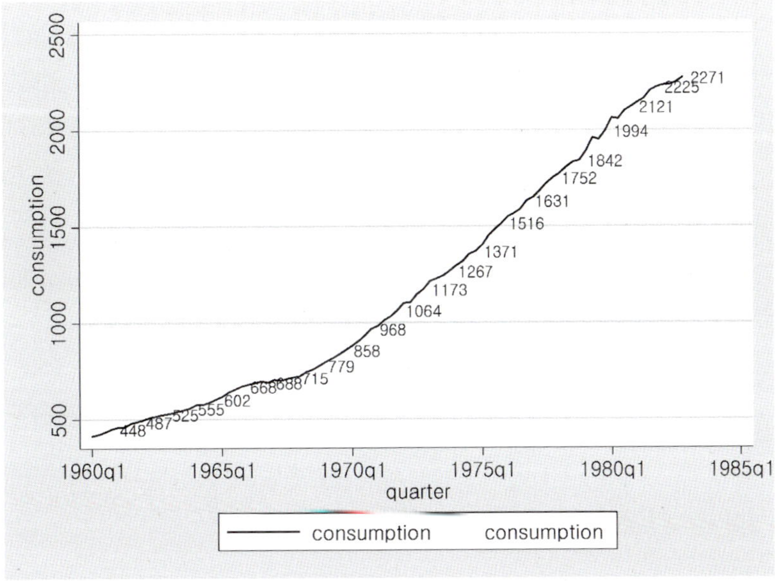

여기에서는 데이터 각 년도의 4분기에 해당하는 consump 변수의 값만을 레이블로 표시해 보자. 그러기 위해서는 먼저 qtr4 변수를 생성해야 한다. 각 년도의 분기 값만 추출하여 새로운 변수로 만드는 것이다. quarter( ) 함수가 그 작업을 할 수 있다. 그러나 quarter( ) 함수는 일별 주기변수에서만 사용할 수 있기 때문에 분기변수 qtr 변수에 대해 dofq( ) 변환을 실행한다. 새로 만들어진 qtr4 변수값이 4이면 각 년도의 4분기에 해당한다는 의미이다. 먼저 consump 변수 선그래프를 그린 다음, 두 번째 그래프는 산포도(scatter plot)를 그린다. 여기에서 consump 변수 값만 표시하기 위해서 msymbol(none)으로 하였다는 점에 주의해야 한다.

2.2 교차상관분석

교차상관분석(cross-correlation analysis)은 두 시계열 변수의 상관계수를 계산할 때 시차를 고려하는 것이다. 교차상관계수의 정의는 다음과 같다.

$$corr(X_t,\ Y_{t-s}) = \frac{cov(X_t,\ Y_{t-s})}{\sqrt{var(X_t)var(Y_{t-s})}} \tag{2.1}$$

위 식에서 $s > 0$이면 Y변수 과거값과 X변수 현재값의 상관계수이고 $s = 0$이면 두 변수의 동시적 상관계수(contemporaneous correlation)이다. $s < 0$이면 X변수 현재값과 Y변수 미래값(lead)의 상관계수로 해석할 수 있다.

교차상관계수를 얻기 위해서는 xcorr 명령어를 사용할 수 있다. xcorr 명령어를 실행하기 위해서는 먼저 tsset 명령문을 실행한다. 월별 데이터임을 알 수 있다.

data file: T_data2_2.dta

| 그림 2-6 |

```
. use T_data2_2, clear
. tsset date
        time variable:  date, Jan 13 to Mar 12
                delta:  1 month

. xcorr unrate fedfunds, lag(10)
```

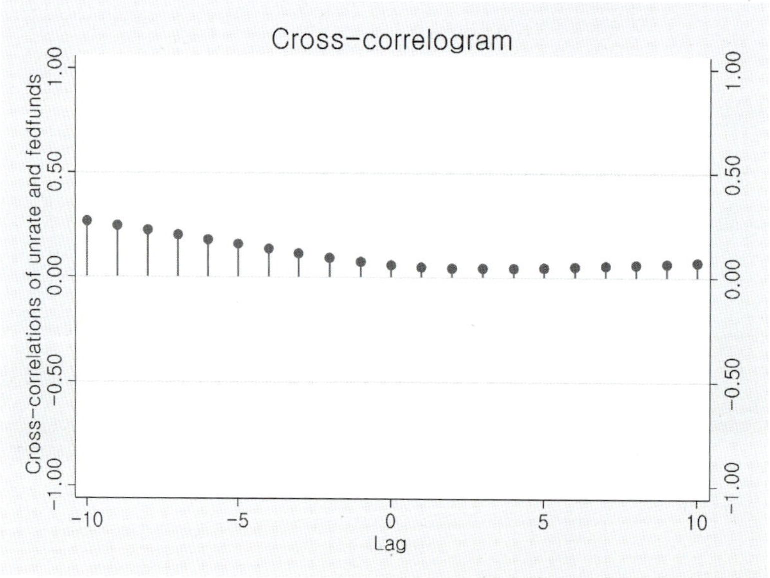

그림 2-6에서는 교차상관계수를 그래프로 보여준다. xcorr 다음에 두 시계열 변수이름을 입력한다. 주의해야 할 점은 두 번째로 입력한 변수의 과거(또는 미래)값과 첫 번째 변수 현재값의 상관계수를 계산해준 다는 것이다. 위 예에서는 기준금리(fedfunds)를 두 번

째 변수로 설정하였다. lag(10) 옵션은 최대 $s = \pm 10$기까지 교차상관계수를 계산하라는 의미이다. 기준금리의 과거값과 실업률 현재값은 상관계수가 양(+)으로 추정된다. 즉 기준금리를 높이면 미래 실업률이 높아진다는 의미이다. 반대로 금리를 낮추게 되면 실업률이 향후 낮아지게 된다. 우리의 직관과 일치하는 결과이다. 이러한 상관정도는 10개월 정도의 시차가 있다. 즉 당장 금리를 낮춘다고 해서 현재의 실업률이 낮아지는 것은 아니고 10개월 정도 시차를 두고 금리인하의 효과가 실업률에 영향을 미치는 있음을 알 수 있다. Lag=0을 기준으로 오른쪽은 $corr(X_t, Y_{t+s})$를 계산한 결과이다. 양의 상관계수이지만 거의 0에 가까운 값이다. 즉 현재 시점 실업률은 미래 시점 금리 결정에 큰 영향을 주지는 않는 것으로 보인다.

그림 2-7에서는 교차상관계수를 직접 숫자로 보여준다. table 옵션을 사용하면 그래프를 그려주는 대신 Stata output으로 화면에 보여준다.

| 그림 2-7 |

```
. xcorr unrate fedfunds, lag(10) table

                       -1       0       1
 LAG      CORR     [Cross-correlation]
---------------------------------------
-10      0.2692             |--
-9       0.2479             |-
-8       0.2260             |-
-7       0.2042             |-
-6       0.1815             |-
-5       0.1590             |-
-4       0.1361             |-
-3       0.1135             |
-2       0.0929             |
-1       0.0744             |
0        0.0584             |
1        0.0493             |
2        0.0453             |
3        0.0438             |
4        0.0447             |
------------------------------ 이하 생략 ------------------------------------
```

패널데이터인 경우에도 교차상관계수를 구할 수 있다. tsset 명령문 실행 후 해당 그룹에 대한 교차상관계수를 얻기 위해서는 if 조건문을 포함하면 된다. 모든 그룹에 반복하여 결과를 얻기 위해서는 forvalues를 loop를 활용할 수 있다.

data file: T_data2_3.dta

| 그림 2-8 |

```
. use T_data2_3, clear
. tsset com year
       panel variable:  company (strongly balanced)
        time variable:  year, 1935 to 1954
                delta:  1 year

. xcorr inves mvalue if com==1, lag(5)

-------------------- 그래프 생략 -------------------------------------
```

Tip 2.1 ● 패널데이터에서 상관계수

횡단면/시계열/패널데이터에서 상관계수를 계산한 후 그 값을 변수로 만들고자 하는 경우 egen 명령어를 사용할 수 있다. 그러나 Stata에 내장된 egen 명령어에는 상관계수 명령어가 없다. 다음과 같이 먼저 egenmore 명령어를 인터넷에서 다운로드 받는다.

```
. findit egenmore
```

data file: T_data2_3.dta

패널데이터인 경우 다음과 같이 두 변수의 상관계수를 패널그룹별로 변수로 생성할 수 있다.

```
. use T_data2_3, clear
. by com, sort: egen corr1=corr(invest mvalue)

. list com year inves mvalue corr1 in 1/5
     +------------------------------------------------+
     | company   year   invest   mvalue         corr1 |
     |------------------------------------------------|
  1. |       1   1935    317.6   3078.5      .6759738 |
  2. |       1   1936    391.8   4661.7      .6759738 |
  3. |       1   1937    410.6   5387.1      .6759738 |
  4. |       1   1938    257.7   2792.2      .6759738 |
  5. |       1   1939    330.8   4313.2      .6759738 |
     +------------------------------------------------+
```

corr 함수 내에 두 변수의 이름을 입력하면 된다. 또한 패널데이터이기 때문에 by prefix를 사용한다. 결과를 살펴보면 1번 회사의 invest와 mvalue의 상관계수는 0.675임을 알 수 있고, 그 값이 변수로 생성되어 있다.

2.3 자기상관계수

교차상관계수가 두 변수의 시차를 고려한 상관계수라면 자기상관계수(autocorrelation coefficient)는 하나의 시계열 변수에서 시차를 고려한 상관계수라고 말할 수 있다. 자기상관계수 정의는 다음과 같다.

$$\rho_k = \frac{cov(Y_t, Y_{t-k})}{var(Y_t)} = \frac{\gamma_k}{\gamma_0} \tag{2.2}$$

식 2.2의 자기상관계수는 k 차 자기상관계수라고 말할 수 있다. Y 변수 현재값과 Y 변수 $t-k$ 시점 과거값 사이의 상관정도를 측정한다. 이 값이 커질수록 Y_t 변수는 과거에 대한 의존도(dependency)가 높은 것을 의미한다.

자기상관계수 함수(AutoCorrelation Function : ACF)는 k값에 의존하는 자기상관계수를 함수 형태로 표현한 것이다. 가령 다음과 같은 AR(1) 모형을 가정해 보자.*

$$Y_t = \delta + \theta Y_{t-1} + e_t, \quad e_t \sim WN(0, \sigma^2) \tag{2.3}$$

위 식에서 $var(Y_t) = \gamma_0 = \sigma^2/(1-\theta^2)$이므로 $\gamma_1 = cov(Y_t, Y_{t-1})$은 나음과 길이 구할 수 있다.**

$$\begin{aligned} & cov(Y_t, Y_{t-1}) = \theta var(Y_{t-1}) \\ \Rightarrow \quad & \gamma_1 = cov(Y_t, Y_{t-1}) = \theta\gamma_0 \end{aligned}$$

따라서 $\gamma_1/\gamma_0 = \theta$가 된다. 이와 유사한 과정을 거치면 k계 자기상관계수는 $\gamma_k/\gamma_0 = \theta^k$로 도출된다. 식 2.3에서는 θ^k를 자기상관함수라고 부른다. $0 < \theta < 1$이라면 k가 커짐에 따라 ACF는 점차 0에 수렴하게 된다.

이번에는 다음과 같은 1계 MA(Moving Average) 모형에서 자기상관함수를 계산해 보자.

$$Y_t = \lambda e_{t-1} + e_t, \quad e_t \sim WN(0, \sigma^2) \tag{2.4}$$

위 식에서 $\gamma_0 = var(Y_t) = \sigma^2(1+\lambda^2)$을 쉽게 도출할 수 있다. 또한 $\gamma_1 = E(Y_t Y_{t-1})$은 다음과 같이 계산할 수 있다.

---

* AR 및 MA 모형에 대해서는 본서 8장을 참고하라.

** $cov(\delta + \theta Y_{t-1} + e_t, Y_{t-1})$을 계산하면 된다.

$$E(Y_t Y_{t-1}) = E((e_t + \lambda e_{t-1})(e_{t-1} + \lambda e_{t-2})) = \lambda\sigma^2$$

즉 $\gamma_1 = \lambda\sigma^2$이 된다. 따라서 1계 자기상관계수는 $\rho_1 = \lambda/(1+\lambda^2)$이 된다. 그러나 2계 이상 자기상관계수는 모두 0이 됨을 쉽게 증명할 수 있다. 즉 MA(1) 시계열 과정은 $k=1$일 때만 자기상관계수가 0이 아닌 값을 갖고, 나머지 k에서는 모두 0이 된다.

Stata에서 ac 명령어를 이용하면 자기상관계수를 계산할 수 있다. 식 2.3과 식 2.4처럼 특정 시계열이 어떤 확률과정을 따르는지 알 수 있다면 자기상관계수를 ACF를 이용해서 쉽게 계산할 수 있다. 그러나 확률과정을 모르는 경우에는 표본 자기상관계수를 계산해야 한다. 아래 그림 2-9에는 표본 자기상관계수 계산 결과가 나와 있다.

data file: T_data2_4.dta

| 그림 2-9 |

```
. use T_data2_4, clear
. tsset lags
        time variable:  lags, 0 to 199
                delta:  1 unit

. ac ar, lag(30)
```

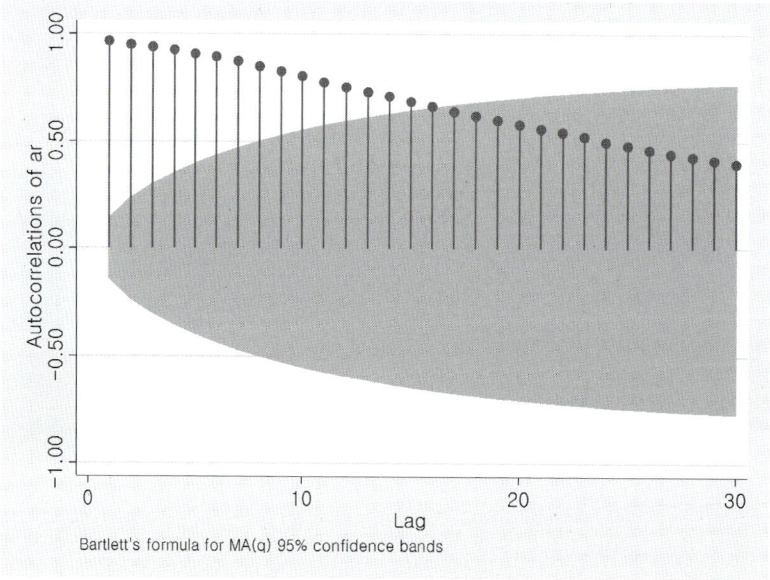

```
. ac ma, lag(30)
```

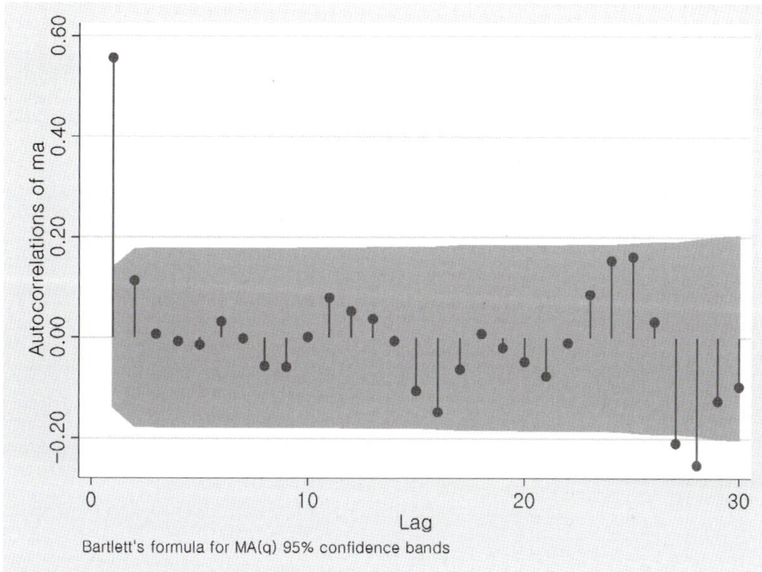

명령어 ac 다음에 변수이름을 입력하면 그래프로 자기상관계수 결과를 보여준다. lag( ) 옵션에서는 자기상관계수를 계산하고자 하는 최대 k값을 지정한다. ar 변수에 대한 결과는 자기상관계수가 현재 시점에서 멀어질수록 작아진다는 것이다.* 즉 현재 시점 Y값은 과거 시점 Y값과 양의 상관관계를 가진다. 그러나 그 상관정도는 현재에서 멀어질수록 약해진다. ma 변수의 자기상관계수 그래프 특징은 $k=1$일 때만 자기상관계수가 0과 유의하게 다르고 나머지 과거시점에서는 모두 0과 유의하게 다르지 않다.

자기상관계수 결과를 표로 만들기 위해서는 ac 명령어 대신 corrgram 명령어를 사용한다. corrgram 명령어 다음에 변수이름을 입력하고 lag( ) 옵션을 추가한다.**

| 그림 2-10 |

```
. corrgram ar, lag(30)

                                          -1       0       1 -1       0       1
LAG       AC       PAC      Q     Prob>Q  [Autocorrelation]  [Partial Autocor]
-------------------------------------------------------------------------------
```

* 음영부분은 95% 신뢰구간을 의미한다. 자기상관계수가 음영 내에 있으면 0과 유의하게 다르지 않다는 의미로 해석한다.

** Stata에서 그림 2-10의 출력결과를 블록으로 설정하고 오른쪽 마우스 클릭하여 Copy as Table 메뉴를 선택하면 쉽게 엑셀이나 한글의 표 양식으로 옮길 수 있다.

```
1        0.9668   0.9669   189.75  0.0000          |-------           |-------
2        0.9510   0.2225   374.29  0.0000          |-------           |-
3        0.9399   0.1210   555.44  0.0000          |-------           |
4        0.9279   0.0508   732.92  0.0000          |-------           |
5        0.9100  -0.0832   904.47  0.0000          |-------           |
6        0.8950   0.0035   1071.3  0.0000          |-------           |
7        0.8758  -0.1194   1231.8  0.0000          |-------           |
8        0.8513  -0.1598   1384.3  0.0000          |------           -|
9        0.8278  -0.1062   1529.3  0.0000          |------            |
-------------------- 결과 일부생략 ----------------------------------------
```

그림 2-10의 결과에서 Q 검정통계량이 제시되어 있다.[*] Q 검정은 Ljung-Box 검정이라고도 부른다. 귀무가설은 다음과 같다.

H_0 : 데이터가 독립적이다(또는 k계까지 자기상관이 존재하지 않는다).

그림 2-10의 Q 검정에 따르면 5% 유의수준에서 기각된다. 즉 ar 변수는 자기상관이 유의하게 존재하기 때문에 독립적으로 분포되어 있다고 말할 수 없다.

부분 자기상관계수(Partial AutoCorrelation coefficient: PAC) 역시 특정 시계열의 확률과정을 이해하는데 도움이 되는 통계량이다. 부분 자기상관계수는 다음과 같이 선형회귀모형 추정을 통해 구할 수 있다

$$Y_t = \alpha + \beta_1 Y_{t-1} + \beta_2 Y_{t-2} + \cdots + \beta_k Y_{t-k} + e_t \tag{2.5}$$

위 선형회귀모형의 추정치인 $\hat{\beta}_k$를 k계 부분 자기상관계수라고 부른다. 부분 자기상관계수는 다른 시차를 통제한 후 k번째 과거값과 현재 시점 Y값의 자기상관계수로 해석할 수 있다.

그림 2-11에서는 ar 변수의 PAC를 구해본다. 그래프로 PAC를 보여주기 위해서는 pac 명령어를 사용한다. PAC는 자기상관계수와 달리 k=3부터는 0과 유의하게 다르지 않다. corrgram 명령어를 이용하면 표 형식으로 결과를 확인할 수 있다. PAC 열에 부분 자기상관계수 값이 계산되어 있다.

[*] Q 검정통계량에 대한 자세한 설명은 본서 2.4절을 참고하라.

| 그림 2-11 |

```
. pac ar , lag(30)
```

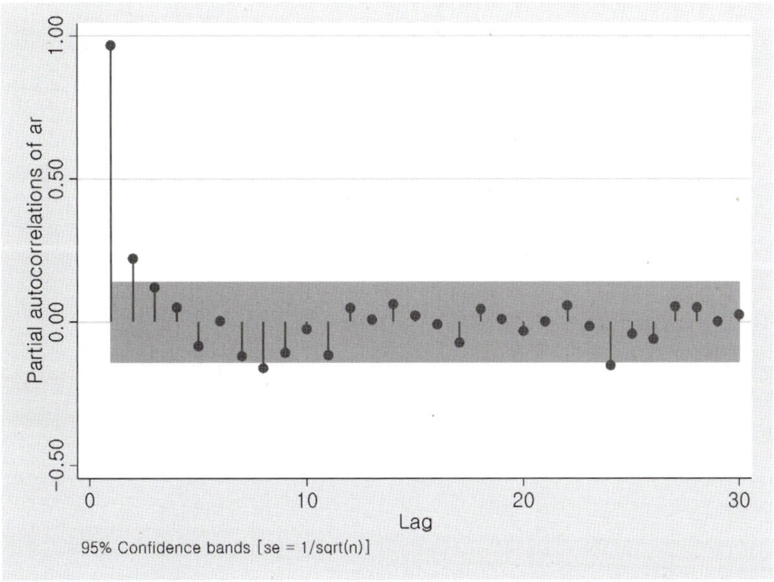


```
. corrgram ar   , lag(10)
                                          -1       0       1 -1       0       1
 LAG       AC       PAC      Q     Prob>Q  [Autocorrelation]  [Partial Autocor]
-------------------------------------------------------------------------------
 1        0.9668   0.9669   189.75  0.0000          |--------          |-------
 2        0.9510   0.2225   374.29  0.0000          |--------          |-
 3        0.9399   0.1210   555.44  0.0000          |--------          |
 4        0.9279   0.0508   732.92  0.0000          |--------          |
 5        0.9100  -0.0832   904.47  0.0000          |--------          |
 6        0.8950   0.0035   1071.3  0.0000          |--------          |
 7        0.8758  -0.1194   1231.8  0.0000          |--------          |
 8        0.8513  -0.1598   1384.3  0.0000          |-------          -|
 9        0.8278  -0.1062   1529.3  0.0000          |-------           |
 10       0.8056  -0.0243   1667.3  0.0000          |-------           |
```

위 그림 2-11에 나와 있는 PAC는 앞서 설명하였듯이 선형회귀모형 추정을 통해 얻어진다. 아래 그림 2-12에서는 1계와 2계 PAC를 어떻게 구했는지를 보여준다. 아래 결과에서 L1.ar의 추정치 0.9669는 정확히 1계 부분 PAC와 일치한다. 또한 2번째 회귀모형 결과에서 L2.ar의 추정치 0.225는 정확히 2계 PAC와 같다.

| 그림 2-12 |

```
. reg ar L.ar
      Source |       SS       df       MS              Number of obs =     199
-------------+------------------------------           F(  1,   197) = 3038.17
       Model |  203.299391     1  203.299391           Prob > F      =  0.0000
    Residual |   13.182268   197  .066915066           R-squared     =  0.9391
-------------+------------------------------           Adj R-squared =  0.9388
       Total |  216.481659   198  1.09334171           Root MSE      =  .25868

------------------------------------------------------------------------------
          ar |      Coef.   Std. Err.      t    P>|t|     [95% Conf. Interval]
-------------+----------------------------------------------------------------
          ar |
         L1. |   .9669208   .0175422    55.12   0.000     .9323261    1.001515
             |
       _cons |   .0762053    .041558     1.83   0.068    -.0057504    .1581609
------------------------------------------------------------------------------

. reg ar L(1/2).ar
      Source |       SS       df       MS              Number of obs =     198
-------------+------------------------------           F(  2,   195) = 1634.46
       Model |  204.164709     2  102.082355           Prob > F      =  0.0000
    Residual |  12.1789582   195  .062456196           R-squared     =  0.9437
-------------+------------------------------           Adj R-squared =  0.9431
       Total |  216.343667   197   1.0981912           Root MSE      =  .24991

------------------------------------------------------------------------------
          ar |      Coef.   Std. Err.      t    P>|t|     [95% Conf. Interval]
-------------+----------------------------------------------------------------
          ar |
         L1. |   .7534571   .0691258    10.90   0.000      .617127    .8897873
         L2. |   .2225383    .068972     3.23   0.001     .0865114    .3585653
             |
       _cons |   .0548085   .0405084     1.35   0.178    -.0250823    .1346994
```

2.4 White Noise 검정

시계열 Y_t에 대해서 다음과 같이 AR(1) 과정을 설정해 보자.

$$Y_t = \delta + \theta Y_{t-1} + e_t \tag{2.6}$$

식 2.6 모형이 AR(1) 과정이 되기 위해서는 e_t가 백색잡음(white noise) 오차항이어야 한다. 백색잡음 과정의 정의는 다음과 같다.

- $E(e_t) = 0$
- $var(e_t) = \sigma^2$으로 모든 t에서 일정하다.

- 모든 s에 대해 $cov(e_t, e_{t-s})=0$, 즉 모든 과거 시점과 자기상관계수가 0이다.

특정 시계열이 주어져 있을 때 백색잡음 여부에 대한 가설검정이 가능하다. 검정은 앞에서 소개한 Ljung-Box 검정을 이용할 수 있다(Portmanteau 검정이라고도 부름). 검정통계량은 다음과 같다.

$$Q = T(T+2)\sum_{k=1}^{m}\left(\frac{1}{T-k}\right)\hat{\rho}^{2}(k) \tag{2.7}$$

위 검정통계량에서 $\hat{\rho}^2(k)$는 k계 자기상관계수 제곱이다. 위 검정통계량은 $\chi^2(m)$ 분포를 따른다. Stata에서 특정 시계열에 대한 백색잡음 검정을 위해 **wntestq** 명령어를 이용할 수 있다.

data file: T_data2_4.dta

| 그림 2-13 |

```
. use T_data2_4, clear
. wntestq ar, lag(1)

Portmanteau test for white noise
---------------------------------------
 Portmanteau (Q) statistic =   189.7510
 Prob > chi2(1)            =     0.0000

. wntestq ar, lag(2)

Portmanteau test for white noise
---------------------------------------
 Portmanteau (Q) statistic =   374.2885
 Prob > chi2(2)            =     0.0000
```

wntestq 명령어 다음에 백색잡음 여부를 검정하고자 하는 변수이름을 입력한다. 그리고 **lag( )** 옵션은 식 2.7에서 m이 얼마인지 지정해 주는 것이다. 그림 2-13 결과에 따르면 ar 변수는 백색잡음이라고 말할 수 없다. 즉 자기상관계수가 0과 유의하게 다르다. 위의 검정결과는 앞서 제시한 그림 2-10의 Q 검정통계량과 정확히 일치한다.

이번에는 ar 변수에 대해 상수항 없는 AR(2) 모형을 가정하고 추정해 보자. 잔차 시계열이 백색잡음이라면 AR(2) 모형설정이 적절할 수 있다.

| 그림 2-14 |

```
. reg ar L.ar L2.ar, nocon

      Source |       SS       df       MS              Number of obs =      198
-------------+------------------------------           F(  2,    196) = 8812.59
       Model |  1105.46698     2  552.733488           Prob > F      =  0.0000
    Residual |  12.2932939   196  .062720887           R-squared     =  0.9890
-------------+------------------------------           Adj R-squared =  0.9889
       Total |  1117.76027   198  5.64525389           Root MSE      =  .25044

------------------------------------------------------------------------------
          ar |      Coef.   Std. Err.      t    P>|t|     [95% Conf. Interval]
-------------+----------------------------------------------------------------
          ar |
         L1. |   .7652625    .068718    11.14   0.000     .6297408    .9007842
         L2. |   .2315266   .0687967     3.37   0.001     .0958498    .3672034
------------------------------------------------------------------------------

. predict e, resid
(2 missing values generated)

. wntestq e, lag(1)
Portmanteau test for white noise
---------------------------------------
 Portmanteau (Q) statistic =     0.4639
 Prob > chi2(1)            =     0.4958

. wntestq e
Portmanteau test for white noise
---------------------------------------
 Portmanteau (Q) statistic =    36.3192
 Prob > chi2(40)           =     0.6367
```

위 결과를 살펴보면 잔차에 대해 **wntestq** 명령문에서 lag( ) 옵션 설정여부와 상관없이 항상 귀무가설을 기각할 수 없다. 즉 잔차 시계열이 백색잡음이라고 말할 수 있다. 따라서 ar 변수에 대한 AR(2) 모형설정이 적절하다고 해석할 수 있다.

2.5 Stata do file

```
use T_data2_1,clear
tsset qtr
twoway (tsline ln_consump) ///
(tsline dln_consump, yaxis(2) lpattern(longdash))
```

```
twoway (tsline ln_consump) ///
(tsline ln_inv) if qtr>=yq(1960,4) & qtr<=yq(1970,4)

twoway (tsline ln_consump if qtr<=yq(1970,4)) ///
 (tsline ln_inv if qtr>=yq(1965,1))

su ln_con
gen y=8.0
twoway (tsline y if qtr>=yq(1970,1) & qtr<=yq(1971,4), ///
recast(area))  (tsline ln_consump)

twoway (tsline y if qtr>=yq(1970,1) & qtr<=yq(1971,4), ///
recast(area) fintensity(50)) (tsline ln_consump)

gen qtr4=quarter(dofq(qtr))
twoway (tsline consump) (tsline consump if qtr4==4, ///
recast(scatter) msymbol(none) mlabel(consump) mlabsize(vsmall) )

use T_data2_2, clear
tsset date
xcorr unrate fedfunds, lag(10)
xcorr unrate fedfunds, lag(10) table

use T_data2_3, clear
tsset com year
xcorr inves mvalue if com==1, lag(5)

findit egenmore
use T_data2_3, clear
by com, sort: egen corr1=corr(invest mvalue)
list com year inves mvalue corr1 in 1/5

use T_data2_4, clear
tsset lags
ac ar, lag(30)
ac ma, lag(30)

corrgram ar, lag(30)
pac ar , lag(30)
corrgram ar  , lag(10)

reg ar L.ar
reg ar L(1/2).ar

use T_data2_4, clear
wntestq ar, lag(1)
```

```
wntestq ar, lag(2)

reg ar L.ar L2.ar, nocon
predict e, resid
wntestq e, lag(1)
wntestq e
```

CHAPTER 03 | Rolling 회귀분석

3.1 rolling 명령어

외환시장에서 위험할증(risk premium)에 대한 모형을 생각해 보자.* 리스크 프리미엄이 없다면 다음과 같은 가설이 성립할 것이다.

$$H_0 : E_{t-1}(s_t) = f_{t-1} \tag{3.1}$$

위 식에서 s_t는 현재 시점의 달러/파운드화 현물환율이고 f_{t-1}는 달러/파운드화 $t-1$ 시점 선물환율(forward exchange rate)이다. 위 가설을 검정하는 가장 간단한 방법은 $t-1$ 시점까지 정보가 주어졌을 때 $s_t - E_{t-1}(s_t)$는 $t-1$ 시점 정보인 x_{t-1}과 무관해야 한다. 즉 다음이 성립해야 한다.

$$E[(s_t - E_{t-1}(s_t))x_{t-1}] = 0$$

가설검정을 위한 회귀모형은 다음과 같이 설정할 수 있다.

$$s_t - f_{t-1} = \alpha + \beta x_{t-1} + e_t \tag{3.2}$$

H_0 가설이 맞고 x_{t-1}이 이미 알려져 있는 정보라면 $\alpha = \beta = 0$이 될 것이다. 실증분석을 위해 $x_{t-1} = s_{t-1} - f_{t-1}$와 같이 선물환 할인율(forward discount rate)로 설정한다.

data file: T_data3_1.dta
예제 데이터는 1979년 1월부터 2001년 12월까지 월별 데이터이다. EXUSBP 변수는 달러/파운드화 현물환율이고 F1USB 변수는 달러/파운드화 1개월 선물환율이다. 먼저 시간변수인 month 변수를 생성한 후 tsset 명령문을 실행해야 한다. 식 3.2 추정하기 위해 종속변수 y와 설명변수 x를 생성한다. 아래 그림 3-1에 추정결과가 나와 있다.

---

* Verbeek(2008)의 4장 예제를 인용하였다.

| 그림 3-1 |

```
. use T_data3_1, clear
. gen month=ym(1978,12)+_n

. format month %tm
. tsset month
        time variable:  month, 1979m1 to 2001m12
                delta:  1 month

. gen y=log(EXUSBP)-log(L.F1USB)
(1 missing value generated)

. gen x=log(L.EXUSBP)-log(L.F1USB)
(1 missing value generated)

. reg y x

      Source |       SS       df       MS              Number of obs =     275
-------------+------------------------------           F(  1,   273) =   15.44
       Model |  .015359979     1  .015359979           Prob > F      =  0.0001
    Residual |  .271584814   273  .000994816           R-squared     =  0.0535
-------------+------------------------------           Adj R-squared =  0.0501
       Total |  .286944794   274  .001047244           Root MSE      =  .03154

------------------------------------------------------------------------------
           y |      Coef.   Std. Err.      t    P>|t|     [95% Conf. Interval]
-------------+----------------------------------------------------------------
           x |   3.212165   .8174741     3.93   0.000     1.602811     4.82152
       _cons |  -.0051118   .0023648    -2.16   0.032    -.0097674   -.0004563
------------------------------------------------------------------------------
```

전체 표본을 이용하여 추정한 결과에 따르면 $H_0 : \beta = 0$이라는 귀무가설은 기각하게 된다. 외환시장에서 리스크 프리미엄이 존재한다고 해석할 수 있다.

위 추정결과는 전체 기간을 대상으로 가설을 검정한 결과인데, 예컨대 36개월(3년)씩 표본을 이동하면서 추정을 시도해볼 수도 있다. 즉, 다음과 같이 T 시점을 포함하여 36개월 표본을 이용하여 리스크 프리미엄을 추정하는 것이다.

$$y_{T,t} = \alpha_T + \beta_T x_{T,t} + e_{T,t}, \quad t = T, T-1, \cdots, T-35 \tag{3.3}$$

예제 데이터에서는 T=1981년 12월부터 시작하게 된다. 마지막 T=2001년 12월이므로 식 3.3을 241번 추정하게 된다. 따라서 $\hat{\beta}_T$ 역시 241개의 값을 얻게 된다. 롤링(rolling) 회귀식 추정을 위해서 Stata에서 rolling 접두어(prefix)를 이용한다.

| 그림 3-2 |

```
. rolling const=_b[_cons] x_coef=_b[x] nn=e(N), window(36) saving(rolling1,
replace) : reg y x
(running regress on estimation sample)

Rolling replications (241)
----+--- 1 ---+--- 2 ---+--- 3 ---+--- 4 ---+--- 5
..................................................    50
..................................................   100
..................................................   150
..................................................   200
.........................................
file rolling1.dta saved

. use rolling1, clear
(rolling: regress)

. list in 1/5

     +------------------------------------------------+
     |  start        end        const     x_coef   nn |
     |------------------------------------------------|
  1. | 1979m1   1981m12   -.0033745   4.106558   35 |
  2. | 1979m2    1982m1   -.0039185   3.994336   36 |
  3. | 1979m3    1982m2   -.0038011   3.969504   36 |
  4. | 1979m4    1982m3   -.0047225    3.93951   36 |
  5. | 1979m5    1982m4   -.0056222   3.898262   36 |
     +------------------------------------------------+
```

rolling 접두어 다음에 연구자가 저장하고자 하는 추정계수 또는 통계량을 지정한다. const=_b[_cons]는 상수항을 "const"라는 이름으로 저장하겠다는 의미이고 x_coef=_b[x]는 x 변수 추정계수를 "x_coef"라는 이름으로 저장한다는 의미이다. nn=e(N)은 각 추정에 사용된 표본의 수를 "nn"이라는 이름으로 지정한다는 의미이다. window(36)은 필수옵션이고 각 시점에서 최근 몇 개월(시점)의 표본을 이용해서 추정할 것인지를 지정해 준다. 위 예제에서는 36개월 표본을 이용하여 추정한다. saving( ) 옵션은 롤링 추정결과를 새로운 데이터 파일로 저장하게 된다. rolling 명령문이 끝나면 반드시 : (콜론)으로 회귀분석 명령어와 연결해야 한다.

rolling1.dta 파일을 불러와서 살펴보면 start 변수는 각 회귀분석의 시작시점, end 변수는 끝나는 시점을 의미한다. start 변수와 end 변수의 차이는 36개월임을 알 수 있다. 각 회귀분석의 추정결과가 const 변수와 x_coef 변수에 저장되어 있다. nn 변수 값은 모두 36이지만, 첫 번째 회귀분석에서만 35이다. rolling 명령어는 1981년 12월 시점부터 과거 36개 시점까지의 표본을 포함하지만 실제로 1979년 1월의 y와 x 값은 결측치이므로 추정에 사용된 표본은 35개가 된다. rolling 명령어는 추정에 사용된 표본을 고정하는 것이 아니라 최근 36개월이라는 시점을 고정하는 것으로 해석해야 한다.

롤링 추정 후 $\hat{\beta}_T$에 대한 95% 신뢰구간을 그래프로 표시해 유의성을 확인해보자. 원 데이터인 T_data3_1_1.dta 파일을 불러온 후 그림 3-2에서 했던 작업과 유사하게 롤링 추정한다.

| 그림 3.3 |

```
. use T_data3_1_1, clear

. rolling const=_b[_cons] x_coef=_b[x] x_se=_se[x] nn=e(N), window(36)
saving(rolling2, replace) : reg y x
(running regress on estimation sample)

. use rolling2, clear
(rolling: regress)

. gen lower=x_coef-invttail(nn-2,0.025)*x_se
. gen upper=x_coef+invttail(nn-2,0.025)*x_se

. tsset end
        time variable:  end, 1981m12 to 2001m12
                delta:  1 month
. tsline x_coef lower upper, yline(0)
```

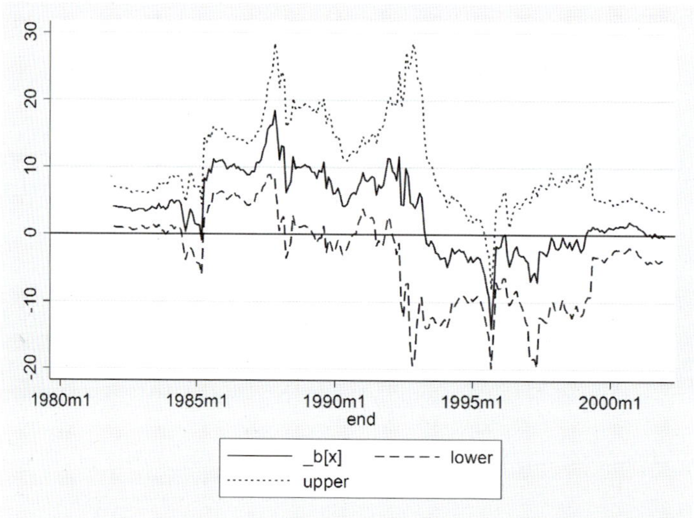

95% 신뢰구간을 얻기 위해서는 표준오차가 필요하기 때문에 x_se 변수를 추가하고 새로운 데이터 파일 rolling2.dta로 저장한다. 95% 신뢰구간 계산 공식에 따라 lower 변수와 upper 변수를 만든다. tsline 명령어를 이용하여 세 변수(x_coef, lower, upper)를 한 평면

에 그래프로 그린다. 각 시점에서 최근 36개월 데이터를 이용하여 추정한 결과, 1992년까지는 리스크 프리미엄이 유의하게 존재하지만, 그 이후 시점에서는 리스크 프리미엄이 0과 유의하게 다르지 않다.

rolling 명령어의 장점은 reg 명령어와 연결할 수 있을 뿐 아니라 시계열에서 사용하는 다양한 회귀분석 명령어와 연결할 수 있다. 가령 단일변량 시계열 예측모형으로 많이 사용하는 ARIMA 모형과도 연결될 수 있다. 다음과 같은 ARIMA(1,0,1) 모형을 설정하자.*

$$y_t = \alpha + \beta x_t + e_t$$

$$e_t = \mu e_{t-1} + \epsilon_t + \theta \epsilon_{t-1} \tag{3.4}$$

전체 표본을 이용하면 그림 3-4와 같은 추정결과를 얻는다. AR(1)과 MA(1) 추정계수는 모두 유의하지 않다. ARIMA 모형에서도 여전히 리스크 프리미엄은 0과 유의하게 다르다는 것을 알 수 있다.

| 그림 3-4 |

```
. use T_data3_1_1, clear
. arima y x, ar(1) ma(1) nolog
ARIMA regression
Sample:   1979m2 - 2001m12                        Number of obs      =        275
                                                  Wald chi2(3)       =      17.91
Log likelihood =  561.4407                        Prob > chi2        =     0.0005

------------------------------------------------------------------------------
             |                 OPG
           y |      Coef.   Std. Err.      z    P>|z|     [95% Conf. Interval]
-------------+----------------------------------------------------------------
y            |
           x |   3.175154   .7555791     4.20   0.000     1.694247    4.656062
       _cons |  -.0050549   .0027024    -1.87   0.061    -.0103515    .0002416
-------------+----------------------------------------------------------------
ARMA         |
          ar |
         L1. |  -.0747744   2.135247    -0.04   0.972    -4.259781    4.110232
             |
          ma |
         L1. |   .1036012   2.128069     0.05   0.961    -4.067338     4.27454
-------------+----------------------------------------------------------------
      /sigma |   .0314125   .0009279    33.85   0.000      .029594    .0332311
------------------------------------------------------------------------------
Note: The test of the variance against zero is one sided, and the two-sided
confidence interval is truncated at zero.
```

* ARIMA 모형에 대한 자세한 설명은 본서 8장을 참고하라.

이번에는 ARIMA 모형과 rolling 접두어를 연결하기 위해 그림 3-5의 예제를 제시한다.

| 그림 3-5 |

```
. rolling const=_b[_cons] x_coef=_b[x] ar_coef=_b[ARMA:L.ar]
ma_coef=_b[ARMA:L.ma] sigma=_b[sigma:_cons] ll=e(ll) , window(120)
saving(rolling3, replace): arima y x, ar(1) ma(1) nolog
(running arima on estimation sample)

Rolling replications (157)
----+--- 1 ---+--- 2 ---+--- 3 ---+--- 4 ---+--- 5
.................................x........x.x...    50
..................................................  100
..................................................  150
.......
file rolling3.dta saved
```

위 명령문에서 ar_coef는 각 ARIMA 추정에서 얻어진 $\hat{\mu}$을 저장하는 변수이고 ma_coef는 각 ARIMA 추정에서 얻어진 $\hat{\theta}$를 저장하는 변수이다. sigma 변수는 ϵ_t 오차항의 표준편차(분산) 추정치를 저장하는 변수가 된다.* ARIMA 모형은 OLS 추정이 아닌 최우추정법을 이용하여 추정되기 때문에 ll=e(ll)와 같이 로그우도함수 값을 저장할 필요가 있다. 위 그림 3-5 예제에서는 window(120)으로 설정하여 각 시점에서 최근 10년의 데이터를 이용했다.

3.2 rollreg 명령어

앞 절에서 본 rolling과 유사한 명령어로 rollreg 명령어가 있다. rollreg 명령어는 추정계수에 대한 그래프를 함께 제시하고 있다는 점에서 편리하다. 그러나 회귀분석의 다른 명령어와는 결합이 되지 않고, 단지 reg 명령어와 결합하여 사용해야 하는 단점이 있다. rollreg는 사용자작성(user-written) 프로그램이기 때문에 findit rollreg 명령문을 이용해 먼저 다운로드 받아야 한다.**

그림 3-6에서 rollreg 명령어는 rolling과 다르게 접두어(prefix)가 아니고 reg 명령문과 유사하게 사용된다. rollreg 다음에 추정하고자 모형의 y 변수와 x 변수를 지정한다. move(36)은 rolling의 window(36)과 유사한 옵션이다. 한 가지 차이점은 window(36)은 각 시점에서 최근 36개월을 포함하는데 비해 move(36)은 추정에 사용되는 표본을 36개로

* ARIMA 모형에서 추정치의 저장된 이름을 알기 위해서는 arima 명령문을 실행할 때 coeflegend 옵션을 추가할 수 있다. arima y x, ar(1) ma(1) nolog coeflegend이다.

** rollreg 명령어를 사용하기 위해서는 ivreg2 명령어도 필요하다. 따라서 findit ivreg2 명령문을 통해 인터넷에서 다운로드 받는다.

고정시킨다(그림 3-7 참조). 또 하나의 필수 옵션은 stub( ) 옵션이다. rollreg 실행 후 새로 만들어지는 변수이름을 지정하는 옵션이다. 그림 3-6 예제에서는 새로 만들어지는 모든 변수는 rollreg_ 로 시작한다.

앞서 설명하였듯이 rollreg의 장점은 추정 결과를 그래프로 그려주는 옵션을 사용할 수 있다. graph(full) 옵션은 2개 그래프를 그려준다. 각 그래프는 rollreg_summ.gph와 rollreg_coeff.gph 파일로 저장된다.* 그림 3-6에서는 rollreg_coeff 그래프를 보여준다. x 변수의 coef 추정결과에 대한 그래프이고, 이는 정확히 그림 3-3 그래프와 일치한다. 중앙 부분의 수평선으로 된 실선 및 점선은 전체 관측치를 사용했을 때 추정치와 그에 대한 95% 신뢰구간이다. 만약 설명변수가 2개 이상이면 각 변수에 대한 롤링 추정 결과를 rolling_coeff.gph에 저장해 준다. 아래 결과에서 제시하지 않았지만, rolling_summ.gph에서는 제곱근평균제곱오차(RMSE: Root Mean Squared Error)와 R^2값을 그래프로 보여준다.

| 그림 3-6 |

```
. use T_data3_1_1, clear
. rollreg y x, move(36) stub(rollreg) graph(full)

Summary graph saved as rollreg_summ.gph
Coefficient graph saved as rollreg_coeff.gph
```

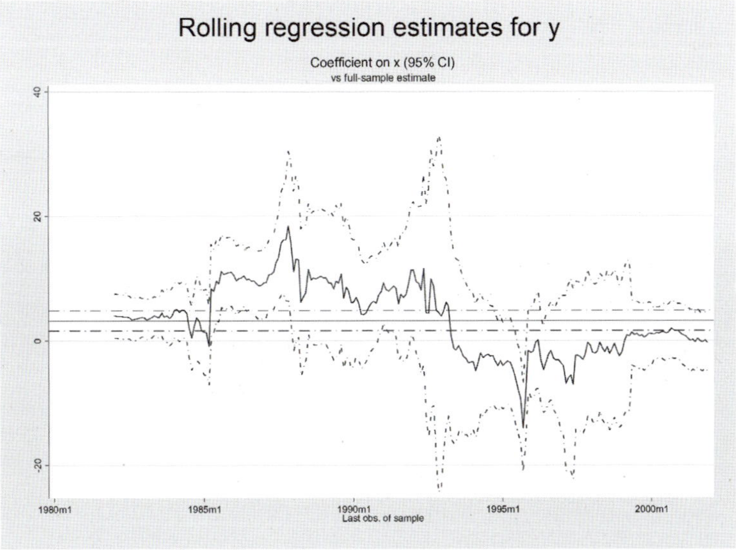

아래 그림 3-7을 보면, 그림 3-6 예제에서 생성된 변수의 일부가 나와 있다. rolling_x와

* working directory에 자동으로 저장된다.

rolling_se_x는 각각 x변수의 coef와 se를 저장하고 있다. rolling_N은 각 추정에 사용된 표본의 수를 저장하는 변수이다. 앞의 그림 3-3의 롤링 추정 결과와 차이점은 1982년 1월부터 추정이 시작된다는 것이다. 36개의 표본 수를 일정하게 유지하기 위해 1981년 12월부터 시작하지 않고 1982년 1월부터 시작된다.

| 그림 3-7 |

```
. list month rollreg_x rollreg_se_x rollreg_cons rollreg_se_cons rollreg_N in
37/40

     +-------------------------------------------------------------------+
     |  month    roll~g_x    roll~e_x   ro~g_cons    r~e_cons   rollre~N |
     |-------------------------------------------------------------------|
 37. | 1982m1    3.994336    1.754861   -.0039185    .0060269         36 |
 38. | 1982m2    3.969504      1.7501   -.0038011    .0060172         36 |
 39. | 1982m3     3.93951    1.751275   -.0047225    .0059824         36 |
 40. | 1982m4    3.898262    1.747907   -.0056222    .0059423         36 |
     +-------------------------------------------------------------------+
```

rollreg에는 move( ) 옵션 대신 add( ) 옵션을 사용할 수도 있다. move(36) 옵션은 36개씩 표본을 일정하게 유지하면서 추정하는 방식이라면 add(36)은 36개부터 시작하여 표본을 1개씩 추가하는 방식이다. 식으로 표현하면 다음과 같다. T=1982년 1월이라고 가정하자.

1번째 추정: $y_{T,t} = \alpha_T + \beta_T x_{T,t} + e_{T,t}$,

$$t = T,\ T-1,\ \cdots,\ T-35$$

2번째 추정: $y_{T+1,t} = \alpha_{T+1} + \beta_{T+1} x_{T+1,t} + e_{T+1,t}$,

$$t = T+1, T,\ \cdots,\ T-35$$

그림 3-8에서는 add(36) 옵션을 사용한 결과를 제시한다. 주의해야 할 점은 move( ) 옵션과 add( ) 옵션은 반드시 둘 중 하나만 사용해야 한다. 1982년 1월 추정에서는 rolling_N=36으로 과거 36개를 이용하여 결과를 얻는다. 그러나 1982년 2월 추정에서는 rolling_N=37로 과거 37개월 데이터를 이용한다는 것을 알 수 있다. 각 시점에서 추정에 사용된 관측치가 1개씩 늘어나고 있다는 것을 알 수 있다. 따라서 맨 마지막 시점의 추정 결과는 모든 관측치를 사용하기 때문에 x 변수의 추정계수는 앞의 그림 3-1과 일치해야 한다. 2001년 12월 시점에서 rollreg_x 변수값은 정확히 그림 3-1과 일치한다는 것을 알

수 있다.

| 그림 3-8 |

```
. capture drop rollreg*
. rollreg y x , add(36) stub(rollreg) graph(full)

Summary graph saved as rollreg_summ.gph
Coefficient graph saved as rollreg_coeff.gph

. list month rollreg_x rollreg_se_x rollreg_cons rollreg_se_cons rollreg_N in
37/40
      +-------------------------------------------------------------------+
      | month    roll~g_x   roll~e_x   ro~g_cons   r~e_cons   rollre~N |
      |-------------------------------------------------------------------|
 37.  | 1982m1   3.994336   1.754861   -.0039185   .0060269         36 |
 38.  | 1982m2   3.956817   1.741264   -.0045733   .0059108         37 |
 39.  | 1982m3   4.005616   1.717653    -.005007   .0057562         38 |
 40.  | 1982m4   4.042346   1.694371   -.0053572   .0056069         39 |
      +-------------------------------------------------------------------+

. list month rollreg_x rollreg_se_x rollreg_cons rollreg_se_cons rollreg_N in
-2/L
      +--------------------------------------------------------------------+
      |  month    roll~g_x   roll~e_x   ro~g_cons   r~e_cons   rollre~N |
      |--------------------------------------------------------------------|
275.  | 2001m11   3.206922   .8184787   -.0050337   .0023711        274 |
276.  | 2001m12   3.212165   .8174741   -.0051118   .0023648        275 |
      +--------------------------------------------------------------------+
```

3.3 패널데이터에서 rolling과 rollreg

패널데이터에서 rolling과 rollreg 명령어를 활용할 수 있는지 알아보자. 그림 3-9에서 패널데이터를 불러온 후 tsset 명령문을 실행한다. 그런 후 rolling 명령문을 실행하면 각 회사별로 롤링 추정을 실행하게 된다. 저장된 파일(rolling4.dta)을 살펴보면 1번 회사 내에서 각 시점에서 과거 15개씩 관측치를 이용하여 추정한 결과를 저장하고 있다. 즉 패널데이터에서 rolling 명령어가 완벽하게 작동하고 있다. 주의해야 할 점은 반드시 rolling 명령어 이전에 tsset 명령어를 실행해야 한다.

data file: T_data3_2.dta

| 그림 3-9 |

```
. use T_data3_2, clear

. tsset com year
       panel variable:  company (strongly balanced)
        time variable:  year, 1935 to 1954
                delta:  1 year

. rolling const=_b[_cons] coef_mvalue=_b[mvalue] r2=e(r2) , saving(rolling4 ,
replace)  window(15) : reg invest mvalue
(running regress on estimation sample)
file rolling4.dta saved

. use rolling4, clear
(rolling: regress)

. list if com==1
     +------------------------------------------------------------+
     | company   start    end       const   coef_m~e          r2 |
     |------------------------------------------------------------|
  1. |       1    1935   1949    260.4957   .0517196     .123963 |
  2. |       1    1936   1950    377.9829   .0279792    .0325503 |
  3. |       1    1937   1951    280.3223   .0573185    .1102315 |
  4. |       1    1938   1952    15.27824   .1299557    .3343451 |
  5. |       1    1939   1953   -301.0961   .2119649    .5231808 |
     |------------------------------------------------------------|
  6. |       1    1940   1954   -531.3802   .2772643    .5899685 |
     +------------------------------------------------------------+
```

rollreg 명령어는 패널 데이터에서 어떻게 활용되는지 그림 3-10에서 구체적인 예를 보여준다. 패널데이터에서 각 회사별로 롤링 추정하여 rollreg로 시작하는 변수이름으로 결과를 저장한다. 추정결과는 정확히 rolling과 일치한다. 그러나 "Note: graph note available in panel data"라는 메시지에서 알 수 있듯이 **graph( )** 옵션 결과는 실행되지 않는다.

| 그림 3-10 |

```
. use T_data3_2, clear

. tsset com year
       panel variable:  company (strongly balanced)
        time variable:  year, 1935 to 1954
                delta:  1 year
```

```
. rollreg invest mvalue, move(15) stub(rollreg) graph(full)
Note: graphs not available in panel data
```

rollreg를 실행한 후 각 회사별로 추정계수와 95% 신뢰구간을 그래프로 그리기 위해서 그림 3-11 do file을 제시한다. rollreg 명령문을 실행한 후 95% 신뢰구간 하한과 상한을 계산하여 각각 lower와 upper 변수로 저장한다. xtine 명령문을 이용하면 손쉽게 각 회사별로 mvalue 변수의 추정계수와 그에 대한 95% 신뢰구간을 표현할 수 있다.

| 그림 3-11 |

```
use T_data3_2, clear
tsset com year
rollreg invest mvalue, move(15) stub(rollreg)

gen lower=rollreg_mvalue-invttail(rollreg_N-2,0.025)*rollreg_se_mvalue
gen upper=rollreg_mvalue+invttail(rollreg_N-2,0.025)*rollreg_se_mvalue

xtline rollreg_mvalue lower upper if rollreg_mvalue~=. , ///
yline(0) byopts(yrescale)
```

그림 3-11 do file 실행에 따른 그래프는 다음과 같다.

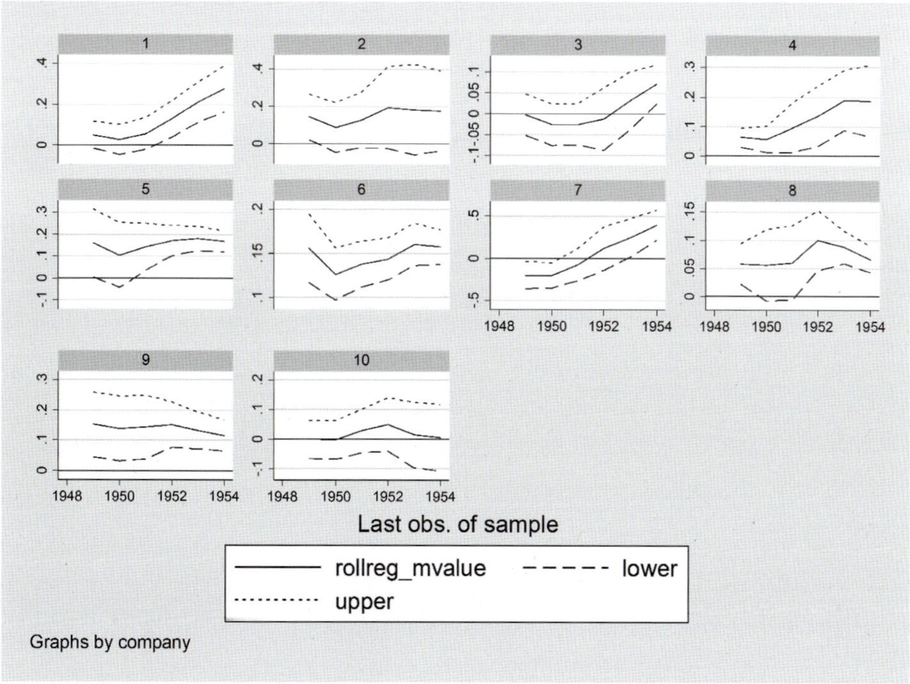

Tip 3.1 ● t 검정에서 rolling 활용

data file: T_data3_3.dta

rolling 접두어는 회귀분석에서만 사용하는 것은 아니고 Stata에서 return list를 저장하는 다른 명령어와 결합할 수 있다. 가령 ttest 명령어는 두 표본의 모평균이 같은지를 가설 검정한다. 전체 표본에 대해서 t 검정을 하는 대신 rolling의 아이디어를 활용하여 t 검정을 할 수도 있다.

예제 데이터는 1981년 1월부터 1996년 6월까지 이탈리아와 프랑스의 물가지수를 변수로 가지고 있다. 이 데이터를 이용하여 두 나라의 물가상승률 평균이 서로 같은지 t 검정해 보자. 먼저 전체 표본을 이용한 t 검정 결과는 다음과 같다.

```
. use T_data3_3, clear
. gen month=ym(1980,12)+_n
. format month %tm
. tsset month
. gen cpiit_grow=100*(log(cpiit)-log(L.cpiit))
. gen cpifr_grow=100*(log(cpifr)-log(L.cpifr))
. ttest cpiit_grow== cpifr_grow

Paired t test
------------------------------------------------------------------------------
Variable |     Obs        Mean    Std. Err.   Std. Dev.   [95% Conf. Interval]
---------+--------------------------------------------------------------------
cpiit_~w |     185    .6049139    .0297022    .4039938    .5463132    .6635146
cpifr_~w |     185    .3672377    .0246585    .3353913     .318588    .4158874
---------+--------------------------------------------------------------------
    diff |     185    .2376762     .024028    .3268161    .1902704    .2850821
------------------------------------------------------------------------------
     mean(diff) = mean(cpiit_grow - cpifr_grow)                   t =   9.8916
 Ho: mean(diff) = 0                              degrees of freedom =      184

 Ha: mean(diff) < 0           Ha: mean(diff) != 0           Ha: mean(diff) > 0
 Pr(T < t) = 1.0000         Pr(|T| > |t|) = 0.0000          Pr(T > t) = 0.0000
```

위 t 검정에 따르면 두 나라의 물가상승률 평균은 서로 같지 않다는 것을 알 수 있다.

이번에는 각 시점에서 과거 60개월의 데이터만을 이용하여 t 검정을 실시하고 그 결과를 저장해 보자. ttest=r(t)는 t 검정통계량을 "ttest" 변수이름으로 저장하고 pvalue=r(p)는 양측검정에 대한 p값을 "pvalue" 변수이름으로 저장하라는 의미이다. window(60)를 옵션으로 주었다.

```
. rolling ttest=r(t) pvalue=r(p), window(60) saving(rolling5, replace): ttest
cpiit_grow== cpifr_grow
```

```
(running ttest on estimation sample)

Rolling replications (127)
----+--- 1 ---+--- 2 ---+--- 3 ---+--- 4 ---+--- 5
..................................................    50
..................................................   100
...........................
file rolling5.dta saved
```

저장된 결과를 살펴보면 1985년 12월부터 과거 60개월 데이터를 이용하여 t 검정을 행하는 것을 확인할 수 있다.

```
. use rolling5, clear
. list in 1/5
     +------------------------------------------+
     |  start        end       ttest     pvalue |
     |------------------------------------------|
  1. | 1981m1    1985m12    5.332303   1.67e-06 |
  2. | 1981m2     1986m1    5.460688   9.95e-07 |
  3. | 1981m3     1986m2    5.441478   1.07e-06 |
  4. | 1981m4     1986m3    5.353715   1.48e-06 |
  5. | 1981m5     1986m4    5.252198   2.16e-06 |
     +------------------------------------------+
```

rolling은 위와 같이 다양하게 다른 Stata의 명령어와 연결될 수 있는 반면에 rollreg는 위와 같은 활용에 제한이 있다는 단점이 있다.

3.4 Stata do file

```
use T_data3_1,clear
gen month=ym(1978,12)+_n
format month %tm
tsset month

gen y=log(EXUSBP)-log(L.F1USB)
gen x=log(L.EXUSBP)-log(L.F1USB)
reg y x

rolling const=_b[_cons] x_coef=_b[x] nn=e(N), ///
window(36) saving(rolling1, replace) : reg y x
use rolling1, clear
list in 1/5

use T_data3_1_1,clear
rolling const=_b[_cons] x_coef=_b[x] x_se=_se[x] nn=e(N), ///
```

```
window(36) saving(rolling2, replace) : reg y x

use rolling2,clear
gen lower=x_coef-invttail(nn-2,0.025)*x_se
gen upper=x_coef+invttail(nn-2,0.025)*x_se
tsset end
tsline x_coef lower upper, yline(0)

use T_data3_1_1, clear
arima y x, ar(1) ma(1) nolog
rolling const=_b[_cons] x_coef=_b[x] ar_coef=_b[ARMA:L.ar] ///
ma_coef=_b[ARMA:L.ma] sigma=_b[sigma:_cons] ll=e(ll) ///
, window(120) saving(rolling3, replace): arima y x, ar(1) ma(1) nolog

findit rollreg
use T_data3_1_1, clear
rollreg y x, move(36) stub(rollreg) graph(full)
list month rollreg_x rollreg_se_x rollreg_cons ///
rollreg_se_cons rollreg_N in 37/40


capture drop rollreg*
rollreg y x , add(36) stub(rollreg) graph(full)

list month rollreg_x rollreg_se_x rollreg_cons ///
rollreg_se_cons rollreg_N in 37/40

list month rollreg_x rollreg_se_x rollreg_cons ///
rollreg_se_cons rollreg_N in -2/L

use T_data3_2, clear
tsset com year
rolling const=_b[_cons] coef_mvalue=_b[mvalue] r2=e(r2) ///
, saving(rolling4 , replace)  window(15) : reg invest mvalue
use rolling4, clear
list if com==1

use T_data3_2, clear
tsset com year
rollreg invest mvalue, move(15) stub(rollreg) graph(full)

use T_data3_2, clear
tsset com year
rollreg invest mvalue, move(15) stub(rollreg)

gen lower=rollreg_mvalue-invttail(rollreg_N-2,0.025)*rollreg_se_mvalue
```

```
gen upper=rollreg_mvalue+invttail(rollreg_N-2,0.025)*rollreg_se_mvalue

xtline rollreg_mvalue lower upper if rollreg_mvalue~=. ,  ///
yline(0) byopts(yrescale)

use T_data3_3, clear
gen month=ym(1980,12)+_n
format month %tm
tsset month
gen cpiit_grow=100*(log(cpiit)-log(L.cpiit))
gen cpifr_grow=100*(log(cpifr)-log(L.cpifr))
ttest cpiit_grow== cpifr_grow

rolling ttest=r(t) pvalue=r(p), window(60) ///
saving(rolling5, replace): ttest cpiit_grow== cpifr_grow

use rolling5, clear
list in 1/5
```

CHAPTER 04 | Fama-MacBeth 추정

4.1 Fama-MacBeth 2단계 추정

Fama-MacBeth 2단계 추정방법은 원래 CAPM(Capital Asset Pricing Model)에 대한 실증분석을 위해 고안되었다(Fama and MacBeth, 1973). CAPM에서는 특정 기업의 위험(risk)과 기대수익률(expected return)의 관계를 이용하여 다음과 같이 증권시장선(security market line: SML)을 설정한다.

$$R_{it} = R_f + \beta_i [R_m - R_f] \tag{4.1}$$

위 식에서는 체계적 위험인 β_i에 비례하는 위험프리미엄을 측정하여 균형수익률을 계산한다. R_{it}는 자산 i의 기대수익률, R_f는 무위험 자산 수익률 그리고 R_m는 시장 수익률을 나타낸다. 기존의 많은 실증연구에서는 체계적인 위험인 베타와 기대수익률 사이에 식 4.1이 선형관계가 있음을 보이고자 하였다.

실증분석을 위해 각 자산(portfolio) i에 T 시점 동안 측정된 수익률이 존재하고 이러한 자산의 수를 n이라고 가정하자. CAPM 실증분석을 위해 각 자산 i의 초과수익률 모형을 다음과 같이 설정하자.

$$\begin{aligned}
ER_{1t} &= \alpha_1 + \beta_1 ER_{mt} + e_{1t} \qquad t = 1,2,\cdots,T \\
ER_{2t} &= \alpha_2 + \beta_2 ER_{mt} + e_{2t} \qquad t = 1,2,\cdots,T \\
&\vdots \\
ER_{nt} &= \alpha_n + \beta_n ER_{mt} + e_{nt} \qquad t = 1,2,\cdots,T
\end{aligned} \tag{4.2}$$

위 식에서 ER_{it}는 t시점의 자산 i의 초과수익률이고 E_{mt}는 t 시점의 시장 초과수익률이다. 각 자산 i에 대해 T 시점 동안 시계열 데이터를 이용하여 CAPM 베타인 $\hat{\beta}_1, \hat{\beta}_2, \cdots \hat{\beta}_n$를 추정할 수 있다. 두 번째 단계에서는 각 시점에서 횡단면 데이터를 이용하여 베타와 초과수익률 간의 선형관계를 실증분석할 수 있다. 두 번째 단계를 위한 실증분석 모형은 다음과 같다.

$$ER_{i1} = \delta_1 + \gamma_1 \hat{\beta}_i + e_{i1} \qquad i = 1,2,\cdots,n$$

$$ER_{i2} = \delta_2 + \gamma_2 \hat{\beta}_i + e_{i2} \qquad i=1,2,\cdots,n$$

$$\vdots$$

$$ER_{iT} = \delta_T + \gamma_T \hat{\beta}_i + e_{iT} \qquad i=1,2,\cdots,n \tag{4.3}$$

(4.3)에서 제시한 T개의 횡단면 회귀모형을 추정하면 $\hat{\gamma}_1$부터 $\hat{\gamma}_T$까지 T개의 추정치를 얻게 된다. 이를 평균하여 얻는 $\bar{\gamma} = \frac{1}{T}\sum_{t=1}^{T}\hat{\gamma}_t$ 가 Fama - MacBeth가 실증분석 통해 얻고자 했던 초과수익률과 체계적 위험 베타와의 선형관계이다. $\bar{\gamma}$에 대한 분산은 다음과 같이 계산할 수 있다.

$$\begin{aligned} var(\bar{\gamma}) &= var\left(\frac{1}{T}\sum_{t=1}^{T}\hat{\gamma}_t\right) \\ &= \frac{1}{T^2}\left[var(\hat{\gamma}_1) + var(\hat{\gamma}_2) + \cdots + var(\hat{\gamma}_T)\right] \\ &= \frac{1}{T}\hat{\sigma}_{\gamma}^2 \end{aligned} \tag{4.4}$$

위 식에서 $\hat{\sigma}_{\gamma}^2$ 는 (4.3)에서 계산된 $\hat{\gamma}_t$에 대한 분산 추정치이다.

원래 Fama-MacBeth 2단계 추정은 CAPM 이론에 대한 실증분석 목적에서 시작되었지만 패널 회귀분석에서 모든 패널그룹(i)에 적용될 수 있는 하나의 기울기 추정치를 얻는 데도 활용될 수 있다. 다음과 같은 일반적인 패널 회귀모형을 가정하자.

$$y_{it} = \alpha + \beta_1 x_{1it} + \beta_2 x_{2it} + e_{it} \tag{4.5}$$

첫 번째 단계에서는 각 연도별로 횡단면 회귀모형을 추정하여 T개의 $\hat{\beta}_{1t}$ 와 $\hat{\beta}_{2t}$ 를 계산한다. 두 번째 단계에서는 T개의 추정치를 평균하여 하나의 $\hat{\beta}_1$와 $\hat{\beta}_2$를 계산하고 (4.4)를 이용하여 분산추정치를 얻게 된다.

4.2 STATA 실습

data file: T_data4_1.dta

예제 데이터에서 r1~r10 변수는 10개 회사의 월별 주가수익률을 기록하고 있다. rf 변수는 무위험 자산의 월별 수익률이며 rmrf는 초과수익률(시장수익률에서 무위험 자산 수익률을 빼) 변수를 의미한다. 4.1절에서 설명한 CAPM 실증분석을 Stata에서 실행하기 위해서는 먼저 데이터 구조를 long-type으로 바꾸어야 한다. wide-type 패널 구조를 long-type 패널 구조로 바꾸기 위해서는 **reshape** 명령어를 사용한다.*

| 그림 4-1 |

```
. use T_data4_1, clear
. tsset month
        time variable:  month, 1968m1 to 2011m12
                delta:  1 month

. reshape long r, i(month) j(firm)
(note: j = 1 2 3 4 5 6 7 8 9 10)

Data                               wide   ->   long
-----------------------------------------------------------------------------
Number of obs.                      528   ->   5280
Number of variables                  16   ->      8
j variable (10 values)                    ->   firm
xij variables:
                            r1 r2 ... r10  ->   r
-----------------------------------------------------------------------------

. tsset firm month
       panel variable:  firm (strongly balanced)
        time variable:  month, 1968m1 to 2011m12
                delta:  1 month
```

reshape 명령문 실행결과를 보면 firm 변수가 패널그룹 변수가 되고 month 변수가 시간변수가 된다. 또한 r 변수는 각 기업의 주가수익률이고 rmrf 변수는 그룹에 따라서는 변하지 않고 시간에 따라서만 변하는 변수로 생성되었다. Fama-MacBeth 회귀분석을 위해서는 아래와 같이 각 회사별로 식 4.2 시계열 회귀와 식 4.3 횡단면 회귀를 순서대로 실행해야 한다.

| 그림 4-2 |

```
. gen r_rf=r-rf

. statsby beta=_b[rmrf], by(firm) saving(first.dta, replace): reg r_rf rmrf
(running regress on estimation sample)
```

* **reshape** 명령어의 자세한 사용법은 민인식 · 최필선(2022b) 3장을 참고하라.

```
      command:  regress r_rf rmrf
           by:  firm

Statsby groups
----+--- 1 ---+--- 2 ---+--- 3 ---+--- 4 ---+--- 5
..........

. merge m:1 firm using first,nogen
    Result                           # of obs.
    -----------------------------------------
    not matched                             0
    matched                             5,280  (_merge==3)
    -----------------------------------------

. xtfmb r_rf beta
Fama-MacBeth (1973) Two-Step procedure            Number of obs     =      5280
                                                  Num. time periods =       528
                                                  F(  1,    527)    =      2.86
                                                  Prob > F          =    0.0911
                                                  avg. R-squared    =    0.3697
------------------------------------------------------------------------------
             |            Fama-MacBeth
        r_rf |      Coef.   Std. Err.      t    P>|t|     [95% Conf. Interval]
-------------+----------------------------------------------------------------
        beta |   1.200518    .709272     1.69   0.091    -.1928293    2.593866
       _cons |   -.671824   .6721536    -1.00   0.318    -1.992253    .6486054
------------------------------------------------------------------------------
```

그림 4-2의 명령문을 순서대로 설명하여 초과수익률 변수(r_rf)를 먼저 생성한다. 식 4.2의 시계열 회귀모형에서 종속변수는 r_rf가 되고 설명변수는 rmrf가 된다. 10개 기업이기 때문에 $\hat{\beta}_1, \hat{\beta}_2, \cdots, \hat{\beta}_{10}$을 얻을 수 있고, 이 결과를 다른 Stata 데이터 파일로 저장해야 한다. 이를 위해 statsby 접두어(prefix)를 이용한다.* beta=_b[rmrf]는 각 기업의 $\hat{\beta}$를 beta라는 변수이름으로 저장하겠다는 의미이다. 새로 저장할 파일 이름은 first.dta가 된다. 식 4.3의 횡단면 회귀분석을 위해서는 기존의 데이터와 새로 만든 first.dta 파일을 합쳐야 한다. merge 옵션 중에서 many to one merge를 선택해야 한다. nogen 옵션을 사용하면 _merge 변수가 만들어지지 않는다. 각 시점에서 10개의 관측치를 가지고 시계열 회귀분석을 실시한 후 추정계수를 평균하는 절차는 xtfmb 명령어를 사용할 수 있다.** xtfmb 명령어 다음에 식 4.3에서 종속변수인 r_rf를 입력하고 설명변수로 체계적 위험을 의미하는 beta 변수를 입력하면 된다. 위 결과를 보면, Fama-MacBeth 절차에 따른 추정치는 1.20이

* statsby에 대한 자세한 설명은 민인식 · 최필선(2019c) 12장 Tip12.1을 참고하라.
** xtfmb 명령어를 사용하기 위해서는 findit xtfmb 실행하여 프로그램을 다운로드 받아야 한다.

고 10% 수준에서 유의하다. 따라서 특정 자산의 초과수익률은 체계적 위험 베타와 양의 선형관계라는 CAPM 이론을 뒷받침하고 있다.

Tip 4.1 ● merge의 종류

merge의 종류 중 many-to-one merge는 master 파일에서 key variable의 각 값이 중복되어 나오지만 using 파일에서는 key variable의 값이 중복되지 않고 한 번씩만 나오는 경우에 사용한다. 가구용 패널과 개인용 패널을 합칠 때 주로 사용한다. 가구와 개인 패널을 합칠 때는 가구번호를 key variable로 정해야 하고, 개인 패널에서는 가구번호는 중복되어 나오고 가구 패널에서는 한 번씩만 나오게 된다.

data file: T_data4_2.dta & T_data4_3.dta

master 파일로 개인 패널인 T_data4_2.dta을 지정하고 key variable로 가구 id인 hhid 변수를 사용한다. using 파일로는 가구패널인 T_data4_3.dta를 사용하였다. 개인 패널은 가구번호가 중복되어 나타나고 가구패널은 가구번호가 한 번씩만 나오기 때문에 merge m:1 (many-to-one merge)을 이용한다.

```
. use T_data4_2, clear
. merge m:1 hhid using T_data4_3, nogen
hhid was long now double

    Result                           # of obs.
    -----------------------------------------
    not matched                           343
        from master                         0  (_merge==1)
        from using                        343  (_merge==2)

    matched                            14,489  (_merge==3)
    -----------------------------------------
```

병합된 데이터의 일부분을 살펴보면 아래와 같다. hhid=2에는 가구원이 두 명(pid=203, 202) 있다. resid_type 변수는 가구 패널에 있는 변수이기 때문에 pid=203와 pid=202에 대해서는 반드시 서로 같은 값을 갖게 된다.

	pid	hhid	gender	resid_type
1	101	1	2	1
2	203	2	2	2
3	202	2	2	2
4	402	4	2	1
5	401	4	1	1
6	602	6	2	1
7	801	8	1	1

병합의 종류 중 one-to-many merge는 many-to-one merge와 반대의 경우라고 생각하면 된다. master 파일로 가구패널인 T_data4_3을 사용하고 using 파일로 개인패널인 T_data4_3을 선택한다. one-to-many merge 명령어는 다음과 같다. **merge** 명령어는 **merge 1:m**을 사용한다. 앞선 many-to-one merge 병합 결과와 같은 순서를 만들기 위해서 마지막에 **sort hhid pid** 명령문을 추가적으로 사용한다.

```
. use T_data4_3, clear

. merge 1:m hhid using T_data4_2, nogen
    Result                           # of obs.
    -----------------------------------------
    not matched                           343
        from master                       343  (_merge==1)
        from using                          0  (_merge==2)

    matched                            14,489  (_merge==3)
    -----------------------------------------

. sort hhid pid
```

one-to-many merge 결과는 many-to-one merge와 정확히 같다는 것을 아래에서 확인할 수 있다.

	hhid	resid_type	pid	gender
1	1	1	101	2
2	2	2	202	2
3	2	2	203	2
4	4	1	401	1
5	4	1	402	2
6	6	1	602	2
7	7	.	.	.

data file: T_data4_4.dta

일반적인 패널데이터인 경우에도 Fama-MacBeth 추정절차를 활용할 수 있다. 다음과 같은 패널 선형회귀모형을 가정하자.

$$invest_{it} = \alpha + \beta_1 mvalue_{it} + \beta_2 kstock_{it} + e_{it} \tag{4.6}$$

식 4.6 모형에 대한 합동(pooling) OLS와 Fama-MacBeth 추정결과를 그림 4-3에서 제시한다. xtfmb 명령문을 실행하면 각 년도 별로 10개씩 회사 데이터를 이용하여 총 20번 ($T=20$) 횡단면 회귀분석을 하고 20개 추정계수의 평균을 제시한다. 합동 OLS와 비교하였을 때 유의성이나 부호에서 거의 차이는 없지만, 추정계수의 크기에서는 차이가 있음을 알 수 있다.

| 그림 4-3 |

```
. use T_data4_4, clear
. tsset com year
       panel variable:  company (strongly balanced)
        time variable:  year, 1935 to 1954
                delta:  1 year

. reg invest mvalue kstock
      Source |       SS       df       MS              Number of obs =     200
-------------+------------------------------           F(  2,   197) =  426.58
       Model |  7604093.48     2  3802046.74           Prob > F      =  0.0000
    Residual |  1755850.43   197  8912.94636           R-squared     =  0.8124
-------------+------------------------------           Adj R-squared =  0.8105
       Total |  9359943.92   199  47034.8941           Root MSE      =  94.408

------------------------------------------------------------------------------
      invest |      Coef.   Std. Err.      t    P>|t|     [95% Conf. Interval]
-------------+----------------------------------------------------------------
      mvalue |   .1155622   .0058357    19.80   0.000     .1040537    .1270706
      kstock |   .2306785   .0254758     9.05   0.000     .1804382    .2809188
       _cons |  -42.71437   9.511676    -4.49   0.000    -61.47215   -23.95659
------------------------------------------------------------------------------

. estimates store POLS

. xtfmb invest mvalue kstock
Fama-MacBeth (1973) Two-Step procedure           Number of obs     =       200
                                                 Num. time periods =        20
                                                 F(  2,     19)    =    195.04
                                                 Prob > F          =    0.0000
```

```
                                            avg. R-squared      =     0.8369
------------------------------------------------------------------------------
             |            Fama-MacBeth
      invest |      Coef.   Std. Err.      t    P>|t|     [95% Conf. Interval]
-------------+----------------------------------------------------------------
      mvalue |   .1306047   .0093422    13.98   0.000     .1110512    .1501581
      kstock |   .0729575   .0277398     2.63   0.016     .0148975    .1310176
       _cons |  -14.75697   7.287669    -2.02   0.057    -30.01024     .496295
------------------------------------------------------------------------------

. estimates store FAMA
. estimates table POLS FAMA, b(%9.3f) star(0.01 0.05 0.1)
----------------------------------------
    Variable |     POLS          FAMA
-------------+--------------------------
      mvalue |    0.116***      0.131***
      kstock |    0.231***      0.073**
       _cons |  -42.714***    -14.757*
----------------------------------------
          legend: * p<.1; ** p<.05; *** p<.01
```

data file: T_data4_4.dta

그림 4.3에서 도출된 Fama-MacBeth 추정치를 얻는 과정을 그림 4-4에서 제시한다. statsby 접두어를 이용하여 각 년도 별로 횡단면 회귀모형을 추정하고 추정계수(_b)와 표준오차(_se)를 저장하게 된다. 새로 저장된 fama.dta를 불러온 후 _b_mvalue, _b_kstock, 그리고 _b_cons 변수에 대한 평균을 계산하면 정확히 그림 4-3의 xtfmb 추정계수와 일치함을 확인할 수 있다.

| 그림 4-4 |

```
. use T_data4_4, clear
. tsset com year
       panel variable:  company (strongly balanced)
        time variable:  year, 1935 to 1954
                delta:  1 year

. statsby _b _se, by(year) saving(fama.dta, replace) : reg invest mvalue kstock
(running regress on estimation sample)

      command:  regress invest mvalue kstock
           by:  year

Statsby groups
----+--- 1 ---+--- 2 ---+--- 3 ---+--- 4 ---+--- 5
```

```
....................

. use fama, clear
(statsby: regress)

. su _b*
    Variable |       Obs        Mean    Std. Dev.       Min        Max
-------------+--------------------------------------------------------
    _b_mvalue |        20    .1306047    .0417796    .0655219    .1989208
    _b_kstock |        20    .0729575    .1240561   -.1120569    .3313746
      _b_cons |        20   -14.75697    32.59145   -133.3931    26.13816
```

4.3 Stata do file

```
use T_data4_1,clear
tsset month
reshape long r, i(month) j(firm)
tsset firm month

gen r_rf=r-rf
statsby beta=_b[rmrf], by(firm) saving(first.dta, replace): reg r_rf rmrf
merge m:1 firm using first,nogen

findit xtfmb
xtfmb r_rf beta

use T_data4_2, clear
merge m:1 hhid using T_data4_3, nogen

use T_data4_3, clear
merge 1:m hhid using T_data4_2, nogen
sort hhid pid

use T_data4_4, clear
tsset com year
reg invest mvalue kstock
estimates store POLS
xtfmb invest mvalue kstock
estimates store FAMA
estimates table POLS FAMA, b(%9.3f) star(0.01 0.05 0.1)

use T_data4_4, clear
tsset com year
statsby _b _se, by(year) saving(fama.dta, replace) : reg invest mvalue kstock
use fama, clear
su _b*
```

CHAPTER 05 정적 모형과 동적 모형

5.1 유한시차 모형

횡단면 데이터는 시간 개념이 없기 때문에 당연히 같은 시점에서의 선형관계를 추정하게 된다. 시계열 데이터는 시간 개념이 있기 때문에 정적(static)모형을 추정할 수도 있고, 동적(dynamic) 모형을 추정할 수도 있다. 정적 모형은 설명변수(x) 현재값이 종속변수(y) 현재값을 결정한다고 가정하는 것으로 다음과 같다.

$$y_t = f(x_t) + e_t \quad : \text{정적 모형}$$

이에 반해 동적 모형은 다음과 같이 x 변수의 현재값 또는 과거값이 모두 y의 현재값에 영향을 줄 수 있다고 모형을 설정한다.

$$y_t = f(x_t, x_{t-1}, x_{t-2}, \cdots) + e_t \quad : \text{동적 모형}$$

정적 모형과 동적 모형 모두 오차항 e_t는 백색잡음(white noise), 특히 자기상관이 없다고 가정하게 된다. 그러나 시계열 데이터의 특성상 정적 모형에서는 오차항에 대한 이러한 가정이 성립되기 어려울 수 있다. 상대적으로 동적 모형에서는 과거값 변수들이 모형에 포함되기 때문에 오차항의 자기상관 가능성이 줄어들게 된다.

위에서 소개한 동적 모형처럼 설명변수의 현재값과 과거값만을 포함한 동적 모형을 유한시차 모형(finite distributed lags model)이라고 부른다. 선형의 유한시차 모형을 예로 들면 다음과 같다.

$$y_t = \alpha + \beta_0 x_t + \beta_1 x_{t-1} + \beta_2 x_{t-2} + e_t \tag{5.1}$$

식 5.1에서 $\partial E(y_t)/\partial x_t = \beta_0$는 x 현재값이 y 현재값에 미치는 효과를 추정하며, 충격승수(impact multiplier)라고 부른다. 위 모형에서는 x의 과거값도 y의 현재값에 영향을 미치고 있으며, 각각 β_1과 β_2로 추정될 수 있다. 그런데 β_1과 β_2는 다음과 같이 x 현재값이 y의 미래값에 미치는 효과라고 해석할 수도 있다.

$$\beta_1 = \frac{\partial E(y_t)}{\partial x_{t-1}} = \frac{\partial E(y_{t+1})}{\partial x_t}$$

$$\beta_2 = \frac{\partial E(y_t)}{\partial x_{t-2}} = \frac{\partial E(y_{t+2})}{\partial x_t}$$

따라서 x_t 현재값이 1단위 변했을 때, y의 모든 미래값에 미치는 장기효과(long-run effect 혹은 long-run multiplier)는 $\beta_0 + \beta_1 + \beta_2$임을 쉽게 알 수 있다.

유한시차 모형은 설명변수의 현재값뿐만 아니라 과거값을 모형에 포함함으로써 종속변수와 설명변수의 동적관계를 추정할 수 있고, 오차항의 자기상관 가능성을 줄일 수 있다는 장점이 있다. 그러나 설명변수 과거값 시차를 어디까지 할 것인가에 대한 선험적 판단이 어렵다는 단점이 있다.

5.2 자기회귀 모형

시계열 데이터를 이용한 두 번째 동적 모형은 종속변수의 과거값을 설명변수로 사용하는 것이다. 자기회귀 모형(autoregressive model) 또는 시차 종속변수 모형(lagged dependent variable model)이라고 부른다.

$$y_t = \alpha + \gamma y_{t-1} + \beta x_t + e_t \tag{5.2}$$

식 5.2는 종속변수 현재값이 종속변수 과거값과 상관관계가 있다는 가정을 모형으로 표현하고 있다.

식 5.2에서 y_{t-1}을 대입하고 풀어보면 다음과 같다.

$$\begin{aligned} y_t &= \alpha + \gamma(\alpha + \gamma y_{t-2} + \beta x_{t-1} + e_{t-1}) + \beta x_t + e_t \quad (5.3) \\ &= \alpha + \gamma\alpha + \gamma^2 y_{t-2} + \beta\gamma x_{t-1} + \beta x_t + e_t + \gamma e_{t-1} \end{aligned}$$

위 식에서 $\partial E(y_t)/\partial x_{t-1} = \beta\gamma$가 된다. 즉 x 변수의 $t-1$기 값이 현재 y에 미치는 효과이다. 식 5.3에서 y_{t-2}를 유사하게 대입하면 $\partial E(y_t)/\partial x_{t-2} = \beta\gamma^2$이 된다. 만약 $0 < \gamma < 1$이면, $\partial E(y_t)/\partial x_{t-1} > \partial E(y_t)/\partial x_{t-2}$임을 알 수 있다. 이 경우 상대적으로 가까운 과거의 x일수록 현재 y에 미치는 효과가 더 크다는 것을 의미한다. 식 5.3을 반복적으로 풀게 되면 모든 과거 x값이 현재 y에 영향을 미치게 되며, 그 효과는 과거로 갈수록

작아진다.

식 5.2 자기회귀모형에서 장기효과(long-run effect)는 다음과 같이 계산할 수 있다.

$$\beta + \beta\gamma + \beta\gamma^2 + \cdots = \beta(1 + \gamma + \gamma^2 + \cdots) \tag{5.4}$$
$$= \frac{\beta}{1-\gamma}$$

5.1절에서 설명한 유한시차 모형은 x의 과거값을 어디까지 쓰느냐의 고민이 있었지만 자기회귀 모형에서는 그런 고민을 할 필요가 없다. x의 모든 과거값을 사용하고 있기 때문이다. 또한 종속변수의 과거값을 이미 설명변수로 사용하기 때문에 오차항 e_t에서 1계 자기상관이 존재하지 않을 가능성이 커진다.

y_{t-1}을 설명변수로 포함하더라도 여전히 오차항 e_t에 1계 자기상관이 존재한다면 식 5.2에 대한 OLS 추정량은 일치추정량(consistent estimator)이 되지 못한다는 단점이 있다. 식 5.2에서 $cov(e_t, e_{t-1}) \neq 0$이라면 설명변수인 y_{t-1}과 e_t는 서로 상관관계가 있음을 보일 수 있다. 즉,

$$cov(y_{t-1}, e_t) = cov(\alpha + \gamma y_{t-2} + \beta x_{t-1} + e_{t-1}, e_t)$$
$$= cov(e_{t-1}, e_t) \neq 0$$

결국 이 경우 y_{t-1}은 내생적 설명변수(endogenous explanatory variable)가 되는 문제가 발생한다.

5.3 ARDL 모형

세 번째 동적 모형은 x와 y 변수의 과거값을 동시에 설명변수로 사용하는 것이다. 다음 식 5.5를 자기회귀시차(ARDL; autoregressive and distributed lags) 모형이라고 부른다.

$$y_t = \alpha + \gamma y_{t-1} + \beta_0 x_t + \beta_1 x_{t-1} + e_t \quad (5.5)$$

위 식 5.5를 ARDL(1,1) 모형으로 표기한다. 이 경우 앞 5.2절의 1계 자기회귀모형은 ARDL(1,0) 모형이라고 할 수 있다. ARDL 모형 역시 x 변수의 모든 과거값이 현재 y에 영향을 미치는 동적 모형이며, 또한 오차항의 자기상관 문제가 해결될 가능성이 크다.

식 5.5를 풀어쓰면 무한시차(infinite distributed lags) 모형이 된다.

$$
\begin{aligned}
y_t &= \alpha + \gamma y_{t-1} + \beta_0 x_t + \beta_1 x_{t-1} + e_t \\
&= \alpha + \gamma(\alpha + \gamma y_{t-2} + \beta_0 x_{t-1} + \beta_1 x_{t-2} + e_{t-1}) + \beta_0 x_t + \beta_1 x_{t-1} + e_t \\
&= \alpha + \gamma\alpha + \gamma^2 y_{t-2} + \beta_0 x_t + (\gamma\beta_0 + \beta_1) x_{t-1} + \gamma\beta_1 x_{t-2} + e_t + \gamma e_{t-1} \\
&\vdots \\
&= \theta + \sum_{s=0}^{\infty} \delta_s x_{t-s} + e_t
\end{aligned} \tag{5.6}
$$

식 5.6에서 $\delta_0 = \beta_0$, $\delta_1 = \gamma\beta_0 + \beta_1$ 그리고 $\delta_2 = \gamma^2\beta_0 + \gamma\beta_1$ 임을 알 수 있다. x의 모든 과거값이 현재값 y에 미치는 장기효과는 다음과 같이 계산된다.

$$
\begin{aligned}
\delta_0 + \delta_1 + \delta_2 + \cdots &= \beta_0(1 + \gamma + \gamma^2 + \cdots) + \beta_1(1 + \gamma + \gamma^2 + \cdots) \\
&= \frac{\beta_0 + \beta_1}{1 - \gamma}
\end{aligned} \tag{5.7}
$$

ARDL(p,q)모형에서 시차 p와 q를 결정하기 위해서는 주관적인 판단이 많이 작용할 수 있지만 Hill et al.(2012)에서는 다음과 같은 네 가지 기준을 제시한다.[*]

- 주어진 p와 q 하에서 식 5.5의 오차항 e_t에 자기상관이 없다고 판단할 수 있는가?
- 추정계수의 부호와 크기가 경제학 이론과 일치하는가?
- 추정계수가 0과 유의하게 다른가?
- AIC(Akaike Information Criterion)와 SIC(Schwarz Information Criterion)를 최소화하는 p와 q를 선택할 수 있다.

AIC는 기본적으로 잔차제곱합(SSE; sum of squared errors)을 최소화함과 동시에 추정해야 하는 모수의 개수에 패널티를 주는 방식이다. AIC는 다음과 같이 정의된다.

$$
AIC = \ln\left(\frac{SSE}{T}\right) + \frac{2K}{T} \tag{5.8}
$$

---

[*] Hill et al.(2012) 9장을 참고하라.

위 식에서 $K=p+q+2$이다. 따라서 다른 조건이 동일하다면 p와 q가 커질수록 AIC가 커지게 된다. 한편 SIC는 다음과 같이 정의한다.

$$SIC=\ln\left(\frac{SSE}{T}\right)+\frac{K\ln T}{T} \tag{5.9}$$

여기에서 $T\geq 8$이면, $K\ln(T)/T>2K/T$이기 때문에 SIC는 AIC에 비해 p와 q가 커질수록 더 많은 패널티를 주게 된다.

5.4 STATA 실습

data file: T_data5_1.dta
예제 데이터를 이용하여 다음과 같은 정적 모형과 유한시차 모형을 설정하자.

$$inv_t = \alpha+\beta_0 int_t+e_t \tag{5.10}$$

$$inv_t = \alpha+\beta_0 int_t+\beta_1 int_{t-1}+\beta_2 int_{t-2}+\beta_3 int_{t-3}+e_t \tag{5.11}$$

그림 5-1에서는 식 5.10과 식 5.11의 추정결과를 제시한다.

| 그림 5-1 |

```
. use T_data5_1, clear
. tsset qtr, quarterly
        time variable:  qtr, 1987q1 to 1994q2
                delta:  1 quarter

. reg inv interest
      Source |       SS       df       MS              Number of obs =      30
-------------+------------------------------           F(  1,    28) =    0.98
       Model |  54.8930787     1  54.8930787           Prob > F      =  0.3316
    Residual |  1574.42976    28  56.2296344           R-squared     =  0.0337
-------------+------------------------------           Adj R-squared = -0.0008
       Total |  1629.32284    29  56.1835462           Root MSE      =  7.4986

------------------------------------------------------------------------------
         inv |      Coef.   Std. Err.      t    P>|t|     [95% Conf. Interval]
-------------+----------------------------------------------------------------
    interest |  -.2805834   .2839787    -0.99   0.332    -.8622874    .3011206
       _cons |   24.16326   4.217354     5.73   0.000      15.5244    32.80212
------------------------------------------------------------------------------

. estat bgodfrey
```

```
Breusch-Godfrey LM test for autocorrelation
---------------------------------------------------------------------------
    lags(p)  |          chi2               df                 Prob > chi2
-------------+-------------------------------------------------------------
       1     |         24.042               1                   0.0000
---------------------------------------------------------------------------
                        H0: no serial correlation

. reg inv L(0/3).interest
      Source |       SS       df       MS              Number of obs =      27
-------------+------------------------------           F(  4,    22) =    1.64
       Model |  320.382658     4  80.0956645           Prob > F      =  0.1997
    Residual |  1074.14284    22  48.8246745           R-squared     =  0.2297
-------------+------------------------------           Adj R-squared =  0.0897
       Total |   1394.5255    26  53.6355961           Root MSE      =  6.9875

------------------------------------------------------------------------------
         inv |      Coef.   Std. Err.      t    P>|t|     [95% Conf. Interval]
-------------+----------------------------------------------------------------
    interest |
         --. |  -.4137383   .2947161    -1.40   0.174    -1.024942    .1974656
         L1. |  -.2927851   .3074255    -0.95   0.351    -.9303466    .3447764
         L2. |  -.5544762   .3208385    -1.73   0.098    -1.219854     .110902
         L3. |  -.5589487   .3018915    -1.85   0.078    -1.185033     .067136
             |
       _cons |   46.33146   11.12069     4.17   0.000     23.26857    69.39436
------------------------------------------------------------------------------

. estat bgodfrey
Breusch-Godfrey LM test for autocorrelation
---------------------------------------------------------------------------
    lags(p)  |          chi2               df                 Prob > chi2
-------------+-------------------------------------------------------------
       1     |         14.911               1                   0.0001
---------------------------------------------------------------------------
                        H0: no serial correlation
```

위에서 estat bgodfrey는 Breusch-Godfrey 1계 자기상관 검정을 위한 명령문이다. 결과를 보면, 식 5.10 정적 모형의 경우 오차항에 1계 자기상관이 없다는 귀무가설이 기각되었다. 따라서 1계 자기상관이 존재하는 추정결과이다. 식 5.11의 유한 시차모형에서는 이자율 변수의 $t-3$기까지 설명변수로 사용하고 있다. x변수 과거값을 설명변수로 추가하였지만 여전히 오차항에 1계 자기상관이 존재한다는 검정결과이다. 그러나 검정통계량의 값은 24.042(정적 모형)에서 14.911(유한시차 모형)로 대폭 줄어들었다.

유한 시차모형에서 충격승수(impact multiplier), 즉 $\partial E(y_t)/\partial x_t$는 -0.413이다. 즉 현재

시점의 이자율이 1단위 증가하면 현재 시점 투자가 0.413단위 감소한다고 해석할 수 있다. 현재 시점의 이자율 변화는 현재 투자뿐만 아니라 미래의 투자에 장기적으로 영향을 미치는데, 그 장기효과에 대한 유의성 검정을 다음과 같이 수행할 수 있다.

| 그림 5-2 |

```
. qui reg inv L(0/3).interest

. lincom interest+L1.interest+L2.interest+L3.interest
 ( 1)  interest + L.interest + L2.interest + L3.interest = 0

------------------------------------------------------------------------------
         inv |      Coef.   Std. Err.      t    P>|t|     [95% Conf. Interval]
-------------+----------------------------------------------------------------
         (1) |  -1.819948   .7973208    -2.28   0.032     -3.47349   -.1664062
------------------------------------------------------------------------------
```

유한시차 모형을 추정한 후 lincom 명령어를 이용하여 추정계수의 선형결합(linear combination)에 대해 t 검정을 실시했다. 위 가설검정에서 귀무가설은 다음과 같다.

$$H_0 : \beta_0 + \beta_1 + \beta_2 + \beta_3 = 0$$

위 결과를 보면, 장기효과 추정치는 -1.819이다. 즉 현재 시점 이자율이 1단위 상승하면 장기적으로 투자가 -1.819단위 감소된다는 의미이다. lincom 명령어는 변수이름을 그대로 이용하여 선형결합으로 나타낸다. 위 가설검정을 위한 t 검정통계량은 다음과 같이 계산한다.

$$T = \frac{\hat{\beta}_0 + \hat{\beta}_1 + \hat{\beta}_2 + \hat{\beta}_3}{\sqrt{var(\hat{\beta}_0 + \hat{\beta}_1 + \hat{\beta}_2 + \hat{\beta}_3)}} \sim t(df) \tag{5.12}$$

위 식에서 검정통계량 분모 부분은 다음과 같이 계산할 수 있다.

$$\begin{aligned} & var(\hat{\beta}_0 + \hat{\beta}_1 + \hat{\beta}_2 + \hat{\beta}_3) \\ & \quad = var(\hat{\beta}_0) + \cdots + var(\hat{\beta}_3) + 2cov(\hat{\beta}_0, \hat{\beta}_1) + \cdots + 2cov(\hat{\beta}_2, \hat{\beta}_3) \end{aligned}$$

추정계수 간 공분산은 ereturn list의 e(V) 행렬에서 찾을 수 있다.

```
. ereturn list
scalars:
                  e(N) =  27
               e(df_m) =  4
---------------------------------------- 결과 중략 ------------------------------
          e(estat_cmd) : "regress_estat"

matrices:
                  e(b) :  1 x 5
                  e(V) :  5 x 5

functions:
             e(sample)

. mat list e(V)
symmetric e(V)[5,5]
                                   L.          L2.          L3.
               interest    interest    interest    interest        _cons
   interest    .0868576
 L.interest   .02849908   .09451045
L2.interest   .01735304   .03822058   .10293731
L3.interest  -.00584979      .01979   .03212536   .09113849
      _cons  -1.7844412  -2.5130418  -2.6171908  -1.8863838    123.66971
```

이번에는 자기회귀 모형을 추정해 보자. 다음과 같이 AR(1) 모형을 설정한다.

$$inv_t = \alpha + \gamma inv_{t-1} + \beta int_t + e_t \tag{5.13}$$

추정결과와 오차항의 1계 자기상관 검정은 다음과 같다.

| 그림 5-3 |

```
. reg inv L.inv interest
      Source |       SS       df       MS              Number of obs =      29
-------------+------------------------------           F(  2,    26) =   55.37
       Model |  1256.21405     2  628.107027           Prob > F      =  0.0000
    Residual |  294.952717    26  11.3443353           R-squared     =  0.8099
-------------+------------------------------           Adj R-squared =  0.7952
       Total |  1551.16677    28  55.3988133           Root MSE      =  3.3681

------------------------------------------------------------------------------
         inv |      Coef.   Std. Err.      t    P>|t|     [95% Conf. Interval]
-------------+----------------------------------------------------------------
         inv |
         L1. |   .9008964   .0869073    10.37   0.000     .7222559    1.079537
             |
```

```
    interest |  -.2947919   .1292871    -2.28   0.031    -.5605453   -.0290386
       _cons |   6.743649   2.513102     2.68   0.013     1.577894     11.9094
------------------------------------------------------------------------------
. estat bgodfrey
Breusch-Godfrey LM test for autocorrelation
---------------------------------------------------------------------------
    lags(p)  |          chi2               df                 Prob > chi2
-------------+-------------------------------------------------------------
       1     |          0.079               1                   0.7784
---------------------------------------------------------------------------
                        H0: no serial correlation
```

위 결과를 보면 L.inv 계수 추정치가 는 0.9로 1에 가까우며 1% 유의수준에서 유의하다. inv_t 변수가 자기회귀 성향이 매우 높다는 것을 알 수 있다. int_t 변수 역시 음(-)으로 추정되고 0과 유의하게 다르다. 오차항에 대한 1계 자기상관 검정 결과 예상대로 1계 자기상관이 없다는 결론이다. 따라서 종속변수의 과거값이 설명변수로 포함되어 있더라도 내생적 설명변수의 문제는 없다고 말할 수 있다.

AR(1) 모형 추정 후 5.2절에서 설명한대로 시차효과와 장기효과를 계산할 수 있다.

| 그림 5-4 |

```
. nlcom _b[L.inv]*_b[interest]
       _nl_1:  _b[L.inv]*_b[interest]

------------------------------------------------------------------------------
         inv |      Coef.   Std. Err.      z    P>|z|     [95% Conf. Interval]
-------------+----------------------------------------------------------------
       _nl_1 |   -.265577   .1203917    -2.21   0.027    -.5015405   -.0296135
------------------------------------------------------------------------------

. nlcom _b[L.inv]^2*_b[interest]
       _nl_1:  _b[L.inv]^2*_b[interest]

------------------------------------------------------------------------------
         inv |      Coef.   Std. Err.      z    P>|z|     [95% Conf. Interval]
-------------+----------------------------------------------------------------
       _nl_1 |  -.2392574   .1165428    -2.05   0.040     -.467677   -.0108377
------------------------------------------------------------------------------

. nlcom _b[interest]/(1-_b[L.inv])
       _nl_1:  _b[interest]/(1-_b[L.inv])

------------------------------------------------------------------------------
         inv |      Coef.   Std. Err.      z    P>|z|     [95% Conf. Interval]
```

```
-------------+----------------------------------------------------------------
       _nl_1 |  -2.974584   2.969161    -1.00   0.316    -8.794033    2.844865
------------------------------------------------------------------------------
```

$\partial E(inv_t)/\partial int_{t-1} = \beta\gamma$이므로 모수들의 비선형 결합(nonlinear combination)이다. 따라서 lincom 대신 nlcom 명령어를 사용해야 한다. nlcom 명령문에서는 모수를 표현하기 위해 변수 이름 대신 _b[변수이름]를 사용한다. 1기 전 이자율이 현재 투자에 미치는 효과는 -0.265이고 5% 유의수준에서 유의하다. $\partial E(inv_t)/\partial int_{t-2} = \beta\gamma^2$이므로 역시 nlcom을 이용하여 유의성 검정을 할 수 있다. 장기 효과는 $\beta/(1-\gamma)$로 계산되고 -2.974로 추정된다. 현재 시점의 이자율 1단위 증가는 미래 시점의 투자를 -2.974단위 감소시킨다.

다음 do file에서는 int_t부터 int_{t-s}까지 $E(inv_t)$에 미치는 한계효과를 그래프로 표현하고자 한다.

| 그림 5-5 |

```
capture drop s
capture drop me
gen s=.
gen me=.
qui reg inv L.inv interest

forvalues i=1/11 {
          local j=`i'-1

          replace s=`j' in `i'
          replace me=_b[interest]*_b[L.inv]^`j' in `i'
}

replace me=-me  // (+) 값으로 변환
twoway (connected me s)
```

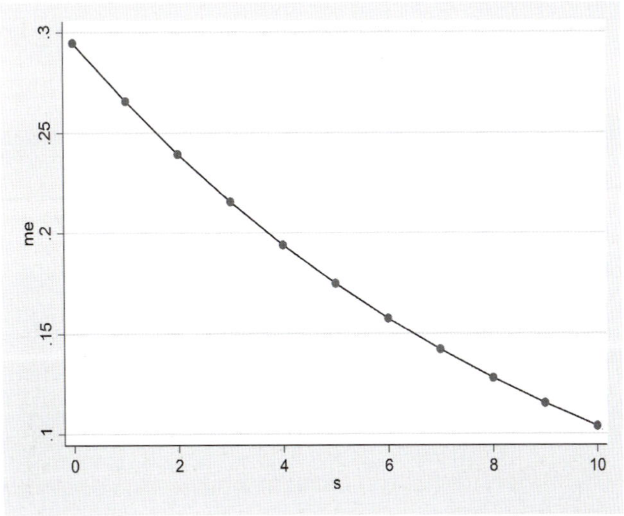

위 그래프에서 X축은 시차를 의미하고 Y축은 $\partial E(inv_t)/\partial int_{t-s}$ 한계효과를 의미한다. $0 < \hat{\gamma} < 1$이기 때문에 int 변수의 과거값이 현재 y에 미치는 효과는 점차 작아진다.*

이번에는 다음과 같은 ARDL(1,1) 모형을 가정하자.

$$inv_t = \alpha + \gamma inv_{t-1} + \beta_0 int_t + \beta_1 int_{t-1} + e_t \tag{5.14}$$

아래는 추정 및 검정 결과이다.

| 그림 5-6 |

```
. reg inv L.inv L(0/1).interest
      Source |       SS       df       MS              Number of obs =      29
-------------+------------------------------           F(  3,     25) =   44.27
       Model |  1305.43379     3  435.144596           Prob > F      =  0.0000
    Residual |  245.732984    25  9.82931937           R-squared     =  0.8416
-------------+------------------------------           Adj R-squared =  0.8226
       Total |  1551.16677    28  55.3988133           Root MSE      =  3.1352

------------------------------------------------------------------------------
         inv |      Coef.   Std. Err.      t    P>|t|     [95% Conf. Interval]
-------------+----------------------------------------------------------------
         inv |
         L1. |   .9391378   .0826816    11.36   0.000     .7688518    1.109424
             |
```

* 추정된 한계효과는 음(-)이지만 그래프 표현을 위해 절대값으로 변환한 그래프를 제시한다.

```
    interest |
         --. | -.2202566   .1248692    -1.76   0.090    -.4774295    .0369164
         L1. |  .2826926     .12633     2.24   0.034     .0225111    .5428742
             |
       _cons |  .9946755   3.474557     0.29   0.777    -6.161309     8.15066
------------------------------------------------------------------------------

. estat bgodfrey
Breusch-Godfrey LM test for autocorrelation
---------------------------------------------------------------------------
    lags(p)  |          chi2               df                 Prob > chi2
-------------+-------------------------------------------------------------
       1     |          0.691               1                   0.4059
---------------------------------------------------------------------------
                        H0: no serial correlation

. estat ic
Akaike's information criterion and Bayesian information criterion
-----------------------------------------------------------------------------
       Model |    Obs    ll(null)   ll(model)     df          AIC         BIC
-------------+---------------------------------------------------------------
           . |     29   -98.85149   -72.13499      4       152.27    157.7392
-----------------------------------------------------------------------------
                Note:  N=Obs used in calculating BIC; see [R] BIC note
```

위 결과를 보면, inv_{t-1}변수 추정계수는 0.939로 0과 유의하게 다르다. 이자율의 현재값과 $t-1$기 값도 10% 유의수준에서 0과 유의하게 다른 것으로 나타났다. 오차항에 대한 1계 자기상관 검정 결과 예상대로 자기상관이 없다는 결론이다. **estat ic** 명령어는 추정결과에 대한 로그우도함수값과 AIC, BIC(=SIC) 값을 제시한다.

아래 그림 5-7에서는 $\partial E(inv_t)/\partial int_{t-1}$과 $\partial E(inv_t)/\partial int_{t-2}$, 그리고 장기효과를 계산하는 **nlcom** 명령문을 제시한다. 시차효과에서는 과거 시차가 현재의 투자에 미치는 효과는 모두 0과 유의하게 다르지 않다. 장기효과 역시 1.025로 추정되며 0과 유의하게 다르지 않다.

| 그림 5-7 |

```
. nlcom _b[L.inv]*_b[interest]+_b[L1.interest]
       _nl_1:  _b[L.inv]*_b[interest]+_b[L1.interest]

------------------------------------------------------------------------------
         inv |      Coef.   Std. Err.      z    P>|z|     [95% Conf. Interval]
-------------+----------------------------------------------------------------
```

```
       _nl_1 |   .0758414   .1922064     0.39   0.693   -.3008762     .452559
------------------------------------------------------------------------------

. nlcom _b[L.inv]^2*_b[interest]+_b[L.inv]*_b[L1.interest]
       _nl_1:  _b[L.inv]^2*_b[interest]+_b[L.inv]*_b[L1.interest]

------------------------------------------------------------------------------
         inv |      Coef.   Std. Err.      z    P>|z|     [95% Conf. Interval]
-------------+----------------------------------------------------------------
       _nl_1 |   .0712255   .1809212     0.39   0.694   -.2833736    .4258246
------------------------------------------------------------------------------

. nlcom (_b[interest]+_b[L1.interest])/(1-_b[L.inv])
       _nl_1:  (_b[interest]+_b[L1.interest])/(1-_b[L.inv])

------------------------------------------------------------------------------
         inv |      Coef.   Std. Err.      z    P>|z|     [95% Conf. Interval]
-------------+----------------------------------------------------------------
       _nl_1 |   1.025859   3.741339     0.27   0.784    -6.30703    8.358748
------------------------------------------------------------------------------
```

그림 5-8에서는 ARDL(1,0)과 ARDL(1,1), 그리고 ARDL(2,1) 모형을 추정한 후 모형 선택을 위해 AIC와 SIC(=BIC)를 서로 비교한 것이다.

| 그림 5-8 |

```
. qui reg inv L.inv interest
. estimates store ARDL1_0

. qui reg inv L.inv L(0/1).interest
. estimates store ARDL1_1

. qui reg inv L(1/2).inv L(0/1).interest
. estimates store ARDL2_1

. estimates stat ARDL*
Akaike's information criterion and Bayesian information criterion

-----------------------------------------------------------------------------
       Model |    Obs    ll(null)   ll(model)     df          AIC         BIC
-------------+---------------------------------------------------------------
     ARDL1_0 |     29   -98.85149   -74.78225      3     155.5645    159.6664
     ARDL1_1 |     29   -98.85149   -72.13499      4       152.27    157.7392
     ARDL2_1 |     28   -95.43086   -70.03775      5     150.0755    156.7365
-----------------------------------------------------------------------------
               Note:  N=Obs used in calculating BIC; see [R] BIC note

. esttab ARDL*, b(%9.3f) se(%9.3f) scalars(r2_a rss aic bic) star(* 0.1 ** 0.05
*** 0.01)
```

```
------------------------------------------------------------
                      (1)             (2)             (3)
                      inv             inv             inv
------------------------------------------------------------
L.inv               0.901***        0.939***        0.939***
                  (0.087)         (0.083)         (0.195)

L2.inv                                            -0.007
                                                  (0.194)

interest           -0.295**        -0.220*         -0.225
                  (0.129)         (0.125)         (0.133)

L.interest                          0.283**         0.290*
                                  (0.126)         (0.140)

_cons               6.744**         0.995           1.162
                  (2.513)         (3.475)         (3.633)
------------------------------------------------------------
N                      29              29              28
r2_a                0.795           0.823           0.809
rss               294.953         245.733         243.965
aic               155.564         152.270         150.076
bic               159.666         157.739         156.737
------------------------------------------------------------
Standard errors in parentheses
* p<0.1, ** p<0.05, *** p<0.01
```

위 추정 내용을 보면, 우선 각 모형을 추정한 후 estimates store를 이용하여 저장한다. estimates stat 다음에 추정결과를 저장한 이름을 입력하면 AIC와 SIC를 비교해 준다. 결과를 보면, AIC와 SIC 모두 ARDL(2,1) 모형에서 제일 작다는 것을 알 수 있다. esttab 명령어는 추정결과를 표로 만드는 명령어이다.* b( )와 se( ) 옵션을 통해 추정계수와 표준오차에 대한 display format을 지정한다. scalars( ) 옵션에서는 ereturn list에 저장된 결과를 가져올 수 있다. 마지막으로 star( ) 옵션에서는 유의수준을 1%, 5%와 10%로 지정한다.**

data file: T_data5_2.dta***

주어진 예제 데이터를 이용하여 이번에는 필립스 곡선(Phillips curve)을 설명하는 모형을 가정하자.**** 식 5.14는 ARDL(1,1) 모형을 설정한다.

---

* esttab 명령어를 사용하기 위해 먼저 findit esttab 명령문을 실행하여 인터넷에서 다운로드 받는다.

** star( ) 옵션을 사용하지 않으면 0.1%, 1% 그리고 5% 유의수준을 표시하게 된다.

*** 본 예제 데이터는 Hill et al.(2012) 9장에서 인용하였다.

$$inf_t = \alpha + \gamma inf_{t-1} + \beta_0 Du_t + \beta_1 Du_{t-1} + e_t \qquad (5.14)$$

위 식에서 inf는 물가상승률(임금상승률로 이해할 수 있음)이고, Du 변수는 실업률의 변화분이다. 필립스 곡선 이론에 따르면 $\beta_0 < 0$이 예상된다. 전체 표본은 1987년 1분기 ~ 2009년 3분기이다. 표본외 예측을 위해 1987년 1분기 ~ 2007년 4분기 표본을 이용하여 식 5.14를 추정하고 나머지 7분기를 예측하고자 한다. 예를 들어 2008년 1분기 물가상승률은 다음과 같다.

$$\widehat{inf}_{2008Q1} = \hat{\alpha} + \hat{\gamma} inf_{2007Q4} + \hat{\beta}_0 Du_{2008Q1} + \hat{\beta}_1 Du_{2007Q4} \qquad (5.15)$$

아래 그림 5-9에서는 ARDL 모형 추정 후 표본외 예측(out-of-sample forecast) 과정을 do file로 제시한다. inf_pred 변수의 2008년 1분기 값부터 표본외 예측결과이다.

| 그림 5-9 |

```
use T_data5_2, clear
tsset date
reg inf L.inf D.u LD.u if date<=yq(2007,4)
gen inf_pred=inf if date<=yq(2007,4)

replace inf_pred=_b[_cons]+_b[L.inf]*L.inf_pred+_b[D.u]*D.u+_b[LD.u]*LD.u if date>=
yq(2008,1)
```

그림 5-10에서는 2008년 1분기부터 실제 관찰된 값과 모형에 의해 예측된 값을 비교한 테이블과 그래프를 보여준다. 2007년 4분기까지 추정치를 이용하여 마지막 7분기를 예측한 결과, 실제 관찰된 값과 매우 유사하다는 것을 확인할 수 있다.

| 그림 5-10 |

```
. list date inf inf_pred in -10/L

     +--------------------------+
     |   date    inf   inf_pred |
     |--------------------------|
 82. | 2007q2    1.2        1.2 |
 83. | 2007q3     .7         .7 |
 84. | 2007q4     .9         .9 |
 85. | 2008q1    1.3   1.159518 |
```

**** 필립스 곡선은 임금변화율(물가상승률)과 실업률 사이에 음(-)의 관계를 설명한다.

```
 86. | 2008q2    1.5    .6988567 |
     |-------------------------|
 87. | 2008q3    1.2    .7831063 |
 88. | 2008q4    -.3    .5434155 |
 89. | 2009q1     .1     .139907 |
 90. | 2009q2     .5    .3698454 |
 91. | 2009q3      1    .5865641 |
     +-------------------------+

. twoway (tsline inf if date>=yq(2005,1)) (tsline inf_pred if date>=yq(2008,1))
```

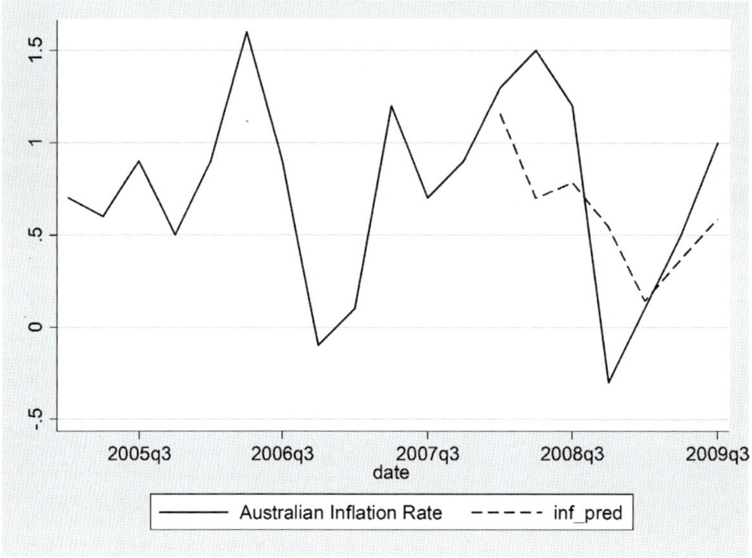

5.5 Stata do file

```
use T_data5_1, clear
tsset qtr, quarterly
reg inv interest
estat bgodfrey
reg inv L(0/3).interest
estat bgodfrey

qui reg inv L(0/3).interest
lincom interest+L1.interest+L2.interest+L3.interest
ereturn list
mat list e(V)

reg inv L.inv interest
estat bgodfrey
```

```
nlcom _b[L.inv]*_b[interest]
nlcom _b[interest]/(1-_b[L.inv])

capture drop s
capture drop me
gen s=.
gen me=.
qui reg inv L.inv interest

forvalues i=1/11 {
        local j=`i'-1

        replace s=`j' in `i'
        replace me=_b[interest]*_b[L.inv]^`j' in `i'
}

replace me=-me  // (+) 값으로 변환
twoway (connected me s)

reg inv L.inv L(0/1).interest
estat bgodfrey
estat ic
nlcom _b[L.inv]*_b[interest]+_b[L1.interest]
nlcom _b[L.inv]^2*_b[interest]+_b[L.inv]*_b[L1.interest]
nlcom (_b[interest]+_b[L1.interest])/(1-_b[L.inv])

qui reg inv L.inv interest
estimates store ARDL1_0

qui reg inv L.inv L(0/1).interest
estimates store ARDL1_1

qui reg inv L(1/2).inv L(0/1).interest
estimates store ARDL2_1

estimates stat ARDL*
esttab ARDL*, b(%9.3f) se(%9.3f) ///
scalars(r2_a rss aic bic) star(* 0.1 ** 0.05 *** 0.01)

use T_data5_2, clear
tsset date
reg inf L.inf D.u LD.u if date<=yq(2007,4)
gen inf_pred=inf if date<=yq(2007,4)

replace inf_pred=_b[_cons]+_b[L.inf]*L.inf_pred ///
+_b[D.u]*D.u+_b[LD.u]*LD.u if date>= yq(2008,1)
```

```
list date inf inf_pred in -10/L

twoway (tsline inf if date>=yq(2005,1)) ///
(tsline inf_pred if date>=yq(2008,1))
```

CHAPTER 06 시계열 평활

6.1 평활

일반적으로 시계열 데이터 T_t는 4가지 요소를 포함하고 있다.

$$T_t = trend + cycle + seasonal + error \tag{6.1}$$

추세(trend) 요소는 시간에 따라 지속적으로 감소 또는 증가하려는 경향(tendency)을 의미한다. 추세는 모든 시점에서 일정하기보다는 시간에 따라서 추세가 변할 수도 있다. 순환(cycle) 요소는 추세 또는 평균을 중심으로 진동하는 패턴을 의미한다. 호황(expansion)과 불황(recession)이 반복적으로 나타나는 경기순환(business cycle)은 순환 요소의 예를 보여준다. 계절성(seasonality)은 1년 중 특정 시점에 예측 가능한 방향으로 증가하거나 감소하는 경향을 보이는 것이다. 가령 우리나라의 수출과 수입이 연말에 집중되어 나타나는 현상이다. 오차(error) 요소는 잡음(noise)이라고도 부르며, 예측불가능하고 무작위(random)적인 요소이다.

시계열 데이터의 예측을 위해 식 6.1을 다음과 같이 쓸 수 있다.

$$\text{시계열 시리즈} = \text{적합(fitting)} + \text{잔차(residual)} \tag{6.2}$$

시계열 데이터를 적합(fitting)하기 위해서 모형을 사용할 수도 있고 평활화(smoothing) 방법을 사용할 수도 있다. 평활화는 적합도가 높은 모형을 선택하는 방식이라기보다는 주어진 시계열 시리즈를 최대한 복제 가능한(replicable) 방법을 찾는 것이다. 이러한 평활화 방법은 모형에 근거한 예측방법이 적절치 않은 경우에 많이 사용되어 왔다. 가령 시계열 표본의 수가 적어서 모형추정이 적절치 않는 경우이다. 또는 예측해야 하는 시계열 시리즈가 많은 경우에 각 시리즈에 해당하는 최적 모형을 찾아내야 하는 경우이다. 이런 경우 모형 접근법을 사용하면 해야 할 작업량이 너무 많아지는 단점이 있다.

평활화 기법은 시계열 데이터를 적합하는 최적 모형을 찾는 대신 주어진 시계열 시리즈를 미리 정해놓은 방식을 적용하여 식 6.2의 적합(fitting)에 해당하는 부분을 찾는다.

6.2 이동평균 평활

이동평균 평활법(moving average smoothing)은 $t-1$기부터 $t-s$기까지 과거값을 평균하여 현재값을 대신한다. 다음 식 5.3의 예에서는 $s=5$이며, 이 경우 과거 5개 시점의 평균이 현재 시점의 평활값이 된다.

$$\tilde{y}_t = \frac{1}{5}(y_{t-1} + y_{t-2} + y_{t-3} + y_{t-4} + y_{t-5}) \tag{6.3}$$

이와 같은 이동평균 평활은 과거값에 대해 동일한 가중치(equal weight)를 준다는 점이 특징이다. 다만 $t-5$기보다 더 예전 과거값은 무시한다는 단점이 있다. 식 6.3에서 s가 커질수록, 즉 과거값을 많이 포함하여 평활화 시킬수록 과다평활(over-smoothing) 되는 경향이 있고, s가 작을수록 즉 과거값을 적게 포함할수록 과소평활(under-smoothing) 되는 경향이 있다.

$T+1$ 시점과 $T+2$ 시점의 값을 예측하기 위해서는 다음과 같이 계산한다.

$$\hat{y}_{T+1} = \frac{1}{5}(y_T + y_{T-1} + y_{T-2} + y_{T-3} + y_{T-4}) \tag{6.4}$$

$$\hat{y}_{T+2} = \frac{1}{5}(\hat{y}_{T+1} + y_T + y_{T-1} + y_{T-2} + y_{T-3}) \tag{6.5}$$

식 6.5에서 y_{T+1}의 관찰된 값을 알 수 없기 때문에 $\hat{y}_{T+1}$을 대신 사용한다.*

6.3 지수평활

지수평활법(exponential smoothing)은 시계열 과거값에 대해 지수 가중치(exponential weight)를 적용한다. 단순지수평활(single exponential smoothing)은 다음과 같은 계산과정을 사용한다.

$$\tilde{y}_t = \alpha y_t + (1-\alpha)\tilde{y}_{t-1},\ 0 < \alpha < 1 \tag{6.6}$$

위 식에서 $\tilde{y}_{t-1}$을 대입하여 반복적으로 풀어보면 다음이 된다.

---

* 이러한 방식을 동적예측(dynamic forecast) 과정이라고 부른다.

$$\tilde{y}_t = \sum_{s=0}^{t-1} \alpha (1-\alpha)^s y_{t-s} \tag{6.7}$$

지수평활법은 y의 모든 과거값을 사용하여 적합(fitting)을 하고, 또한 동일 가중치가 아니라 가까운 과거일수록 가중치가 지수적으로 커지게 된다. T시점까지의 데이터가 주어졌을 때 $T+1$과 $T+2$ 시점은 다음과 같이 예측한다.

$$\hat{y}_{T+1} = \alpha y_{T+1} + (1-\alpha)\tilde{y}_T = \alpha y_T + (1-\alpha)\tilde{y}_T$$
$$\hat{y}_{T+2} = \alpha y_{T+2} + (1-\alpha)\tilde{y}_{T+1} = \alpha y_T + (1-\alpha)\tilde{y}_T$$

y_{T+1}과 y_{T+2}값은 주어지지 않기 때문에 마지막 시점인 T에서의 값인 y_T를 사용하며, $\tilde{y}_{T+1}$ 대신에 $\tilde{y}_T$을 사용한다. 이런 식으로 하게 되면, 모든 $T+s$ 시점의 예측값은 $\alpha y_T + (1-\alpha)\tilde{y}_T$로 서로 같다.

이중지수평활법(double exponential smoothing)은 국지적 추세(local trend)를 포함한 시계열 시리즈일 때 주로 사용한다. 구체적인 평활방법은 하나의 모수 α를 이용하여 지수평활을 두 번 하는 방식이다.

1단계: $\tilde{y}_t = \alpha y_t + (1-\alpha)\tilde{y}_{t-1}$: 단순지수평활

2단계: $\tilde{y}_t^{[2]} = \alpha \tilde{y}_t + (1-\alpha)\tilde{y}_{t-1}^{[2]}$: 이중지수평활 (6.8)

식 6.8에서 두 번째 단계에서는 y_t 대신 단순지수평활에서 얻은 $\tilde{y}_t$를 사용하고 있다. 이미 단순 지수평활을 적용한 시계열 시리즈를 다시 평활한다는 의미에서 이중지수평활이라는 이름을 갖게 되었다.

이중평활법은 다음과 같이 예측모형으로도 이해할 수도 있다. 모형의 의미는 국지적 선형 추세(linear trend)를 포함하고 있다.*

$$\hat{y}_t = a_t + b_t t \tag{6.9}$$

t시점의 예측 값은 단순평활한 $\tilde{y}_t$와 이중평활한 $\tilde{y}_t^{[2]}$의 함수로 표현할 수 있다. 표본내(in-sample) 예측 값은 아래의 식 6.10을 이용하여 계산하는데, 예측값 계산에서 앞이 시

* 국지적 추세의 의미는 시간 가변적인 기울기(time-varying slope)를 가진다는 것이다.

6.8의 이중평활을 적용한 $\tilde{y}_t^{[2]}$를 이용함에 유의해야 한다.*

$$\hat{y}_t = \left(2+\frac{\alpha}{1-\alpha}\right)\tilde{y}_t - \left(1+\frac{\alpha}{1-\alpha}\right)\tilde{y}_{t-1}^{[2]}, \quad t=1,2,\cdots,T \tag{6.10}$$

표본외(out-of-sample) 예측은 T 시점까지 시계열이 주어졌을 때 $T+1,\ T+2,\ \cdots,\ T+s$ 시점 예측값을 계산한다. 주어진 데이터의 마지막 시점인 T 시점 평활값을 이용하여 표본외 예측을 실행한다.

$$\hat{y}_{T+1} = a_T + b_T(T+1-T) = a_T + b_T \tag{6.11}$$

여기에서 $a_T = 2\tilde{y}_T - \tilde{y}_T^{[2]}$이고 $b_T = \frac{\alpha}{1-\alpha}(\tilde{y}_T - \tilde{y}_T^{[2]})$가 된다. 식 6.11 아이디어를 적용하면 $T+s$ 시점 예측값은 다음을 따른다.

$$\hat{y}_{T+s} = a_T + b_T \times s \tag{6.12}$$

6.4 Holt-Winters 평활

Holt-Winters(HW) 평활법은 시계열이 증가 혹은 감소하는 추세를 가지고 있고, 그 추세 기울기가 시간에 따라 변화할 때 주로 사용한다. HW 평활법은 다음과 같은 업데이트 절차를 따른다.

$$\begin{aligned} \tilde{y}_t^{HW} &= \alpha y_t + (1-\alpha)(\tilde{y}_{t-1}^{HW} + F_{t-1}) \\ F_t &= \beta(\tilde{y}_t^{HW} - \tilde{y}_{t-1}^{HW}) + (1-\beta)F_{t-1} \end{aligned} \tag{6.13}$$

2개 모수 α와 β를 이용하여 평활 시리즈를 계산하는 것이 지수평활과 중요한 차이점이다. α는 레벨을 평활하고 β는 기울기(slope)를 평활하는데 사용한다. F_t는 t 시점에서 추정된 기울기로 해석할 수 있다.

$T+1$ 시점과 그 이후의 예측값은 마지막 T 시점의 HW 평활된 값을 이용한다.

$$\hat{y}_{T+1} = \tilde{y}_T^{HW} + (T+1-T)F_T = \tilde{y}_T^{HW} + F_T \tag{6.14}$$

---

* Gardner(1985)와 Chatfield(2001)을 참고하라.

$$\hat{y}_{T+s} = \tilde{y}_T^{HW} + sF_T \tag{6.15}$$

식 6.14 ~ 식 6.15의 예측절차에 따르면 HW 평활법을 적용한 예측은 s가 커질수록 계속 증가하는 결과이다.

계절성(seasonality)이 포함된 시계열의 경우에는 계절성 있는 HW 평활법을 적용할 수 있다. 다음과 같이 3개의 모수 α, β, γ를 이용한다.

$$\begin{aligned} \tilde{y}_t^{SHW} &= \alpha(y_t - G_{t-s}) + (1-\alpha)(\tilde{y}_{t-1}^{SHW} + F_{t-1}) \\ F_t &= \beta(\tilde{y}_t^{SHW} - \tilde{y}_{t-1}^{SHW}) + (1-\beta)F_{t-1} \\ G_t &= \gamma(y_t - \tilde{y}_t^{SHW}) + (1-\gamma)G_{t-h} \end{aligned} \tag{6.16}$$

위 식에서 G_t는 계절성에 대한 시계열 요소로서 기존 시계열 y_t와 가법형식(additive form)이라고 가정한다.

y_t가 분기별 데이터라면 계절성은 4분기마다 나타날 수 있다. 즉 $h=4$이다. T 시점까지 주어진 시계열에서 $T+1, \cdots, T+4$ 시점까지 예측값은 다음과 같은 절차에 의해 계산된다.

$$\begin{aligned} \hat{y}_{T+1} &= \tilde{y}_T^{SHW} + (T+1-T)F_T + G_{T+1-h} = \tilde{y}_T^{SHW} + F_T + G_{T-3} \\ \hat{y}_{T+4} &= \tilde{y}_T^{SHW} + 4F_T + G_T \end{aligned} \tag{6.17}$$

또한 $T+5, \cdots, T+8$ 시점의 예측 값은 식 6.17과 유사하게 계산할 수 있다.

$$\begin{aligned} \hat{y}_{T+5} &= \tilde{y}_T^{SHW} + (T+5-T)F_T + G_{T+1-h} = \tilde{y}_T^{SHW} + 5F_T + G_{T-3} \\ \hat{y}_{T+8} &= \tilde{y}_T^{SHW} + 8F_T + G_T \end{aligned} \tag{6.18}$$

6.5 Hodrick-Prescott 평활

Hodrick-Prescott(1997) 필터링(이하 HP 필터링)은 장기 거시시계열을 평활하는 경우에 주로 사용된다. 장기 거시시계열은 추세(trend)와 경기순환(cycle) 그리고 무작위 요소로 구성되어 있는 경우가 많다. HP 필터링은 추세변동만을 남기고 순환변동을 제거하고자 할 때 주로 사용한다.

식 6.18에서는 추세변동만 남겨진 평활된 시계열 s_t를 얻기 위한 목적함수를 정의한다.

첫 번째 항은 평활 시계열 s_t 주위에서 y_t의 분산(일종의 예측오차 제곱)을 의미하고 두 번째 항은 평활 시계열 s_t의 2계 차분(추세요소의 증감율)을 제약하는 패널티 함수이다. 즉 첫 번째 항만 최소화하려면 y_t와 s_t를 같게 만들면 된다. 그러나 그 경우에는 패널티 함수 값이 커지는 문제가 발생한다.

$$\min \sum_{t=1}^{T}(y_t - s_t)^2 + \lambda \sum_{t=2}^{T-1}\left[(s_{t+1} - s_t) - (s_t - s_{t-1})\right]^2 \tag{6.19}$$

패널티 모수인 λ가 큰 값으로 주어질수록 s_t은 over-smoothing이 되면 $\lambda \to 0$ 이면 $s_t \approx y_t$가 되는 것을 쉽게 이해할 수 있다. Hodrick and Prescott은 시간변수 주기에 따라 초기 λ값을 다음과 같이 제안한다.

$\lambda = 100$	년도주기 데이터
$\lambda = 1600$	분기주기 데이터
$\lambda = 14400$	월별주기 데이터

반면 Ravn and Uhlig(2002)에서 패널티 모수는 주기가 짧아질수록 급격히 증가하도록 설정한다. 가령 월별주기 데이터에서는 1분기는 3개월로 구성되어 있기 때문에 다음과 같이 계산한다.

$$\lambda_{RU} = 3^4 \times 1600 = 129{,}600\text{: 월별 주기}$$

년도주기 데이터에서는 1분기는 (1/4)년으로 구성하기 때문에 다음과 같다.

$$\lambda_{RU} = (1/4)^4 \times 1600 = 6.25\text{: 년도 주기}$$

자료의 빈도수가 증가할수록 순환적 변동요인도 커지기 때문에 추세 추출을 위해서는 패널티 모수가 더 커야 하는 직관을 가지고 있다.

6.6 STATA 실습

data file: T_data6_1.dta*

예제 데이터에 포함된 rawtrend 변수에 대해 이동평균 평활법을 적용해 보자. 이동평균 평활은 과거값만 이용하여 평활할 수도 있고, 과거, 현재 그리고 미래 값을 모두 이용하여 이동평균 평활할 수도 있다.

$$\tilde{y}_t = \frac{1}{4}(y_{t-1} + y_{t-2} + y_{t-3} + y_{t-4}) \tag{6.20}$$

$$\tilde{y}_t = \frac{1}{4}(y_{t-1} + 2y_t + y_{t+1}) \tag{6.21}$$

식 6.20에서는 현재값에 2배의 가중치를 주었다. 위 두 가지 이동평균 평활에 대해 아래 그림 6-1에서 Stata 명령문과 평활 결과를 그래프로 보여준다.

| 그림 6-1 |

```
. use T_data6_1, clear

. tsset month
        time variable:  month, 1960m2 to 1965m1
                delta:  1 month

. tssmooth ma ma1 = rawtrend, window(4 0)
The smoother applied was
     (1/4)*[x(t-4) + x(t-3) + x(t-2) + x(t-1) + 0*x(t)]; x(t)= rawtrend

. tssmooth ma ma2 = rawtrend, weights(1 <2> 1)
The smoother applied was
     (1/4)*[1*x(t-1) + 2*x(t) + 1*x(t+1)]; x(t)= rawtrend

. list in 1/5

     +------------------------------------------+
     |  month   rawtrend         ma1        ma2 |
     |------------------------------------------|
  1. | 1960m2       3.11           .   4.851923 |
  2. | 1960m3       8.34    3.106918   5.966715 |
  3. | 1960m4       4.08    5.724426   3.445086 |
  4. | 1960m5      -2.71    5.174975   .0348698 |
  5. | 1960m6       1.49    3.202797   2.246967 |
     +------------------------------------------+
```

* Beckettti(2012)의 3장 예제 데이터를 인용하였다.

```
. tsline rawtrend ma*
```

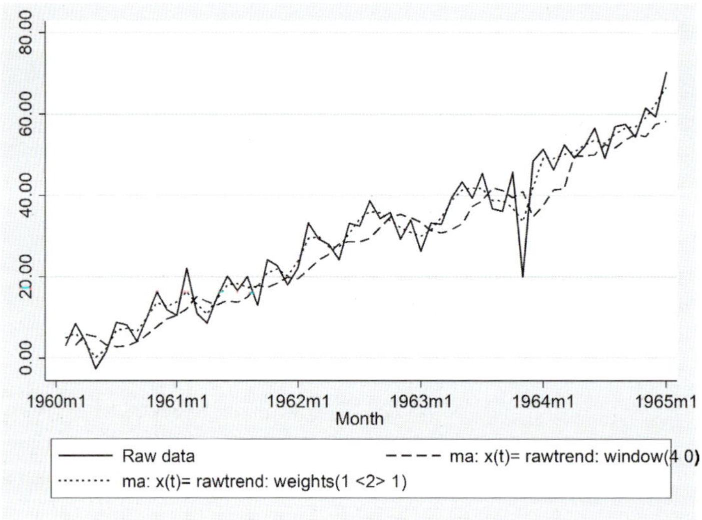

이동평균 명령문을 보면 tssmooth ma 명령어 다음에 새로운 변수이름을 지정하고, 평활대상 변수 이름을 입력한다. window( ) 옵션은 과거/현재/미래 값을 어떻게 사용할 것인가를 지정해 준다. window(4 0)은 과거 4기 값을 사용하고 현재값은 사용하지 않는다는 의미이다. window(4) 라고 옵션을 써도 된다. weights( ) 옵션은 y_{t-1}, y_t, y_{t+1}를 이용하여 평활하고자 할 때 각각의 가중치를 지정할 수 있다. weights(1 <2> 1)은 $t-1$기 값에 가중치 1, t기 값에 가중치 2, 그리고 $t+1$기 값에 가중치를 1을 사용하라는 의미이다. 따라서 가중치를 곱한 값을 모두 더한 후 4로 나누게 된다. ma1 변수의 첫 번째 평활 값은 과거값의 이동평균을 사용할 수 없기 때문에 결측치로 나타난다. 그래프를 살펴보면 과거값만 사용하는 ma1 변수보다 현재값과 미래 값을 모두 사용하는 ma2변수가 rawtrend 변수와 더 가까워보인다.

그림 6-2에서는 이동평균 평활을 이용한 예측과정을 do file로 제시한다.

| 그림 6-2 |

```
use T_data6_1, clear
tsset month
tssmooth ma ma1 = rawtrend, window(4 0)
tsappend, add(5)
gen ma1_pred=rawtrend

replace ma1_pred=1/4*(L.ma1_pred+L2.ma1_pred+L3.ma1_pred+L4.ma1_pred) ///
```

```
if month>=ym(1965,2)

replace ma1=ma1_pred if month>=ym(1965,2)
```

tsappend 명령어를 이용하여 5개의 관측치를 추가한다. 추가된 관측치는 1965년 2월부터 1965년 6월까지이다. 마지막으로 추가된 5개월 치 예측값을 ma1 변수 쪽으로 옮겨준다. 그림 6-3에서는 표본내 평활한 값과 표본외 예측결과를 동시에 그래프로 그려준다.

| 그림 6-3 |

```
. tsline rawtrend ma1 if month>=ym(1963,1)
```

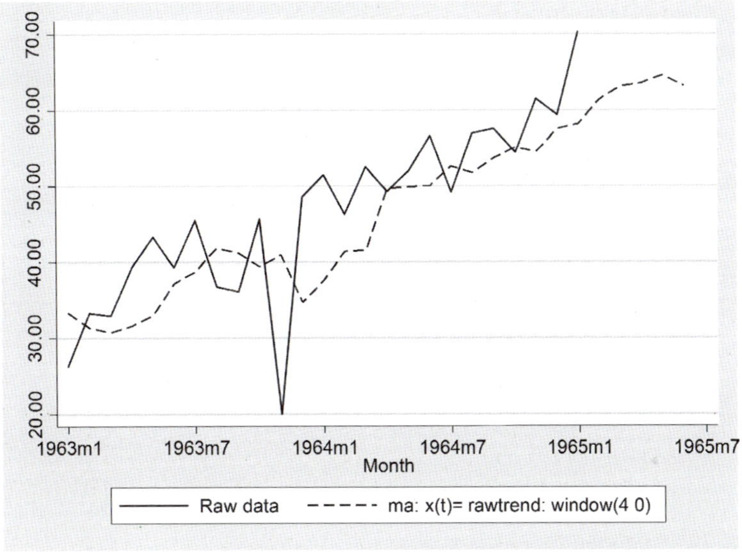

data file: T_data6_2.dta*

아래 그림 6-4에는 예제 데이터의 rawcycle 변수에 지수평활법을 적용하는 Stata 명령문과 결과가 나와 있다.

| 그림 6-4 |

```
. use T_data6_2, clear
. tsset month
        time variable:  month, 1960m2 to 1965m1
                delta:  1 month
```

* Becketti(2012) 3장 예제 데이터를 인용하였다.

```
. tssmooth exponential exp1 = rawcycle, parms(0.3)
exponential coefficient  =       0.3000
sum-of-squared residuals =       122.17
root mean squared error  =       1.4269

. tssmooth exponential exp2 = rawcycle
computing optimal exponential  coefficient (0,1)
optimal exponential coefficient =        0.8602
sum-of-squared residuals        =     79.748355
root mean squared error         =      1.152883

. tsline rawcycle exp*
```

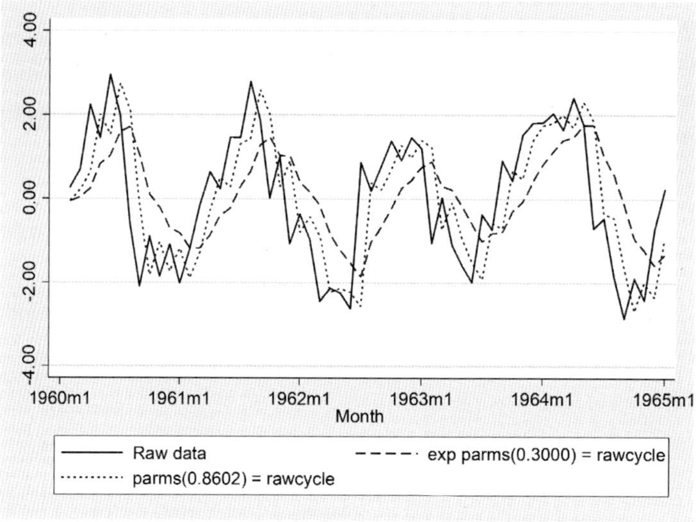

단순 평활법에서는 식 6.6의 평활공식을 따른다. 모수 α의 선택에 따라 평활정도가 달라진다. α값은 시계열 특성에 근거한 선험적 지식에 따라 미리 정할 수도 있다. 또는 예측오차 제곱합을 최소화하도록 추정할 수도 있다. tssmooth exponential 명령어는 주어진 시계열을 단순 평활하는 새로운 변수를 만들어 낸다. parms(0.3) 옵션은 $\alpha = 0.3$으로 미리 지정한다는 의미이다. parms( ) 옵션이 없다면 예측오차 제곱합을 최소화 하는 모수를 추정한다. 위 예제에서 추정된 $\hat{\alpha} = 0.86$이다. 추정된 α값이 0.3보다 훨씬 크기 때문에 exp2 변수는 현재값에 더 많은 가중치를 주게 되어 주어진 시계열과 더 유사한 패턴을 따르게 된다. 이러한 결과는 마지막 그래프에서도 확인할 수 있다.

단순 평활법에서 예측은 forecast( ) 옵션을 사용한다. 아래 그림 6-5에서와 같이 forecast(5) 옵션을 추가하면 1965년 2월 ~ 1965년 6월까지 데이터를 자동으로 추가하고,

동시에 해당 시점의 exp3 변수 값을 만들어낸다.

| 그림 6-5 |

```
. tssmooth exponential exp3 = rawcycle, forecast(5)
computing optimal exponential  coefficient (0,1)
optimal exponential coefficient =        0.8602
sum-of-squared residuals        =     79.748355
root mean squared error         =      1.152883

. list in -7/L
      +--------------------------------+
      |   month   rawcycle        exp3 |
      |--------------------------------|
 59.  | 1964m12      -0.73   -2.351623 |
 60.  |  1965m1       0.23   -.9539758 |
 61.  |  1965m2          .    .0679284 |
 62.  |  1965m3          .    .0679284 |
 63.  |  1965m4          .    .0679284 |
      |--------------------------------|
 64.  |  1965m5          .    .0679284 |
 65.  |  1965m6          .    .0679284 |
      +--------------------------------+

. di r(alpha)*0.2340+(1-r(alpha))*-0.9539
.06788103
```

위 결과에서 예측값이 모두 0.067로 같은 이유는 표본외 예측과정이 6.3절의 공식을 따르기 때문이다. 맨 마지막 Stata 명령문에서 이를 확인할 수 있다. r(alpha)는 $\hat{\alpha}$ 추정치를 저장하는 return list이다.

아래 그림 6-6에서는 이중지수 평활법에 대한 명령문과 그 결과를 보여준다. 앞의 그림 6-4 단순 지수평활과 유사하게 모수 α를 지정할 수도 있고 추정치를 사용할 수도 있다. 추정치는 0.52이므로 저자가 임의로 지정한 0.3보다 크다. 따라서 그래프 결과에서 확인할 수 있듯이 exp5 그래프가 rawcycle 변수와 더 가까운 형태로 나타난다. 즉 $\alpha = 0.3$을 주었을 때는 과다평활(over-smoothing)이 나타난 셈이다.

| 그림 6-6 |

```
. tssmooth dexponential exp4= rawcycle, parms(0.3)
double-exponential coefficient  =        0.3000
sum-of-squared residuals        =        129.93
root mean squared error         =        1.4716

. tssmooth dexponential exp5= rawcycle
computing optimal double-exponential coefficient (0,1)
optimal double-exponential coefficient =         0.5247
sum-of-squared residuals               =      58.587578
root mean squared error                =      .98815972

. tsline rawcycle exp4 exp5
```

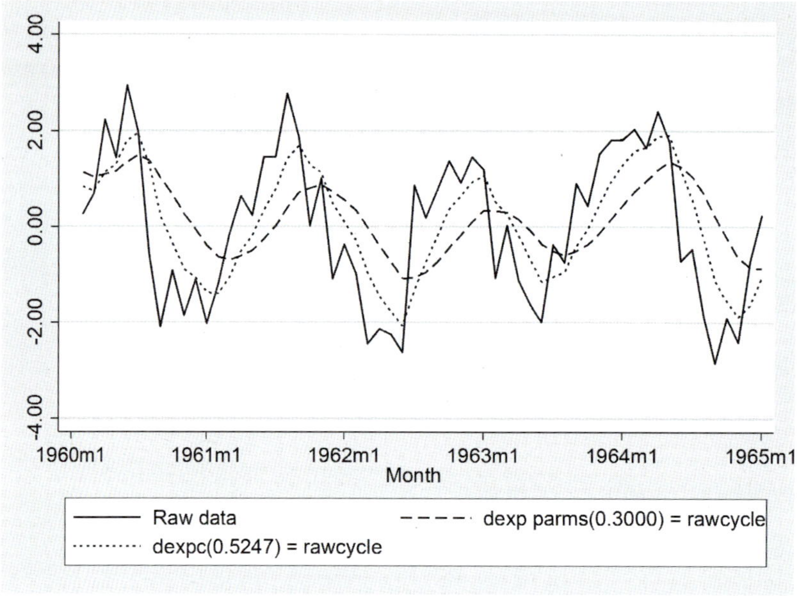

아래 그림 6-7에서는 이중 지수평활법에서 표본외 예측과정을 Stata 명령어로 제시한다.

| 그림 6-7 |

```
. tssmooth exponential sm1= rawcycle, parms(0.3)
exponential coefficient  =       0.3000
sum-of-squared residuals =       122.17
root mean squared error  =       1.4269

. tssmooth dexponential sm2= rawcycle, parms(0.3)
double-exponential coefficient  =       0.3000
```

```
sum-of-squared residuals        =       129.93
root mean squared error         =       1.4716

. tssmooth dexponential sm2_pred= rawcycle, forecast(5) parms(0.3)
double-exponential coefficient  =       0.3000
sum-of-squared residuals        =       114.88
root mean squared error         =       1.3837

. list in -7/L

     +-----------------------------------------------------+
     |   month   rawcycle         sm1         sm2   sm2_pred |
     |-----------------------------------------------------|
 59. | 1964m12      -0.73   -1.590931   -.849176   -2.94599 |
 60. |  1965m1       0.23   -1.331676  -.8530092  -2.020963 |
 61. |  1965m2          .           .          .  -.8747306 |
 62. |  1965m3          .           .          .  -.8785638 |
 63. |  1965m4          .           .          .  -.8823971 |
     |-----------------------------------------------------|
 64. |  1965m5          .           .          .  -.8862302 |
 65. |  1965m6          .           .          .  -.8900634 |
     +-----------------------------------------------------+

* sm2_pred 변수의 1965년 1월에 해당하는 값
. di (2+(0.3/0.7))*-1.331676 -((1+(0.3/0.7))*-.849176)
-2.0209617
```

표본외 예측을 위해서는 앞에서와 마찬가지로 **forecast( )** 옵션을 추가하면 된다. 다만 위 결과에서 주의해야 할 점은 sm2 변수와 sm2_pred 변수값이 서로 다르게 주어진다는 것이다. 식 6.10과 식 6.11에서 설명하였듯이 이중 지수평활과 예측과정이 조금 다르기 때문이다. 맨 마지막 Stata 명령문에서는 1965년 1월에 해당하는 sm2_pred 변수값(-2.020)이 어떻게 계산되는지 보여주고 있다.

data file: T_data6_3.dta*

그림 6-8에서는 계절성을 고려하지 않은 Holt-Winters(HW) 평활법에 대한 Stata 명령문과 결과를 제시한다. 예제 데이터는 월별 실업률 변수이다. **tssmooth hwinters** 명령어를 이용할 때 모수 α와 β의 값을 사전에 지정하거나 혹은 추정할 수도 있다. 예측오차 제곱합을 최소화하는 모수 추정치는 $\hat{\alpha}$= 0.811, $\hat{\beta}$= 0.3391이다. $\hat{\alpha}$는 레벨 평활에 대한 모수 추정치이고, 이 값이 1에 가깝기 때문에 현재 시점 y_t에 더 많은 가중치를 주고 있다. $\hat{\beta}$은 기울기 평활에 대한 모수 추정치이고, 이 값이 0에 가깝기 때문에 과거 시점의 기울기에 더

* Becketti(2012) 3장 예제 데이터를 인용하였다.

많은 가중치를 주게 된다.

| 그림 6-8 |

```
. use T_data6_3, clear
(Monthly data for ITSUS)

. tsset date
        time variable:  date, Jan 48 to Mar 12
                delta:  1 month

. tssmooth hwinters hw1 = unrate, parms(0.5 0.5)
Specified weights:
                   alpha = 0.5000
                    beta = 0.5000
sum-of-squared residuals = 38.52321
 root mean squared error = .2235291

. tssmooth hwinters hw2 = unrate, nolog
computing optimal weights
Optimal weights:
                             alpha = 0.8113
                              beta = 0.3391
penalized sum-of-squared residuals = 33.36716
          sum-of-squared residuals = 33.36716
           root mean squared error = .2080331

. tsline unrate hw* if date>=ym(2008,1)
```

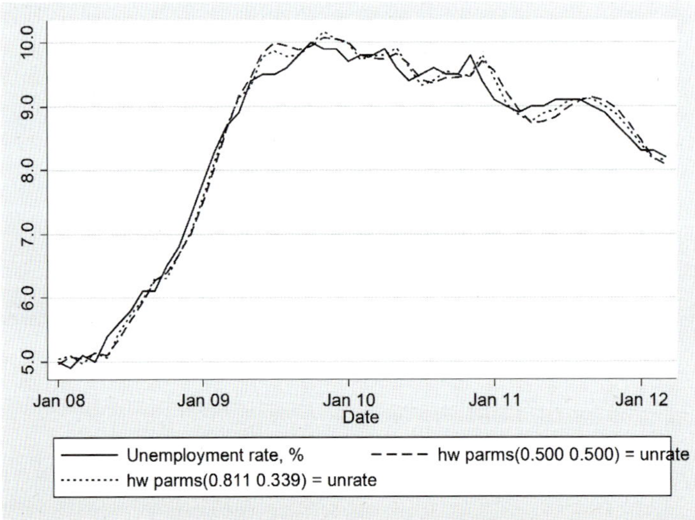

월별 실업률 변수는 계절성을 가질 가능성이 크다. 따라서 계절성을 고려한 HW 평활을 Stata 명령문으로 제시한다. 2000년 1월 이후 데이터만 이용하여 명령문을 실행한다. 월별 데이터이므로 period( ) 옵션에서 계절성 주기를 지정한다. 월별 데이터는 period(12), 분기별 데이터는 period(4)를 지정한다. additive 옵션은 6.3절의 식 6.16처럼 계절성 요소가 가법형식(additive form)으로 포함된다. additive 옵션이 없다면 승법형식(multiplicative form)으로 계절성 요소가 포함된다. forecast( ) 옵션을 추가하면 다른 명령어와 마찬가지로 표본외 예측결과가 제시된다.

| 그림 6-10 |

```
. tssmooth shwinters hw3 = unrate if date>=ym(2000,1), period(12) additive nolog
Optimal weights:
                              alpha = 0.9035
                               beta = 0.2804
                              gamma = 0.2231
penalized sum-of-squared residuals = 3.650805
          sum-of-squared residuals = 3.650806
           root mean squared error = .1575926

. tssmooth shwinters hw3_pred = unrate if date>=ym(2000,1), period(12) additive
nolog forecast(5)
computing optimal weights

Optimal weights:
                              alpha = 0.9035
                               beta = 0.2804
                              gamma = 0.2231
penalized sum-of-squared residuals = 3.650805
          sum-of-squared residuals = 3.650806
           root mean squared error = .1575926
```

선형 추세를 가진 데이터인 경우 이중 지수평활, HW 평활, 계절성을 고려한 HW 평활법을 선택할 수 있다. 3가지 평활법 중 하나를 선택해야 한다면 표본내 예측오차 제곱합(SSFE)을 최소화 하는 평활법을 선택할 수 있다. SSFE는 다음과 같이 정의할 수 있다.

$$SSFE = \sum_{t=m}^{T} (y_t - \tilde{y}_t(\tilde{\alpha}))^2 \tag{6.22}$$

data file: T_data6_4.dta

아래 그림 6-11에서는 실업률 변수에 대해 3가지 평활법을 적용한 후 SSFE를 비교한다.

각 평활법에서 얻은 변수와 unrate 변수의 차이를 제곱하여 모두 합하면 정확히 "sum of squared residuals"이라고 표현된 값과 일치한다는 것을 알 수 있다. SSFE가 제일 작은 평활을 선택한다면 계절성을 포함하지 않은 HW 평활을 선택하게 된다.

| 그림 6-11 |

```
. use T_data6_4, clear
(Monthly data for ITSUS)

. tsset date
        time variable:  date, Jan 00 to Mar 12
                delta:  1 month

.
. tssmooth dexponential sm2=unrate if date>=ym(2000,1)
computing optimal double-exponential coefficient (0,1)
optimal double-exponential coefficient =       0.5629
sum-of-squared residuals               =    5.6956315
root mean squared error                =    .19683951

. tssmooth hwinters hw1=unrate if date>=ym(2000,1) , nolog
computing optimal weights
Optimal weights:
                              alpha = 0.8917
                               beta = 0.2909
penalized sum-of-squared residuals = 3.52048
          sum-of-squared residuals = 3.52048
           root mean squared error = .1547541

. tssmooth shwinters hw2=unrate if date>=ym(2000,1),nolog period(12) additive
computing optimal weights
Optimal weights:
                              alpha = 0.9035
                               beta = 0.2804
                              gamma = 0.2231
penalized sum-of-squared residuals = 3.650805
          sum-of-squared residuals = 3.650806
           root mean squared error = .1575926

. gen ssfe_sm2=(unrate-sm2)^2
. gen ssfe_hw1=(unrate-hw1)^2
. gen ssfe_hw2=(unrate-hw2)^2

. total ssfe_sm2 ssfe_hw1 ssfe_hw2
Total estimation                   Number of obs    =      147

--------------------------------------------------------------
             |      Total   Std. Err.     [95% Conf. Interval]
```

```
-------------+------------------------------------------------
    ssfe_sm2 |   5.695631   1.040463      3.639316    7.751946
    ssfe_hw1 |    3.52048   .4484876      2.634113    4.406846
    ssfe_hw2 |   3.650805   .4646592      2.732478    4.569132
--------------------------------------------------------------
```

Tip 6.1 ● frmttable 명령어

앞의 그림 6-11 결과에서는 3개 평활법에서 얻은 SSFE를 total 명령문을 이용하여 보여준다. 이 방식 대신 3개의 SSFE 값을 frmttable 명령어를 이용하여 필요한 통계량만 가져온 후 표로 만들 수 있다. 먼저 frmttable 명령어를 인터넷에서 다운로드 받아야 한다.

```
. findit frmttable
```

그림 6-11의 total 명령문을 다음과 같이 바꾸어 작성한다.

```
. qui total ssfe_sm2
. mat def sm2=e(b)
. qui total ssfe_hw1
. mat def hw1=e(b)
. qui total ssfe_hw2
. mat def hw2=e(b)
. matrix def A=(sm2, hw1, hw2)
. frmttable, statmat(A) norow nocenter sdec(3)

---------------------------------
 ssfe_sm2  ssfe_hw1  ssfe_hw2
---------------------------------
 5.696     3.520     3.651
---------------------------------
```

각 total 명령문에서 SSFE 값을 행렬로 저장한다. 3개 행렬 값을 행 벡터(row vector)로 연결한 A 행렬을 새로 만든다. frmttable 명령어는 행렬 A를 표로 만들어 준다. norow 옵션은 행렬 A에 원래 포함되어 있는 행 제목(row title)을 삭제하는 기능이다. sdec(3)은 통계량을 소수점 셋째자리까지 표시하라는 의미이다.

data file: T_data6_5.dta

시계열 데이터 뿐 아니라 패널데이터인 경우에도 다양한 평활법을 적용할 수 있다. 그림 6-12에서는 패널 그룹별로 평활한 결과를 보여준다.

| 그림 6-12 |

```
. use T_data6_5, clear
. tsset id t
       panel variable:  id (strongly balanced)
        time variable:  t, 1 to 100
                delta:  1 unit

. tssmooth dexponential sm2=sales
--------------------------------------------------------------------------------
-
-> id = 1
computing optimal double-exponential coefficient (0,1)

optimal double-exponential coefficient =      0.4244
sum-of-squared residuals               =   19231.409
root mean squared error                =   13.867736

--------------------------------------------------------------------------------
-
-> id = 2
computing optimal double-exponential coefficient (0,1)

optimal double-exponential coefficient =      0.3981
sum-of-squared residuals               =   25521.269
root mean squared error                =   15.975378

--------------------------------------------------------------------------------
-
-> id = 3
computing optimal double-exponential coefficient (0,1)

optimal double-exponential coefficient =      0.3507
sum-of-squared residuals               =    23668.45
root mean squared error                =   15.384554
-------------------------- 이하 생략 -------------------------------------------
```

패널 데이터이므로 먼저 tsset 명령어를 패널 그룹변수와 시간변수에 대해 실행해야 한다. 패널 그룹별로 SSFE를 최소화하는 α 추정치를 찾는 과정을 거친다. 따라서 5개 그룹에 대해 $\hat{\alpha}$이 서로 다르게 얻어진다.

data file: T_data6_6.dta
예제 데이터는 1960년 1분기부터 2016년 2분기까지 장기 시계열 데이터이다. HP 필터링을 위해서 tsfilter hp 명령어를 사용할 수 있다. gdp_hp 변수는 원 시계열 gdp에서 추세를 제거한 순환변동에 해당하는 시계열이다. trend( ) 옵션에서 변수이름을 지정하면 HP 필터링에 의해 생성된 평활화 시계열 s_t가 주어진다. gdp_hp 변수와 gdp_trend 변수 합은 gdp 변수임을 쉽게 이해할 수 있다. **smooth( )** 옵션에서는 식 6.19 목적함수에 있는 λ를 지정한다. smooth 옵션을 사용하지 않으면 $\lambda = 1600$ 이 자동으로 지정된다.

그림 6-13의 시계열 그래프에서 확인할 수 있듯이 gdp_trend 변수는 순환변동이 제거된 추세만을 보여주고 있다.

| 그림 6-13 |

```
. use T_data6_6,clear
. tsset date
Time variable: date, 1960q1 to 2016q2
        Delta: 1 quarter

. tsfilter hp gdp_hp=gdp, trend(gdp_trend) smooth(1600)

. tsline gdp gdp_trend
```

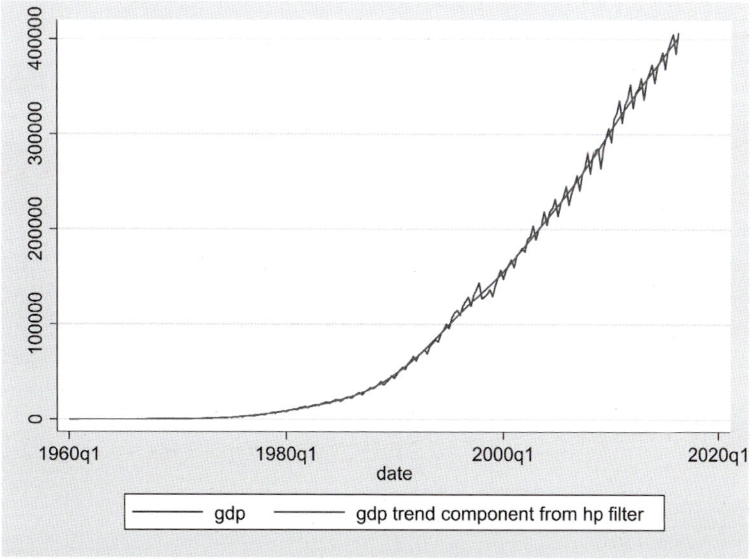

그림 6-14에서는 패널데이터인 경우 HP 필터링 결과를 도출하고 그래프로 보여주는 명령문을 제시한다. 10개 그룹과 각 그룹별 20년씩 데이터를 가지고 있다. **tsset** 명령어를 이용하여 패널데이터임을 선언하면 **tsfilter hp** 명령문에서 그룹별로 HP 필터링 결과를 변수로 만들어 준다. 년도주기 데이터이므로 smooth(100)으로 지정한다. **tsline** 명령어를 이용하여 패널 그룹별로 원래 시계열(inv)와 추세 시계열(inv_trend)에 대한 라인 그래프를 작성한다. by( ) 옵션에서 y축을 리스케일링하고 불필요한 legend와 note를 삭제한다.

tsline 대신 xtline 명령어를 이용하여 같은 그래프를 얻을 수도 있다.

| 그림 6-14 |

```
. use T_data6_7, clear
. tsset i t
Panel variable: i (strongly balanced)
 Time variable: t, 1 to 20
         Delta: 1 unit

. tsfilter hp inv_hp=inv, smooth(100) trend(inv_trend)
. tsline inv inv_trend, by(i, yrescale) by(, legend(off)) by(, note(""))
xtitle("")
```

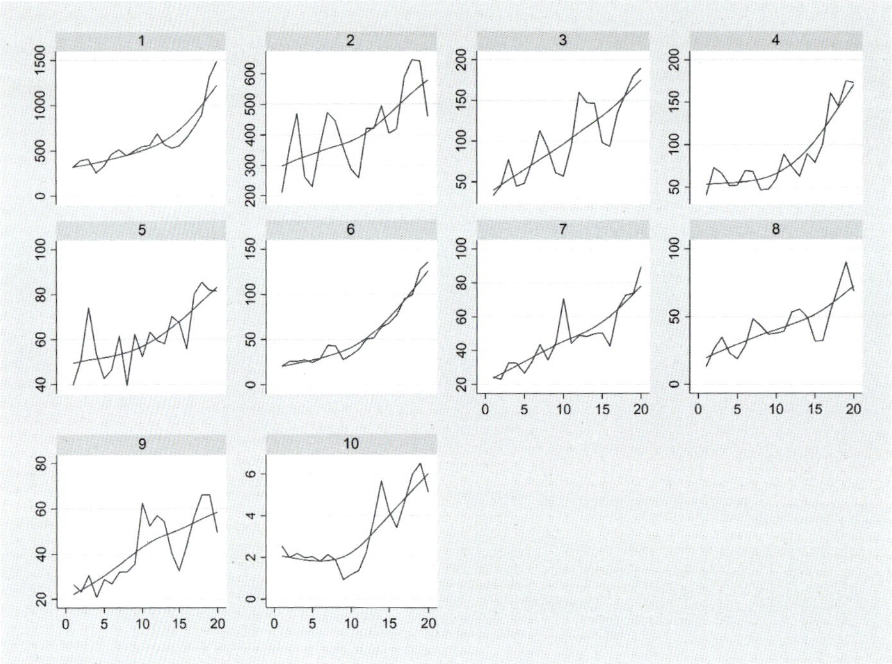

6.7 Stata do file

```
use T_data6_1,clear
tsset month
tssmooth ma ma1 = rawtrend, window(4 0)
tssmooth ma ma2 = rawtrend, weights(1 <2> 1)
list in 1/5
tsline rawtrend ma*
```

```
use T_data6_1, clear
tsset month
tssmooth ma ma1 = rawtrend, window(4 0)
tsappend, add(5)
gen ma1_pred=rawtrend
replace ma1_pred=1/4*(L.ma1_pred+L2.ma1_pred+L3.ma1_pred+L4.ma1_pred) ///
 if month>=ym(1965,2)

replace ma1=ma1_pred if month>=ym(1965,2)
tsline rawtrend ma1 if month>=ym(1963,1)


use T_data6_2,clear
tsset month
tssmooth exponential exp1 = rawcycle, parms(0.3)
tssmooth exponential exp2 = rawcycle
tsline rawcycle exp*
tssmooth exponential exp3 = rawcycle, forecast(5)
list in -7/L
di r(alpha)*0.2340+(1-r(alpha))*-0.9539

tssmooth dexponential exp4= rawcycle, parms(0.3)
tssmooth dexponential exp5= rawcycle
tsline rawcycle exp4 exp5

tssmooth exponential sm1= rawcycle, parms(0.3)
tssmooth dexponential sm2= rawcycle, parms(0.3)
tssmooth dexponential sm2_pred= rawcycle, forecast(5) parms(0.3)

list in -7/L
di (2+(0.3/0.7))*-1.331676 -((1+(0.3/0.7))*-.849176)

use T_data6_3,clear
tsset date
tssmooth hwinters hw1 = unrate, parms(0.5 0.5)
tssmooth hwinters hw2 = unrate, nolog
tsline unrate hw* if date>=ym(2008,1)

tssmooth shwinters hw3 = unrate if date>=ym(2000,1), ///
period(12) additive nolog

tssmooth shwinters hw3_pred = unrate if date>=ym(2000,1), ///
period(12) additive nolog forecast(5)

use T_data6_4,clear
tsset date
```

```
tssmooth dexponential sm2=unrate if date>=ym(2000,1)
tssmooth hwinters hw1=unrate if date>=ym(2000,1) , nolog
tssmooth shwinters hw2=unrate if date>=ym(2000,1),nolog period(12) additive

gen ssfe_sm2=(unrate-sm2)^2
gen ssfe_hw1=(unrate-hw1)^2
gen ssfe_hw2=(unrate-hw2)^2
total ssfe_sm2 ssfe_hw1 ssfe_hw2

findit frmttable
qui total ssfe_sm2
mat def sm2=e(b)
qui total ssfe_hw1
mat def hw1=e(b)
qui total ssfe_hw2
mat def hw2=e(b)
matrix def A=(sm2, hw1, hw2)
frmttable, statmat(A) norow nocenter sdec(3)

use T_data6_5,clear
tsset id t
tssmooth dexponential sm2=sales

use T_data6_6,clear
tsset date
tsfilter hp gdp_hp=gdp, trend(gdp_trend) smooth(1600)
tsline gdp gdp_trend

use T_data6_7, clear
tsset i t
tsfilter hp inv_hp=inv, smooth(100) trend(inv_trend)
tsline inv inv_trend ,by(i, yrescale) by(, legend(off)) ///
by(, note("")) xtitle("")
```

CHAPTER 07 시계열의 비정상성

7.1 비정상적 시계열의 정의

5장에서 시계열 데이터를 이용한 동적 회귀모형을 설정하고 추정하였다. 시계열 회귀모형에 사용된 변수들은 암묵적으로 정상적(stationary) 시계열이라고 가정한다. 주어진 시계열이 정상적 시계열이라면 다음과 같은 조건을 만족한다.

- 조건 1) $E(y_t) = \mu < \infty$: 평균이 시간의 함수가 아니고 일정하다.
- 조건 2) $var(y_t) = \sigma^2 < \infty$: 분산 역시 시간의 함수가 아니고 일정한 값이다.
- 조건 3) $cov(y_t, y_{t-s}) = \gamma_s$: 두 시점의 공분산은 시간(t)에 의존하지 않고 단지 두 시점 간 차이(s)에만 의존한다.*

위 3가지 조건을 모두 만족하면 정상적 시계열 또는 공분산-정상적(covariance-stationary) 시계열이라고 부른다.

정상적 시계열의 경우, 다음 AR(1) 과정이 그 예가 될 수 있다.

$$y_t = \theta y_{t-1} + \epsilon_t, \quad |\theta| < 1 \text{이고 } \epsilon_t \sim WN(0, \sigma^2) \tag{7.1}$$

위 식을 다시 쓰면 $y_t = \epsilon_t + \theta\epsilon_{t-1} + \theta^2\epsilon_{t-2} + \cdots = \sum_{s=0}^{t} \theta^s \epsilon_{t-s}$가 되므로 $E(y_t) = 0$이 된다. 평균은 t와 무관하고 0이 된다. 분산은 다음과 같이 계산할 수 있다.**

$$var(y_t) = \theta^2 var(y_{t-1}) + \sigma^2 \Rightarrow var(y_t) = \frac{\sigma^2}{1-\theta^2}$$

따라서 분산도 t의 함수가 아니고 일정한 값이 된다. y_t와 y_{t-k} 공분산은 다음과 같이 계산된다.

---

* 두 시점의 공분산이 꼭 s에 의존해야만 하는 것은 아니다. 가령 공분산이 항상 0으로 나타나도 역시 조건 3을 만족한다(서로 독립적인 경우).

** $|\theta| < 1$이면 $var(y_t) = var(y_{t-1})$을 이용한다.

$$cov(y_t, y_{t-1}) = cov(\theta y_{t-1} + \epsilon_t, y_{t-1}) = \theta var(y_{t-1}) = \theta \frac{\sigma^2}{1-\theta^2} \tag{7.2}$$

식 7.2와 유사하게 풀어보면 $cov(y_t, y_{t-k}) = \theta^k \frac{\sigma^2}{1-\theta^2}$이 된다. 두 시점 간 공분산은 t에 의존하지 않고 k에만 의존함을 보일 수 있다.

비정상적 시계열의 예는 식 7.3의 경우이다.

$$y_t = y_{t-1} + \epsilon_t \quad \epsilon_t \sim WN(0, \sigma^2) \tag{7.3}$$

$y_t = \sum_{s=0}^{t} \epsilon_{t-s}$와 같이 쓸 수 있기 때문에 $E(y_t) = 0$이 된다. 평균 조건은 만족한다. 그러나 분산은 다음과 같이 계산된다.

$$var(y_t) = var(\epsilon_t) + var(\epsilon_{t-1}) + \cdots + var(\epsilon_1) + var(\epsilon_0) = (t+1)\sigma^2 \tag{7.4}$$

분산이 t에 의존한다는 것을 알 수 있다. 즉 t가 커질수록 분산이 커지는 시계열 과정이 된다. 두 시점 간 공분산은 다음과 같이 계산된다.

$$\begin{aligned} cov(y_t, y_{t-1}) &= cov(y_{t-1} + \epsilon_t, y_{t-1}) = var(y_{t-1}) = t\sigma^2 \\ cov(y_t, y_{t-2}) &= cov(y_{t-1} + \epsilon_t, y_{t-2}) = cov(y_{t-1}, y_{t-2}) = (t-1)\sigma^2 \end{aligned} \tag{7.5}$$

공분산 역시 t에 의존하기 때문에 비정상적 시계열이 된다. 식 7.3 시계열 과정을 무작위 보행(random walk) 과정이라고 부른다.

비정상적 시계열 y_t와 x_t를 이용하여 선형회귀모형을 추정하면 가성회귀(spurious regression)의 문제가 생길 수 있다.* 두 시계열이 전혀 상관없는 변수일지라도 t검정 또는 F검정에 의해 매우 유의한 관계가 도출된다. 또한 R^2도 매우 높게 얻어진다. 결과적으로 비정상적 시계열이 포함된 회귀분석에서 추정계수 유의성 해석에 주의해야 한다.

* 가성회귀에 대한 자세한 설명은 민인식 · 최필선(2007)을 참고하라.

7.2 단위근 검정

특정 시계열 y_t가 정상적 시계열인지 비정상적 시계열인지 선그래프를 그려봄으로써 짐작할 수 있다. 그래프 패턴이 확산적(explosive)이라면 비정상적 시계열일 가능성이 있고 평균을 중심으로 진동하는(oscillating) 패턴인 경우에는 정상적 시계열일 가능성이 크다.

시계열의 정상성 판정을 위해 단위근(unit root) 검정을 많이 사용한다. 가령 다음과 같은 AR(1) 시계열 과정을 가정하자.

$$y_t = \alpha + \theta y_{t-1} + \epsilon_t \tag{7.6}$$

위 식에서 $\theta = 1$이 되면 비정상적 시계열이 된다는 것을 앞 절에서 이미 설명하였다. 따라서 $H_0 : \theta = 1$ 가설을 검정하는 것을 단위근 검정이라고 부른다. 그런데 식 7.6을 단순히 OLS로 추정하여 $H_0 : \theta = 1$의 귀무가설을 검정하면, y_t가 비정상적 시계열인 경우 앞서 설명한 가성회귀 문제가 생길 수 있다.

Dickey and Fuller(1979) (이하 DF)는 단위근 검정 통계량과 그에 대한 분포(distribution)를 제시하였다. 식 7.6을 다음과 같이 바꾸어 써보자.

$$\Delta y_t = \alpha + (\theta - 1) y_{t-1} + \epsilon_t \tag{7.7}$$

위 식을 OLS로 추정한 후 $H_0 : \theta - 1 = 0$인지 가설 검정한다. 귀무가설을 받아들이면 $\theta = 1$이 되고 따라서 y_t는 비정상적 시계열이 된다. 그러나 여전히 식 7.7의 가설검정에서 t 분포를 이용할 수 없다. Dickey and Fuller는 DF 검정통계량에 대한 임계치(critical value)를 제시했다. 임계치는 추정에 사용된 표본 크기에 따라 달라진다.

식 7.7에서 귀무가설을 받아들이면 다음 식 7.8이 된다.

$$\Delta y_t = \alpha + \epsilon_t \tag{7.8}$$

Δy_t 시계열은 정상적 시계열임을 쉽게 보일 수 있다. y_t는 비정상 시계열이지만 1차 차분(first-difference)한 Δy_t는 정상적 시계열이 되는 것이다. 이런 경우 y_t를 차분 정상적(difference-stationary)이라고 부른다.

시계열의 비정상성은 단위근에 의해서 발생하기도 하지만 확정적 추세(deterministic trend)에 의해서도 생길 수 있다. 추세 변수가 포함된 AR(1) 모형을 설정하자.

$$y_t = \alpha + \theta y_{t-1} + \delta t + \epsilon_t \tag{7.9}$$

시계열 y_t는 $|\theta|<1$이고 $\delta \neq 0$이면 추세 정상적(trend-stationary) 시계열이 된다. 식 7.9를 다음과 바꾸어 표현하자.

$$\Delta y_t = \alpha + (\theta-1)y_{t-1} + \delta t + \epsilon_t \tag{7.10}$$

위 식을 추정한 후 $H_0 : (\theta-1)=0$ 가설을 검정한다. 귀무가설이 맞다면 여전히 시계열 y_t는 단위근을 가지고 있고 따라서 차분 정상적 시계열이 된다. 귀무가설이 기각된다고 하더라도 y_t는 정상적 시계열이라고 판단할 수 없다. $\delta \neq 0$이라면 정상적 시계열이 아니라 추세 정상적 시계열이 된다.

단위근 검정을 위한 회귀모형 식 7.7에서 오차항 ϵ_t에 자기상관(autocorrelation)이 존재할 수 있다. 이러한 자기상관은 단위근 검정의 검정력(power)을 낮춘다. 자기상관 문제를 해결하기 위해 종속변수 Δy_t의 과거값을 모형에 포함한다.

$$\Delta y_t = \alpha + (\theta-1)y_{t-1} + \sum_{j=1}^{p}\gamma_j \Delta y_{t-j} + \epsilon_t \tag{7.11}$$

위 모형을 추정한 후 $H_0 : (\theta-1)=0$인지 검정하게 된다. 이러한 검정을 Augmented DF(ADF) 검정이라고 부른다.

7.3. 공적분과 오차수정 모형

7.1절에서 비정상적 시계열 y_t와 x_t를 이용하여 가성회귀 문제가 있을 수 있다고 설명하였다. 다음과 같은 단순 선형회귀모형을 설정하자.

$$y_t = \alpha + \beta x_t + e_t \tag{7.12}$$

두 변수(y_t, x_t)가 모두 차분 정상적 시계열이라면 가성회귀의 문제 때문에 차분 변수를 이용하여 모형을 추정한다. 차분 모형을 이용해 두 변수의 선형관계에 대한 통계적 가설검정이 가능하다.

$$\Delta y_t = \gamma + \delta \Delta x_t + v_t \tag{7.13}$$

그러나 두 변수가 장기적 균형관계(long-run equilibrium)에 있다면 여전히 식 7.12의 회귀모형은 의미가 있다. 이런 경우, 두 변수가 공적분 관계(cointegrated relationship)에 있다고 정의한다.

다음과 같은 두 가지 조건이 만족하면 두 변수는 공적분되어 있다고 정의한다.

- (조건 1) 두 변수가 모두 1차 적분(integration order of one)이다. 가령 y_t와 x_t가 모두 I(1) 즉 1차 차분 정상 시계열이다.*
- (조건 2) 두 변수의 선형결합이 I(0), 즉 정상적 시계열이다.

공적분 관계에 있는 두 변수는 서로 완전히 다른 경로로 움직이지 않고 장기적 균형관계를 지속적으로 유지한다. 식 7.12 회귀모형에서 두 변수가 공적분 관계에 있다면 오차항 e_t는 I(0)가 된다.** 따라서 식 7.12를 추정한 후 잔차 $\hat{e}_t$에 대한 단위근 검정을 실시한다. 단위근이 있다면 $\hat{e}_t \sim$ I(1)이 되므로 두 변수는 공적분 관계라고 말할 수 없다.***

5.3절에서 ARDL(autoregressive distributed lags) 모형에 대해서 설명하였다. 공적분 관계에 있는 y_t와 x_t 변수를 이용하여 ARDL(1,1) 모형을 설정하자.

$$y_t = \alpha + \lambda y_{t-1} + \beta_0 x_t + \beta_1 x_{t-1} + e_t \tag{7.14}$$

위 모형에서 x_t와 y_t 변수는 비정상적 시계열이이고 두 변수는 공적분 관계에 있다고 가정하자. 식 7.14를 추정하기 위해서 차분 모형으로 바꾸어 쓸 수 있다.

$$\begin{aligned}(y_t - y_{t-1}) &= \alpha - (1-\lambda)y_{t-1} + \beta_0 \Delta x_t + (\beta_0 + \beta_1)x_{t-1} + e_t \\ \Rightarrow \Delta y_t &= \beta_0 \Delta x_t - (1-\lambda)\left[y_{t-1} - \frac{\alpha}{1-\lambda} - \frac{(\beta_0+\beta_1)}{1-\lambda}x_{t-1}\right] + e_t \\ &= \beta_0 \Delta x_t - (1-\lambda)EC_{t-1} + e_t\end{aligned} \tag{7.15}$$

식 7.15를 오차수정 모형(error correction model: ECM)이라고 부르며, EC_{t-1}을 오차수정항(error-correction term)이라고 부른다.

새로운 설명변수 $EC_{t-1} \equiv \left[y_{t-1} - \frac{\alpha}{1-\lambda} - \frac{\beta_0+\beta_1}{1-\lambda}x_{t-1}\right]$에서 y_{t-1}과 x_{t-1}이 공적분 관계에 있기 때문에 I(0), 즉 정상적 시계열이 된다. 따라서 식 7.15에 대한 OLS 추정량은 일치추정량이 되고 일반적인 t검정이 가능하다. 만약 y_{t-1}이 x_{t-1}에 해당하는 균형값

---

* I(1)은 1차 적분(integration order of one)을 뜻한다.
** $e_t = y_t - \alpha - \beta x_t$로 y_t와 x_t의 선형결합이 된다.
*** 잔차에 기초한(residual-based) 공적분 검정(cointegration test)이라고 부른다.

에 비해 크다면 균형오차(equilibrium error)는 양(+)이 되므로 다음 시점인 y_t에 대해 음(-)의 조정(adjustment)이 작용하게 된다. 이 점에서 EC_{t-1}의 계수인 $(1-\lambda)$를 장기균형으로 접근하는 조정속도(adjustment speed)라고 부른다. 안정적 장기균형을 위해서는 $(1-\lambda)>0$이어야 한다. 식 7.15 추정결과를 이용하면 식 7.14 모형의 모수를 식별할 수도 있다.

7.4 STATA 실습

data file: T_data7_1.dta*

예제 데이터는 1984년 1분기~2009년 4분기까지 미국 거시경제 변수를 포함하고 있다. 관심 시계열의 정상성 여부를 그래프로 판단하고자 한다. 우선 연방기금 금리(federal fund rate: f_t 변수)의 시계열 선그래프를 그려보자.

| 그림 7-1 |

```
. use T_data7_1, clear
. tsset qtr
        time variable:  qtr, 1984q1 to 2009q4
                delta:  1 quarter

. twoway (tsline f) (tsline D.f, yaxis(2))
```

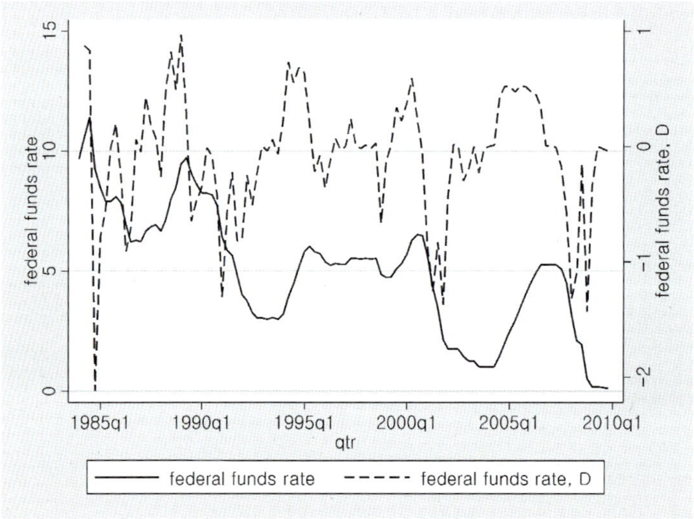

* Adkins and Hill (2011)의 12장 예제 데이터를 인용하였다.

위 그래프에서 예상할 수 있듯이 f_t 변수는 평균으로 다시 돌아오는 패턴이 아니고 시간이 흐를수록 지속적으로 하락하는 패턴이다. 정상성 조건을 위배할 가능성이 큰 것으로 보인다. 그러나 D.f(f_t의 차분) 변수는 평균을 중심으로 진동하는 패턴을 보인다. 따라서 정상적 시계열이 될 가능성이 크다.

f_t 변수와 b_t 변수(3개월물 채권 금리)가 모두 비정상적 시계열이라면 다음의 선형회귀 모형은 가성회귀 문제가 생길 수 있다.

$$b_t = \alpha + \beta f_t + e_t \tag{7.16}$$

위 식의 OLS 추정결과가 아래 그림 7-2에 나와 있다. β 추정치는 t 값도 매우 크고 1% 수준에서 유의하다. 그러나 오차항 e_t에 대한 Breusch-Godfrey 자기상관 검정에서 1계 자기상관을 기각할 수 없다. 식 7.16이 적절한 모형설정이라면 오차항 e_t는 백색잡음(white noise)이 되어야 한다. 따라서 모형 설정에 오류가 있다고 말할 수 있다.

| 그림 7-2 |

```
. reg b f
      Source |       SS       df       MS              Number of obs =     104
-------------+------------------------------           F(  1,   102) =  865.60
       Model |  568.17396     1  568.17396             Prob > F      =  0.0000
    Residual | 66.9519745   102  .656391907            R-squared     =  0.8946
-------------+------------------------------           Adj R-squared =  0.8936
       Total | 635.125935   103  6.16627121            Root MSE      =  .81018

------------------------------------------------------------------------------
           b |      Coef.   Std. Err.      t    P>|t|     [95% Conf. Interval]
-------------+----------------------------------------------------------------
           f |   .9144114   .0310801    29.42   0.000     .8527641    .9760587
       _cons |    1.13983   .1740833     6.55   0.000     .7945362    1.485123
------------------------------------------------------------------------------

. estat bgodfrey
Breusch-Godfrey LM test for autocorrelation
---------------------------------------------------------------------------
    lags(p)  |          chi2               df                 Prob > chi2
-------------+-------------------------------------------------------------
       1     |         71.972               1                   0.0000
---------------------------------------------------------------------------
                        H0: no serial correlation
```

그래프를 이용한 정상성 판단 대신 7.2절에서 설명한 ADF 검정을 활용해 보자. Stata에서 dfuller 명령어를 이용하면 ADF 단위근 검정을 실행할 수 있다. dfuller 명령어 다음에 시계열 변수이름을 입력하고 lag( ) 옵션을 추가한다. lag(1)은 식 7.11 추정모형에서 Δy_{t-1}까지 포함한다는 의미이다. 결과가 아래 그림 7-3에 나와 있다. Test Statistic은 우측에 제시된 임계치(critical value)와 비교된다. 검정통계량 -2.505는 10% 임계치(-2.580)보다 절대값에서 더 작기 때문에 여전히 귀무가설을 기각할 수 없다. 맨 아래 나오는 Mackinnon p-value를 통해서도 기각여부를 판단할 수 있다. f_t 변수는 10% 유의수준에서 귀무가설을 기각할 수 없고, b_t 변수는 5% 유의수준에서 귀무가설을 기각할 수 없다. 따라서 두 변수 모두 비정상적 시계열이라고 판단한다.

| 그림 7-3 |

```
. dfuller f, lag(1)
Augmented Dickey-Fuller test for unit root          Number of obs   =       102

                               ---------- Interpolated Dickey-Fuller ---------
                  Test         1% Critical       5% Critical      10% Critical
               Statistic           Value             Value             Value
------------------------------------------------------------------------------
 Z(t)             -2.505            -3.509            -2.890            -2.580
------------------------------------------------------------------------------
MacKinnon approximate p-value for Z(t) = 0.1143

. dfuller b, lag(1)
Augmented Dickey-Fuller test for unit root          Number of obs   =       102

                               ---------- Interpolated Dickey-Fuller ---------
                  Test         1% Critical       5% Critical      10% Critical
               Statistic           Value             Value             Value
------------------------------------------------------------------------------
 Z(t)             -2.703            -3.509            -2.890            -2.580
------------------------------------------------------------------------------
MacKinnon approximate p-value for Z(t) = 0.0735
```

dfuller 명령문은 단위근이 어떤 확률과정 하에서 존재하는지 가정하고 검정한다. 앞의 그림 7-3의 명령문처럼 특별히 추가된 옵션이 없다면 다음과 같이 상수항을 포함한 모형에서 단위근 여부를 검정하게 된다.

$$y_t = \alpha + \rho y_{t-1} + e_t$$

즉, 위 모형 하에서 $H_0 : \rho = 1$인지 검정하게 된다. 그런데 아래 그림 7-4에서와 같이 noconstant 또는 trend 옵션을 사용하면 단위근 검정 모형은 아래와 같이 바뀐다. 어떤 옵션을 사용하느냐에 따라 단위근 검정 결과가 전혀 다르게 나올 수 있기 때문에 noconstant 또는 trend 옵션 사용에 주의해야 한다.

$y_t = \rho y_{t-1} + e_t$: noconstant 옵션

$y_t = \alpha + \rho y_{t-1} + \lambda t + e_t$: trend 옵션

| 그림 7-4 |

```
. dfuller f, lag(1) noconstant
Augmented Dickey-Fuller test for unit root          Number of obs   =       102

                               ---------- Interpolated Dickey-Fuller ---------
                  Test         1% Critical       5% Critical      10% Critical
               Statistic           Value             Value             Value
------------------------------------------------------------------------------
 Z(t)             -2.140            -2.600            -1.950            -1.610

. dfuller f, lag(1) trend
Augmented Dickey-Fuller test for unit root          Number of obs   =       102

                               ---------- Interpolated Dickey-Fuller ---------
                  Test         1% Critical       5% Critical      10% Critical
               Statistic           Value             Value             Value
------------------------------------------------------------------------------
 Z(t)             -3.482            -4.039            -3.450            -3.150
------------------------------------------------------------------------------
MacKinnon approximate p-value for Z(t) = 0.0414
```

그림 7-3의 ADF 검정 통계량(test statistic)은 다음과 같이 얻어진다. 아래 그림 7-5에서 보듯이 dfuller 명령문에 regress 옵션을 추가하면 식 7.11 추정결과를 보여준다. OLS 추정결과에서 L1.f 변수의 t 값이 정확히 ADF 검정 통계량이 된다는 것을 확인할 수 있다. 즉, ADF 검정은 L1.f 변수의 추정계수가 0인지 가설검정하는 것이다.

| 그림 7-5 |

```
. dfuller f, lag(1) regress
Augmented Dickey-Fuller test for unit root          Number of obs   =       102

                               ---------- Interpolated Dickey-Fuller ---------
                  Test         1% Critical       5% Critical      10% Critical
               Statistic           Value             Value             Value
------------------------------------------------------------------------------
 Z(t)             -2.505            -3.509            -2.890            -2.580
------------------------------------------------------------------------------
MacKinnon approximate p-value for Z(t) = 0.1143

------------------------------------------------------------------------------
         D.f |      Coef.   Std. Err.      t    P>|t|     [95% Conf. Interval]
-------------+----------------------------------------------------------------
           f |
         L1. |  -.0446213   .0178142    -2.50   0.014    -.0799685   -.0092741
         LD. |   .5610582   .0809827     6.93   0.000     .4003708    .7217455
             |
       _cons |   .1725221   .1002333     1.72   0.088    -.0263625    .3714067
------------------------------------------------------------------------------

. reg D.f L.f LD.f
      Source |       SS       df       MS              Number of obs =     102
-------------+------------------------------           F(  2,    99) =   25.45
       Model |  10.0957158     2  5.0478579            Prob > F      =  0.0000
    Residual |  19.6353195    99  .198336561           R-squared     =  0.3396
-------------+------------------------------           Adj R-squared =  0.3262
       Total |  29.7310353   101  .294366686           Root MSE      =  .44535

------------------------------------------------------------------------------
         D.f |      Coef.   Std. Err.      t    P>|t|     [95% Conf. Interval]
-------------+----------------------------------------------------------------
           f |
         L1. |  -.0446213   .0178142    -2.50   0.014    -.0799685   -.0092741
         LD. |   .5610582   .0809827     6.93   0.000     .4003708    .7217455
             |
       _cons |   .1725221   .1002333     1.72   0.088    -.0263625    .3714067
------------------------------------------------------------------------------
```

이번에는 f_t 변수와 b_t 변수가 모두 비정상적 시계열인 경우 공적분 관계에 있는지 검정해보자. 7.3절에서 설명한 잔차에 기초한(residual-based) 공적분 검정을 실행할 수 있다.* 먼저 b_t 변수(종속변수)와 f_t 변수(설명변수)를 이용하여 OLS 추정을 실행한 후 잔차 ehat 변수를 생성한다. ehat 변수에 대해 단위근 여부를 검정한다. ehat 변수가 단위근

* Engle-Granger 2단계(two-step) 공적분 검정이라고도 부른다.

이 있다면(비정상적 시계열이면) 공적분 관계가 없는 것이고 단위근 귀무가설이 기각되면 (정상적 시계열이면) 공적분 관계가 성립한다. ADF 검정을 위한 식 7.11과 유사하게 ehat 변수의 단위근 검정을 위해 다음 모형을 설정한다. 잔차 변수이기 때문에 상수항 없는 모형을 가정한다.

$$\Delta \hat{e}_t = \delta \hat{e}_{t-1} + \beta_1 \Delta \hat{e}_{t-1} + v_t$$

| 그림 7-6 |

```
. qui reg b f
. predict ehat, resid

. reg D.ehat L.ehat LD.ehat, noconstant

      Source |       SS       df       MS              Number of obs =     102
-------------+------------------------------           F(  2,   100) =   10.16
       Model |  3.53907328     2  1.76953664           Prob > F      =  0.0001
    Residual |  17.4123657   100  .174123657           R-squared     =  0.1689
-------------+------------------------------           Adj R-squared =  0.1523
       Total |   20.951439   102  .205406265           Root MSE      =  .41728

------------------------------------------------------------------------------
      D.ehat |      Coef.   Std. Err.      t    P>|t|     [95% Conf. Interval]
-------------+----------------------------------------------------------------
        ehat |
         L1. |  -.2245093   .0535039    -4.20   0.000    -.3306595   -.1183592
         LD. |   .2540448   .0937006     2.71   0.008     .0681454    .4399442
------------------------------------------------------------------------------

. dfuller ehat, noconstant lags(1)
Augmented Dickey-Fuller test for unit root           Number of obs   =       102

                               ---------- Interpolated Dickey-Fuller ---------
                  Test         1% Critical       5% Critical      10% Critical
               Statistic           Value             Value             Value
------------------------------------------------------------------------------
 Z(t)             -4.196            -2.600            -1.950            -1.610
```

그림 7-6 추정결과에 따르면 검정통계량은 -4.196이다. 이 값은 임계치(critical value)와 비교되어야 한다. 주의해야 할 것은 **dfuller** 명령어를 이용하여 ehat 변수의 단위근을 검정할 수 없다는 점이다. 공적분 관계 여부를 검정하기 위해서는 실제로는 잔차($\hat{e}_t$)에 대한 단위근 검정이 아니라 오차항 e_t에 대해 단위근 검정을 실행해야 한다. 그러나 오차항이 관

찰되지 않기 때문에 잔차 변수를 이용하여 단위근 검정을 한다. 따라서 dfuller의 임계치를 사용하는 대신 Davidson and MacKinnon(1993)에서 제시한 임계치를 이용해야 한다. 1% 유의수준에 해당하는 임계치는 -3.90이므로 검정통계량(-4.20)은 귀무가설을 기각한다. 즉 단위근이 없는 것으로 판단한다. 결국 f와 b는 공적분 관계에 있다고 결론 내릴 수 있다.

f_t 변수와 b_t 변수가 공적분 관계에 있기 때문에 오차수정 모형을 통해 두 변수의 동적 관계(dynamic relationship)를 추정할 수 있다. 다음과 같이 오차수정 모형을 설정하자.

$$\Delta b_t = \delta_0 + \delta_1 EC_{t-1} + \delta_2 \Delta f_t + e_t \tag{7.17}$$

EC_{t-1}은 오차수정항으로 $EC_{t-1} = b_{t-1} - \alpha - \beta f_{t-1}$로 설정한다.

위 모형은 2가지 방법으로 추정할 수 있다. 2단계 OLS 추정법, 그리고 비선형 최소자승법(Nonlinear Least Squares Estimation: NLS)을 사용할 수 있다. 먼저 2단계 OLS 추정방법을 보면, 우선 1단계에서는 b_t와 f_t 변수를 이용하여 OLS 추정한 후 잔차 변수의 $t-1$기 값을 EC_{t-1}으로 사용한다. 2단계에서는 1단계에서 구한 EC_{t-1}를 설명변수로 추가하여 식 7.17에 대한 OLS 추정치를 얻는다. 2단계 추정법에 대한 Stata 명령문이 아래 그림 7-7에 나와 있다. L1.ehat1 변수의 추정계수인 -0.123가 관심을 가져야 할 숫자이다. 7.3절의 식 7.15에서 장기균형으로 접근하는 조정속도(adjustment speed)는 $(1-\lambda)$이다.* 아래 추정결과에 따르면 조정속도가 0.123이 된다. 두 변수가 안정적인 균형관계를 유지하기 위해서는 $(1-\lambda) > 0$이어야 하고 추정결과 역시 양(+)이기 때문에 예상과 일치한다.

| 그림 7-7 |

```
. qui reg b f
. predict ehat1, resid

. reg D.b L.ehat1 D.f

      Source |       SS           df       MS              Number of obs   =       103
-------------+----------------------------------           F(  2,    100)  =     37.11
       Model |  13.4732382         2  6.73661909           Prob > F        =    0.0000
    Residual |  18.1529346       100  .181529346           R-squared       =    0.4260
-------------+----------------------------------           Adj R-squared   =    0.4145
       Total |  31.6261728       102  .310060518           Root MSE        =    .42606

------------------------------------------------------------------------------
```

* 조정속도를 $-(1-\lambda)$로 해석할 수도 있다.

```
        D.b |      Coef.   Std. Err.      t    P>|t|     [95% Conf. Interval]
------------+----------------------------------------------------------------
      ehat1 |
        L1. |  -.1230723    .055018    -2.24   0.028    -.2322264   -.0139181
            |
          f |
        D1. |   .6987282   .0812801     8.60   0.000     .5374708    .8599855
            |
      _cons |  -.0303928   .0426508    -0.71   0.478    -.1150108    .0542252
-----------------------------------------------------------------------------
```

비선형 최소자승법(Nonlinear Least Squares Estimation: NLS)을 이용하여 오차수정모형을 추정할 수도 있다. 앞에서 본 OLS 2단계 추정은 두 번으로 나누어 추정하기 때문에 NLS 추정에 비해 비효율적인(less efficient) 추정량이 얻어진다. ARDL(1,1) 모형과 오차수정 모형을 다음과 같이 쓸 수 있다.

$$b_t = \alpha + \lambda b_{t-1} + \beta_0 f_t + \beta_1 f_{t-1} + e_t \quad : \text{ARDL(1,1) 모형}$$

$$\Delta b_t = \beta_0 \Delta f_t - (1-\lambda)\left[b_{t-1} - \frac{\alpha}{1-\lambda} - \frac{(\beta_0+\beta_1)}{1-\lambda} f_{t-1}\right] + e_t$$

$$: \text{오차수정 모형} \tag{7.18}$$

식 7.18에서 모수들이 비선형 결합(nonlinear combination)으로 나타나기 때문에 NLS 추정이 필요하다. NLS 추정을 위한 Stata 명령문이 그림 7-8에 나와 있다.

| 그림 7-8 |

```
. gen Db=D.b
(1 missing value generated)
. nl
(Db={beta0}*D.f-(1-{lambda})*(L.b-({alpha}/(1-{lambda}))-(({beta0}+{beta1})/(1-{
lambda}))*L.f)), variables(L.b L.f D.f)
(obs = 103)

      Source |       SS       df       MS
-------------+------------------------------         Number of obs =       103
       Model |   13.848898     3  4.61629935         R-squared     =    0.4379
    Residual |  17.7772747    99  .179568432         Adj R-squared =    0.4209
-------------+------------------------------         Root MSE      =  .4237552
       Total |  31.6261728   102  .310060517         Res. dev.     =  111.3501

-----------------------------------------------------------------------------
          Db |      Coef.   Std. Err.      t    P>|t|     [95% Conf. Interval]
```

```
-------------+----------------------------------------------------------------
       /beta0 |   .6858249   .0813306     8.43   0.000     .5244473    .8472025
      /lambda |   .8799927   .0547611    16.07   0.000     .7713349    .9886506
       /alpha |   .2263606   .1116559     2.03   0.045     .0048111    .4479102
       /beta1 |  -.6001713    .080766    -7.43   0.000    -.7604285   -.4399141
------------------------------------------------------------------------------
  Parameter alpha taken as constant term in model & ANOVA table

. di "(1-lambda)= " 1-0.8799
(1-lambda)= .1201

. test 1-_b[lambda:_cons]=0
 ( 1)  - [lambda]_cons = -1

       F(  1,    99) =    4.80
            Prob > F =    0.0308
```

Stata에서 NLS 추정은 nl 명령어를 사용한다. 먼저 종속변수에 해당하는 Δb_t 변수를 Db 변수로 생성한다. 또한 식 7.18을 명령문으로 작성해 주어야 하며 추정해야할 모수는 { }으로 표시해 준다. variables( ) 옵션에서 설명변수로 사용된 변수들의 이름을 표시해 준다.* 관심 숫자인 조정속도=0.1201로 계산된다. 이 값은 그림 7-7 (2단계 추정)에서 구한 0.123과 매우 유사한 값이다. 또한 조정속도 추정치에 대한 유의성 검정은 test 명령어를 이용할 수 있다. 5% 유의수준에서 0과 유의하게 다르다는 결론이다.

7.5 Stata do file

```
use T_data7_1,clear
tsset qtr
twoway (tsline f) (tsline D.f, yaxis(2))
reg b f
estat bgodfrey
dfuller f , lag(1)
dfuller b, lag(1)
dfuller f, lag(1) noconstant
dfuller f, lag(1) trend
dfuller f, lag(1) regress
reg D.f L.f LD.f

qui reg b f
predict ehat, resid
reg D.ehat L.ehat LD.ehat, noconstant
```

* nl 명령어에 대한 자세한 Stata 도움말은 help nl을 이용하라.

```
dfuller ehat, noconstant lags(1)

qui reg b f
predict ehat1, resid
reg D.b L.ehat1 D.f

gen Db=D.b
nl (Db={beta0}*D.f-(1-{lambda})*(L.b-({alpha}/(1-{lambda}))- ///
(({beta0}+{beta1})/(1-{lambda}))*L.f)), variables(L.b L.f D.f)
di "(1-lambda)= " 1-0.8799
test 1-_b[lambda:_cons]=0
```

8.1 ARMA와 ARIMA모형

실업률 또는 경제성장률과 같은 거시변수 시계열은 확률적 과정(stochastic process)에 의해 생성된 확률변수의 관측치(observation)라고 가정한다. 주어진 시계열을 이해(또는 예측)하기 위해서는 알려지지 않은 확률적 과정을 간단한 모형으로 표현할 필요가 있다. 이런 작업은 관심 시계열이 다른 시점에서는 어떤 값으로 예측되는지 분석할 수 있는 장점이 있다.

단일변량 시계열(univariate time series) 예측을 위해 주로 사용하는 모형은 2장에서 잠깐 언급하였던 AR과 MA 모형이다. 2장에서 ACF(autocorrelation function)를 이용해 시계열이 AR과정인지, 아니면 MA 과정인지 판단할 수 있다고 설명하였다. 7장에서도 AR(1) 과정이 정상적 시계열임을 증명하였다. 그 결과를 다시 정리하면 다음과 같다.

$$y_t = \alpha + \gamma y_{t-1} + \epsilon_t, \quad |\gamma| < 1 \text{이고 } \epsilon_t \sim WN(0, \sigma^2) \tag{8.1}$$

위 시계열에서 $E(y_t) = \alpha/(1-\gamma)$이고 $var(y_t) = \sigma^2/(1-\gamma^2)$ 이다. 또한 $cov(y_t, y_{t-s}) = \gamma^s \sigma^2/(1-\gamma^2)$이 됨을 쉽게 증명할 수 있다.

단일변량 시계열의 또 다른 예측모형인 MA(1) 과정은 식 8.2와 같이 표현할 수 있다.

$$y_t = \mu + \epsilon_t + \theta\epsilon_{t-1}, \quad |\theta| < 1 \text{ 이고 } \epsilon_t \sim WN(0, \sigma^2) \tag{8.2}$$

MA(1) 과정을 따르는 시계열 y_t는 백색잡음인 ϵ_t와 ϵ_{t-1}의 가중평균이 된다. y_t의 평균과 분산은 다음과 같이 얻을 수 있다.

$$E(y_t) = \mu + E(\epsilon_t) + \theta E(\epsilon_{t-1}) = \mu$$
$$var(y_t) = var(\epsilon_t + \theta\epsilon_{t-1}) = \sigma^2(1+\theta^2)$$

위 결과에서 알 수 있듯이 평균과 분산이 t에 의존하지 않고 유한한(finite) 값을 가진다. 따라서 정상적 시계열 조건을 만족한다. 공분산 계산은 이미 2장에서 증명하였듯이 다음과 같다.

$$cov(y_t, y_{t-1}) = \theta\sigma^2$$
$$cov(y_t, y_{t-2}) = 0$$
$$cov(y_t, y_{t-s}) = 0, \quad s = 2, 3, 4, \cdots$$

따라서 MA(1) 과정은 1계 자기상관만 존재하고, 2계 이상 자기상관은 0이 된다. 공분산 역시 t에 의존하지 않고 두 시점 차이에만 의존하기 때문에 역시 정상적 시계열 조건을 만족한다.

AR과 MA과정을 일반화 시키면 AR(p)와 MA(q) 모형이 된다.

$$y_t = \alpha + \sum_{s=1}^{p} \gamma_s y_{t-s} + \epsilon_t \quad : \text{AR(p) 모형} \tag{8.3}$$

$$y_t = \mu + \epsilon_t + \sum_{s=1}^{q} \theta_s \epsilon_{t-s} \quad : \text{MA(q) 모형} \tag{8.4}$$

특정 시계열에 대해서는 AR과 MA 과정을 동시에 포함한 ARMA모형을 쓸 수 있다. ARMA(1,1) 모형은 식 8.5와 같다.

$$y_t = \gamma y_{t-1} + \epsilon_t + \theta\epsilon_{t-1} \tag{8.5}$$

시차연산자(lag operator)인 L을 이용하면 식 8.5는 식 8.6이 된다.*

$$\begin{aligned} &(1-\gamma L)y_t = (1-\theta L)\epsilon_t \\ \Rightarrow \quad &\gamma(L)y_t = \theta(L)\epsilon_t \end{aligned} \tag{8.6}$$

식 8.6의 양변에 $\theta^{-1}(L)$을 곱해 주면

$$\theta^{-1}(L)\gamma(L)y_t = \epsilon_t \tag{8.7}$$

식 8.7은 AR(∞) 표현이 된다. 즉 ARMA(1,1) 모형은 AR 과정으로 쓸 수 있다. 식 8.6 양변에 $\gamma^{-1}(L)$을 곱해주면

$$y_t = \gamma^{-1}(L)\theta(L)\epsilon_t \tag{8.8}$$

---

* 시차연산자를 이용하면 $y_{t-1} \equiv Ly$, $y_{t-2} = L^2 y$라고 쓴다.

식 8.8은 $MA(\infty)$과정이라고 해석할 수 있다. 식 8.7과 식 8.8을 구체적으로 표현하면 식 8.9와 식 8.10이 된다.

$$y_t = \pi_1 y_{t-1} + \pi_2 y_{t-2} + \cdots + \epsilon_t \tag{8.9}$$

$$y_t = \epsilon_t + \psi_1 \epsilon_{t-1} + \psi_2 \epsilon_{t-2} + \cdots \tag{8.10}$$

위 식에서 $\pi_s = (-\theta)^{s-1}(\gamma+\theta)$, $\psi_s = (\gamma)^{s-1}(\gamma+\theta)$이다. ARMA(1,1) 과정의 평균과 분산은 식 8.10을 이용해서 쉽게 계산할 수 있다.

$$E(y_t) = 0$$

$$var(y_t) = \sigma^2 + \psi_1^2\sigma^2 + \psi_2^2\sigma^2 + \cdots = \sigma^2 \sum_{s=1}^{\infty} \psi_s^2$$

$var(y_t)$는 다음과 같은 절차를 따라 얻을 수도 있다. 먼저 $cov(y_t, y_t)$와 $cov(y_t, y_{t-1})$을 각각 계산한다.

$$\begin{aligned} var(y_t) = cov(y_t, y_t) &= E(y_t y_t) \\ &= \gamma E(y_t y_{t-1}) + E(y_t \epsilon_t) + \theta E(y_t \epsilon_{t-1}) \\ &= \gamma cov(y_t, y_{t-1}) + \sigma^2 + \sigma^2\theta(\theta+\gamma) \end{aligned} \tag{8.11}$$

$$\begin{aligned} cov(y_t, y_{t-1}) &= E(y_t y_{t-1}) \\ &= \gamma E(y_{t-1} y_{t-1}) + E(y_{t-1}\epsilon_t) + \theta E(y_{t-1}\epsilon_{t-1}) \\ &= \gamma var(y_t) + \theta\sigma^2 \end{aligned} \tag{8.12}$$

식 8.12를 식 8.11에 대입하면

$$var(y_t) = \sigma^2 \frac{1+\theta^2+2\theta\gamma}{1-\gamma^2} \tag{8.13}$$

차분 정상적(difference-stationary) 시계열인 경우 ARMA 모형 대신 ARIMA 모형을 가정한다. 즉 Δy_t가 ARMA(p,q)과정이라고 모형을 설정한다. 따라서 ARIMA(1,1,1) 모형은 다음과 같이 쓸 수 있다.

$$\Delta y_t = \gamma \Delta y_{t-1} + \epsilon_t + \theta\epsilon_{t-1} \tag{8.14}$$

8.2 ARMA 모형 추정과 예측

ARMA(p,q)모형 추정은 최소자승법(least squares approach)과 최우추정법(maximum likelihood approach)을 사용할 수 있다. 다음과 같은 ARMA(1,0) 모형을 가정하자.

$$y_t = \alpha + \gamma y_{t-1} + \epsilon_t \tag{8.15}$$

최소자승 추정량이 일치추정량이 되기 위해서는 $E(y_{t-1}\epsilon_t) = 0$이어야 한다. 또한 ϵ_t가 백색잡음 가정을 만족하면 식 8.15에 OLS 추정을 적용할 수 있다.

ARMA(0,1) 과정은 조금 더 복잡한 추정과정을 거쳐야 한다.

$$y_t = \mu + \epsilon_t + \theta\epsilon_{t-1} \tag{8.15}$$

최소자승법은 다음 목적함수를 최소화 하는 모수추정치를 찾게 된다.

$$S(\mu, \theta) = \sum_{t=2}^{T}(y_t - \mu - \theta\epsilon_{t-1})^2 \tag{8.16}$$

식 8.16에서 ϵ_{t-1}을 관찰된 y_{y-s} 변수로 표현할 수 있다.*

$$\epsilon_{t-1} = \sum_{s=0}^{\infty}(-\theta)^s(y_{t-s-1} - \mu) \tag{8.17}$$

식 8.17을 식 8.16에 대입하면 목적함수는 다음과 같다.

$$S(\mu, \theta) = \sum_{t=2}^{T}(y_t - \mu - \theta\sum_{s=0}^{t-2}(-\theta)^s(y_{t-s-1} - \mu))^2 \tag{8.18}$$

위 목적함수를 최소화하는 추정치 $\hat{\theta}$과 $\hat{\mu}$를 찾게 된다.

ARMA 모형에 대한 ML 추정량을 얻기 위해서는 오차항 ϵ_t가 백색잡음이면서 동시에 정규분포를 따른다고 가정해야 한다. 모수 추정을 위한 일반적인 로그 우도함수는 다음과

* MA 과정은 AR(∞) 과정으로 표현할 수 있다는 것을 이용하였다.

같이 쓸 수 있다.

$$\log L = -\frac{T-1}{2}\log(2\pi\sigma^2) - \frac{1}{2}\sum_{t=2}^{T}\left(\epsilon_t^2/\sigma^2\right) \tag{8.19}$$

ARMA(1,0)인 경우 식 8.19의 $\epsilon_t = y_t - \alpha - \gamma y_{t-1}$이 되고 ARMA(0,1)인 경우 $\epsilon_t = y_t - \mu - \theta\sum_{s=0}^{t-2}(-\theta)^s(y_{t-s-1}-\mu)$이 된다. 추정 아이디어 측면에서 ARMA(1,0) 모형이 ARMA(0,1) 모형보다 쉽다는 것을 확인할 수 있다.

ARMA 또는 ARIMA 모형 추정의 목적은 앞서 언급하였듯이 관심 시계열의 미래값을 예측하고자 함이다. 이러한 목적에서 ARMA 모형은 복잡한 시계열 구조모형에 비해 성과가 훌륭한 편이다.* 먼저 식 8.15 ARMA(1,0)모형에서 예측과정을 살펴보자. T까지 정보집합(information set)이 주어졌을 때 $\hat{y}_{T+1}$ 예측과정은 다음과 같다.

$$\begin{aligned} & y_{T+1} = \alpha + \gamma y_T + \epsilon_{T+1} \\ \Rightarrow\ & E(y_{T+1}|T) = \alpha + \gamma y_T \end{aligned}$$

$$\begin{aligned} & y_{T+2} = \alpha + \gamma y_{T+1} + \epsilon_{T+2} \\ \Rightarrow\ & E(y_{T+2}|T) = \alpha(1+\gamma) + \gamma^2 y_T \end{aligned}$$

y_{T+h} 예측 값은 결국 α, γ, y_T에 의존하게 된다. 만약 $h\to\infty$라면 y_{T+h} 예측값은 $E(y_T) = \alpha/(1-\gamma)$임을 쉽게 증명할 수 있다.

ARMA(0,1) 모형에서 예측값은 다음과 같이 구할 수 있다. 식 8.15에서 다음이 성립한다.

$$\begin{aligned} & y_{T+1} = \mu + \epsilon_{T+1} + \theta\epsilon_T \\ \Rightarrow\ & E(y_{T+1}|T) = \theta\epsilon_T \end{aligned} \tag{8.20}$$

식 8.17과 유사하게 ϵ_T는 다음과 같이 표현한다.

$$\epsilon_T = \sum_{s=0}^{\infty}(-\theta)^s(y_{T-s}-\mu) \tag{8.21}$$

* 반대로 ARMA 모형의 단점은 모형에 대한 경제학적 이론(economic theory)이 부족하다는 점이다.

식 8.21을 식 8.20에 대입하면 다음과 같다.

$$E(y_{T+1}|T) = \theta \sum_{s=0}^{\infty} (-\theta)^s (y_{T-s} - \mu) \tag{8.22}$$

그러나 $h \geq 2$라면 $E(y_{T+h}|T) = \mu$ 임을 쉽게 보일 수 있다.

다음으로 ARMA(1,1) 모형에서 예측값을 구하는 절차를 설명하고자 한다.

$$y_t = \gamma y_{t-1} + \epsilon_t + \theta \epsilon_{t-1} \tag{8.23}$$

$T+1$ 시점의 예측값 $E(y_{T+1}|T)$을 계산해 보자.

$$\begin{aligned} E(y_{T+1}|T) &= \gamma y_T + \theta \epsilon_T \\ &= \gamma y_T + \theta \sum_{s=0}^{\infty} (-\theta)^s (y_{T-s} - \gamma y_{T-s-1}) \end{aligned}$$

$E(y_{T+2}|T)$ 역시 $E(y_{T+1}|T)$와 유사하게 계산할 수 있다.

$$E(y_{T+2}|T) = \gamma E(y_{T+1}|T) \tag{8.24}$$

8.3 STATA 실습

시뮬레이션을 통해 ARMA 과정을 따르는 시계열 변수를 생성한 후 평균, 분산, 그리고 공분산이 8.1절에서 계산한 결과와 일치하는지 살펴보자. 그림 8-1에서는 ARMA(1,0), ARMA(0, 1), ARMA(1,1) 과정을 따르는 변수 y_1, y_2, y_3 변수를 생성하는 do file을 제시한다.

$$\text{ARMA (1,0)}: y_t = 1 + 0.5 y_{t-1} + \epsilon_t \tag{8.25}$$

$$\text{ARMA (0,1)}: y_t = 1 + \epsilon_t + 0.5 \epsilon_{t-1} \tag{8.26}$$

$$\text{ARMA (1,1)}: y_t = 1 + 0.5 y_{t-1} + \epsilon_t + 0.5 \epsilon_{t-1} \tag{8.27}$$

오차항 $\epsilon_t \sim WN(0,1)$으로 가정하고, 난수(random number)를 생성한다. 세 변수의 초기 값은 모두 1로 가정한다. 시계열 표본의 관측치 수는 200개로 설정한다.

| 그림 8-1 |

```
clear
set more off
set obs 200
gen time=_n
tsset time
set seed 1234
gen e=rnormal()

scalar alpha=1
scalar mu=1

gen y1=1 in 1
gen y2=1 in 1
gen y3=1 in 1

forvalues i=2/200 {
        replace y1=alpha+0.5*L.y1+e in `i'
        replace y2=mu+e+0.5*L.e in `i'
        replace y3=alpha+0.5*L.y3+e+0.5*L.e in `i'
}
```

8.1절에서 증명하였듯이 y_{1t}의 평균은 2, 분산은 1.33이 되어야하고, y_{2t}의 평균은 1, 분산은 1.25가 되어야 한다. y_{3t}의 평균은 2, 분산은 2.33이 되어야 한다. 그림 8-1에서 만든 세 변수의 평균과 분산을 계산한 결과와 이론적으로 도출된 평균과 분산을 비교해 보자.

| 그림 8-2 |

```
. qui su y1
. di "y1 평균 = " r(mean)
y1 평균 = 2.0401647
. di "y1 분산 = " r(Var)
y1 분산 = 1.1828815

.
. qui su y2
. di "y2 평균 = " r(mean)
y2 평균 = 1.041695
. di "y2 분산 = " r(Var)
y2 분산 = 1.1184984

.
. qui su y3
. di "y3 평균 = " r(mean)
```

```
y3 평균 = 2.0631129
. di "y3 분산 = " r(Var)
y3 분산 = 1.9281837
```

평균은 8.1절에서 증명한 값과 거의 일치한다. 그러나 분산은 약간 차이가 있음을 알 수 있다. 차이가 발생한 이유는 시계열 표본의 관측치가 200개로 그리 크지 않기 때문이다. 만약 그림 8-1에서 200개가 아니고 $T = 1000$개의 시계열 표본을 생성한다면 세 변수의 분산은 이론값과 거의 일치한다. 그림 8-3의 do file을 실행해 보면 확인할 수 있다.

| 그림 8.3 |

```
clear
set more off
set obs 1000
gen time=_n
tsset time
set seed 1234
gen e=rnormal()

scalar alpha=1
scalar mu=1

gen y1=1 in 1
gen y2=1 in 1
gen y3=1 in 1

forvalues i=2/1000 {
          replace y1=alpha+0.5*L.y1+e in `i'
          replace y2=mu+e+0.5*L.e in `i'
          replace y3=alpha+0.5*L.y3+e+0.5*L.e in `i'
}

qui su y1
di "y1 평균 = " r(mean)
di "y1 분산 = " r(Var)

qui su y2
di "y2 평균 = " r(mean)
di "y2 분산 = " r(Var)

qui su y3
di "y3 평균 = " r(mean)
di "y3 분산 = " r(Var)
```

그림 8-3($T=1000$인 시뮬레이션)에서 생성한 y_1, y_2, y_3 변수의 ACF 패턴은 ac 명령어를 통해 확인할 수 있다. AR(1) 과정에 해당하는 y_1 ACF는 lag 1과 상관계수가 0.5이고, lag 2부터 점차 줄어들게 된다. MA(1) 과정에 해당하는 y_2 ACF는 lag 1에서만 유의하고 lag2부터는 0과 유의하게 다르지 않다. ARMA(1,1) 과정에 해당하는 y_3 변수는 lag 1에서만 상관계수가 유의하고 lag 2부터는 급격하게 줄어드는 패턴이다.

| 그림 8-4 |

```
. ac y1, lag(20)
```

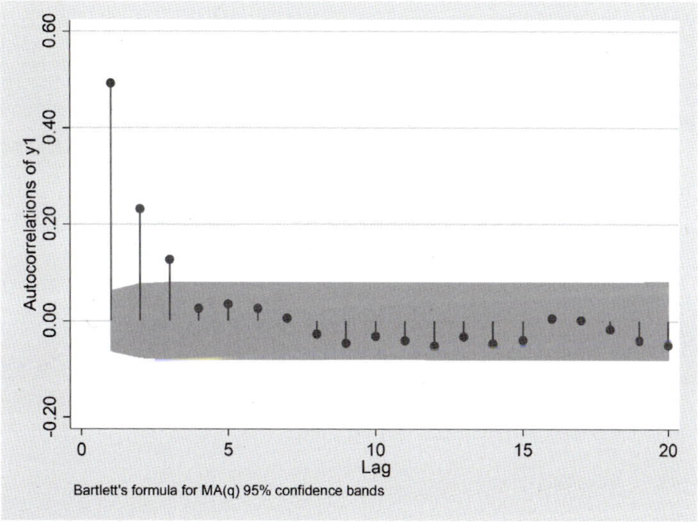


```
. ac y2, lag(20)
```

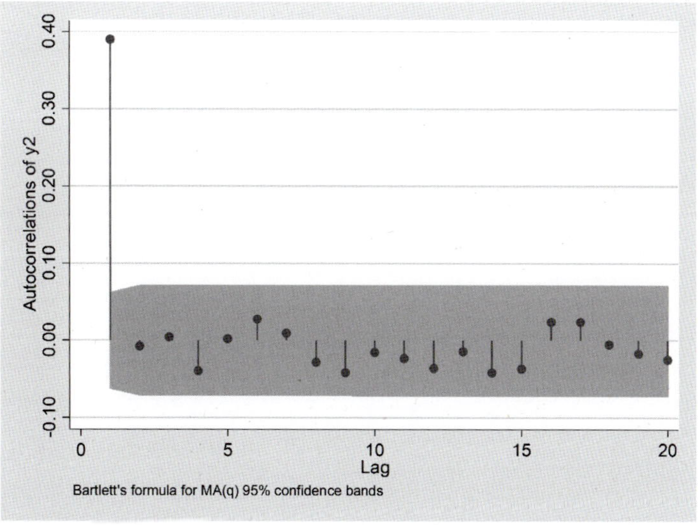

```
. ac y3, lag(20)
```

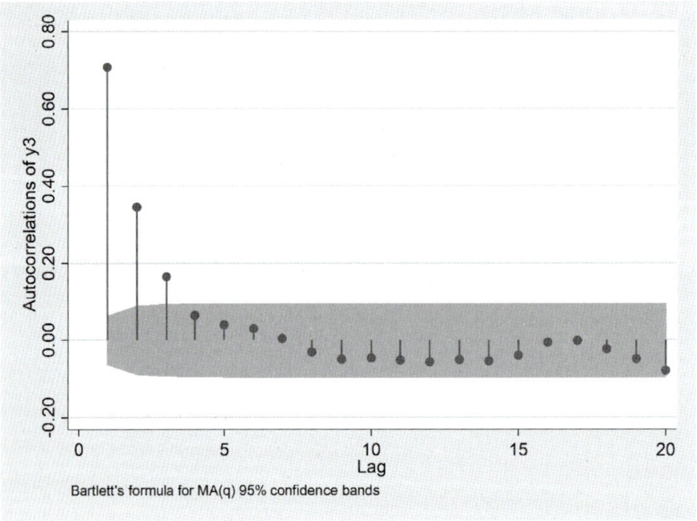

data file: T_data8_1.dta*

예제 데이터는 1871년~2002년까지 S&P 500 주가수익비율(PER: price-earning ratio)의 로그 값을 포함한다. logpe 변수에 대해 단위근 여부를 검정한 후 ARIMA 모형 또는 ARMA 모형을 선택하는 과정을 거친다.

| 그림 8-5 |

```
. use T_data8_1, clear
. tsset year
        time variable:  year, 1871 to 2002
                delta:  1 unit

. dfuller logpe, lag(2)

Augmented Dickey-Fuller test for unit root         Number of obs   =       129

                               ---------- Interpolated Dickey-Fuller ---------
                  Test         1% Critical       5% Critical      10% Critical
               Statistic           Value             Value             Value
------------------------------------------------------------------------------
 Z(t)             -2.487            -3.500            -2.888            -2.578
------------------------------------------------------------------------------
MacKinnon approximate p-value for Z(t) = 0.1186
```

* Verbeek(2008) 8장 예제 데이터를 인용하였다.

그림 8-5의 단위근 검정에서 단위근이 있다는 귀무가설을 기각하지 못하기 때문에 PER 예측 모형으로 ARMA 모형 대신 ARIMA 모형을 선택한다. ARIMA(1,1,1) 모형을 다음과 같이 설정하자.

$$\Delta y_t = \alpha + \gamma \Delta y_{t-1} + \epsilon_t + \theta \epsilon_{t-1} \tag{8.28}$$

식 8.28에서 최우추정량을 얻기 위한 Stata 명령문은 다음과 같다. arima 명령어 다음에 시계열 변수 y_t 변수 이름을 지정한다. 옵션으로는 arima( )를 이용해 p와 q에 해당하는 래그를 지정해야 한다. 옵션 arima(1,1,1)의 경우, 괄호안의 첫 번째 1은 AR의 래그를 의미하고, 두 번째 1은 1차 차분한 후 ARMA 모형을 추정하라는 의미이다. 세 번째 1은 MA의 래그를 지정한다. 두 번째 Stata 명령문에서는 종속변수로 logpe 대신 D.logpe 즉 1차 차분변수를 사용하고 있다. 따라서 arima(1,0,1)와 같이 괄호안의 두 번째 숫자를 1에서 0으로 바꾸어야 한다. 두 명령문은 정확히 같은 결과임을 확인할 수 있다. 마지막 명령문 역시 위 2개의 명령문과 정확히 일치하는 결과를 보여준다. 즉 arima( ) 옵션 대신 ar(1)과 ma(1) 옵션을 통해 AR과 MA 래그를 지정해 줄 수 있다. 그림 8-6 결과를 살펴보면 Δy_{t-1}의 추정계수는 매우 유의하지만 ϵ_{t-1} 추정계수는 0과 유의하게 다르지 않다.

| 그림 8-6 |

```
. arima logpe, arima(1,1,1) nolog
Sample:  1872 - 2002                           Number of obs      =       131
                                               Wald chi2(2)       =    285.18
Log likelihood =  40.95633                     Prob > chi2        =    0.0000
------------------------------------------------------------------------------
             |                 OPG
     D.logpe |      Coef.   Std. Err.      z    P>|z|     [95% Conf. Interval]
-------------+----------------------------------------------------------------
logpe        |
       _cons |   .0035596   .0055322     0.64   0.520    -.0072832    .0144025
-------------+----------------------------------------------------------------
ARMA         |
          ar |
         L1. |   .8743173   .0668335    13.08   0.000     .7433261    1.005309
             |
          ma |
         L1. |  -1.000025   32.91012    -0.03   0.976    -65.50267    63.50263
-------------+----------------------------------------------------------------
      /sigma |   .1754645   2.888185     0.06   0.476            0    5.836204
------------------------------------------------------------------------------
```

```
Note: The test of the variance against zero is one sided, and the two-sided
confidence interval is truncated at zero.

. arima D.logpe, arima(1,0,1) nolog
------------------------ 결과 생략 ------------------------------------------

. arima D.logpe , ar(1) ma(1) nolog
------------------------ 결과 생략 ------------------------------------------
```

위 추정결과에 근거하여 MA 항은 유의하지 않기 때문에 AR 모형에 초점을 맞춘다. logpe 변수를 1차 차분한 후 ar(4) 옵션을 사용하면 AR(1)부터 AR(4)까지를 모두 사용하는 것이 아니고, Δy_{t-4}만 AR 변수로 선택함에 주의해야 한다. Δy_{t-1}부터 Δy_{t-4}까지 모두 AR변수로 사용하기 위해서는 ar(1/4) 옵션을 주어야 한다. 두 번째 명령문은 정확히 세 번째 명령문과 같은 결과임을 확인할 수 있다.

| 그림 8-7 |

```
. arima D.logpe , ar(4) nolog
Sample:  1872 - 2002                            Number of obs      =       131
                                                Wald chi2(1)       =      4.26
Log likelihood =  40.30317                      Prob > chi2        =    0.0390
------------------------------------------------------------------------------
             |                 OPG
     D.logpe |      Coef.   Std. Err.      z    P>|z|     [95% Conf. Interval]
-------------+----------------------------------------------------------------
logpe        |
       _cons |   .0085587   .0141685     0.60   0.546     -.019211    .0363284
-------------+----------------------------------------------------------------
ARMA         |
          ar |
         L4. |    -.17844   .0864533    -2.06   0.039    -.3478853   -.0089946
-------------+----------------------------------------------------------------
      /sigma |   .1778014   .0113778    15.63   0.000     .1555014    .2001014
------------------------------------------------------------------------------

. arima D.logpe , ar(1/4) nolog
Sample:  1872 - 2002                            Number of obs      =       131
                                                Wald chi2(4)       =     10.14
Log likelihood =  43.35448                      Prob > chi2        =    0.0382
------------------------------------------------------------------------------
             |                 OPG
     D.logpe |      Coef.   Std. Err.      z    P>|z|     [95% Conf. Interval]
-------------+----------------------------------------------------------------
logpe        |
```

```
       _cons |   .0084227   .0119439     0.71   0.481    -.0149868    .0318322
-------------+----------------------------------------------------------------
ARMA         |
          ar |
         L1. |   .0601002   .0832216     0.72   0.470    -.1030112    .2232117
         L2. |  -.2029129    .081432    -2.49   0.013    -.3625167   -.0433091
         L3. |  -.0228198   .0854787    -0.27   0.789    -.1903549    .1447153
         L4. |   -.206651   .0875637    -2.36   0.018    -.3782728   -.0350293
-------------+----------------------------------------------------------------
      /sigma |   .1736352   .0112072    15.49   0.000     .1516695     .195601
------------------------------------------------------------------------------

. arima D.logpe, arima(4,0,0) nolog
------------------------------ 결과 생략 --------------------------------------
```

다음과 같이 AR(1)과 AR(4)만 사용한 ARIMA 모형을 추정하려는 경우도 있을 것이다.

$$\triangle y_t = \alpha + \gamma_1 \triangle y_{t-1} + \gamma_4 \triangle y_{t-4} + \epsilon_t$$

이에 해당하는 Stata 명령문과 추정결과는 다음과 같다.

```
. arima D.logpe, ar(1 4) nolog
Sample:  1872 - 2002                            Number of obs      =       131
                                                Wald chi2(2)       =      3.99
Log likelihood =  40.49796                      Prob > chi2        =    0.1358

------------------------------------------------------------------------------
             |                 OPG
     D.logpe |      Coef.   Std. Err.      z    P>|z|     [95% Conf. Interval]
-------------+----------------------------------------------------------------
logpe        |
       _cons |   .0085957   .0149043     0.58   0.564    -.0206161    .0378075
-------------+----------------------------------------------------------------
ARMA         |
          ar |
         L1. |   .0535199   .0848126     0.63   0.528    -.1127096    .2197495
         L4. |  -.1750456   .0884389    -1.98   0.048    -.3483826   -.0017085
-------------+----------------------------------------------------------------
      /sigma |   .1775394   .0113627    15.62   0.000     .1552689    .1998098
------------------------------------------------------------------------------
```

난일변량 시계열에 대한 적절한 예측모형 선택을 위해 다양한 검정통계량을 활용할 수 있다. 1차 차분변수 Δy_t에 대해 다음 4가지 모형을 설정해 보자.

모형 1: ARMA(1,1)

모형 2: ARMA(1,0)

모형 3: ARMA(2,0)

모형 4: ARMA(3,0)

다음 결과에서 보듯이 AIC 통계량 기준에 따르면 ARMA(1,1) 모형이 제일 적절하고 BIC 통계량에 의해서도 같은 결과이다.

| 그림 8-8 |

```
. qui arima D.logpe, ar(1) ma(1) nolog
. estimates store M1
. qui arima D.logpe, ar(1)  nolog
. estimates store M2
. qui arima D.logpe, ar(1/2)  nolog
. estimates store M3
. estimates stat M*
. qui arima D.logpe, ar(1/3)  nolog
. estimates store M4
. estimates stat M*

Akaike's information criterion and Bayesian information criterion

-----------------------------------------------------------------------------
       Model |    Obs    ll(null)   ll(model)     df          AIC         BIC
-------------+---------------------------------------------------------------
          M1 |    131           .    40.95633      4    -73.91266   -62.41187
          M2 |    131           .    38.44449      3    -70.88899   -62.26339
          M3 |    131           .    40.38057      4    -72.76114   -61.26035
          M4 |    131           .    40.47883      5    -70.95766   -56.58167
-----------------------------------------------------------------------------
               Note:  N=Obs used in calculating BIC; see [R] BIC note
```

모형 2와 모형 4는 서로 내포관계(nested relationship)이다. 즉 모형 4에서 Δy_{t-2}와 Δy_{t-3}의 계수를 0으로 두면 모형 2가 된다. 이런 경우 다음과 같이 test 명령어를 통해 두 모형 간 선택을 결정할 수 있다.

| 그림 8-9 |

```
. estimates restore M4
(results M4 are active now)

. test (_b[ARMA:L2.ar]=0) (_b[ARMA:L3.ar]=0)
 ( 1)  [ARMA]L2.ar = 0
 ( 2)  [ARMA]L3.ar = 0

           chi2(  2) =    4.55
         Prob > chi2 =    0.1029
```

먼저 모형 4 추정결과를 estimates restore 명령문으로 다시 불러온 후 test 명령문으로 두 변수의 coef가 동시에 0인지 가설검정한다. test 명령어 다음에 Δy_{t-2}와 Δy_{t-3} 추정계수가 0과 같다는 표현을 입력해 준다.* test 명령어는 Wald 검정을 실행하게 된다. 검정결과 p값이 0.1보다 크기 때문에 귀무가설을 기각할 수 없다. 즉 모형 2가 모형 4에 비해 적절하다고 판단할 수 있다.

Wald 검정 외에 우도비(LR: Likelihood Ratio) 검정을 통해서도 모형을 선택하는데 도움 받을 수 있다. LR 검정은 앞서 설명하였듯이 모형 2와 모형 4와 같이 내포관계인 경우에 사용한다. 모형 4는 모형 2와 비교하였을 때 비제약모형(unrestricted model)이 되고 모형 2는 모형 4에 비해 제약모형(restricted model)이 된다. 검정통계량은 다음과 같이 계산한다.

$$LR = -2(\log L_R - \log L_{UR}) \sim \chi^2_m$$

$\log L_R$은 제약모형에서 로그 우도함수 값이고 $\log L_{UR}$은 비제약모형에서 로그 우도함수 값이다. m은 제약조건의 수이다. 본 예제에서는 $m = 2$가 된다. Stata에서도 LR 검정을 실행할 수 있는 명령어가 있다. lrtest 명령어 다음에 제약모형(M2)과 비제약모형(M4)을 순서대로 입력한다. Wald 검정과 유사하게 10% 수준에서 귀무가설을 기각할 수 없다. 따라서 모형 2를 선택하게 된다.

* 추정계수의 이름은 coeflegend 옵션을 추가하면 확인할 수 있다. 즉, arima D.logpe, ar(1/3) nolog coeflegend으로 하면 된다.

```
. qui arima D.logpe, ar(1)  nolog
. estimates store M2
. qui arima D.logpe, ar(1/3)  nolog
. estimates store M4

. lrtest M2 M4
Likelihood-ratio test                                 LR chi2(2)  =      4.07
(Assumption: M2 nested in M4)                         Prob > chi2 =    0.1308
```

이번에는 arima 모형 추정 후 예측과정을 Stata 명령문으로 실행해 보자. 먼저 Stata에서 가정하는 ARIMA 모형에 대해 설명한다. 8.1절에서 설명한 AR(1) 모형은 종속변수의 $t-1$기 값을 바로 설명변수로 포함한다.

$$y_t = \alpha + \gamma y_{t-1} + \epsilon_t \tag{8.29}$$

반면, Stata에서는 AR(1) 모형은 오차항이 AR(1) 과정을 따른다고 가정한다.

$$\begin{aligned} y_t &= \beta + \delta_t \quad &: \text{구조 방정식(structural equation)} \\ \delta_t &= \rho\delta_{t-1} + \epsilon_t \quad &: \text{오차항 방정식(disturbance equation)} \end{aligned} \tag{8.30}$$

구조 방정식과 오차항 방정식을 합치면 다음과 같이 된다.*

$$y_t = \beta + \rho(y_{t-1} - \beta) + \epsilon_t = \beta(1-\rho) + \rho y_{t-1} + \epsilon_t \tag{8.31}$$

식 8.29와 8.31을 비교하면 $\alpha = \beta(1-\rho)$이고 $\rho = \gamma$임을 알 수 있다. 결국 AR(1) 모형을 식 8.29 또는 8.30으로 이해할 수 있고, 서로 같은 모형이 된다. 다만 모수(parameter)가 달라짐을 알 수 있다. Stata에서 ARIMA 모형 추정 후 예측 값은 식 8.31을 이용하여 계산된다.

먼저 표본내(in-sample) 예측 값을 predict 명령어로 계산해 보자. 예측모형은 ARIMA(1,1,0) 과정을 가정한다.

* 구조 방정식을 이용해 $\delta_{t-1} = y_{t-1} - \beta$임을 알 수 있다.

| 그림 8-10 |

```
. use T_data8_1, clear
. tsset year
        time variable:  year, 1871 to 2002
                delta:  1 unit

. arima D.logpe , ar(1) nolog
Sample:  1872 - 2002                            Number of obs      =       131
                                                Wald chi2(1)       =      0.56
Log likelihood =  38.44449                      Prob > chi2        =    0.4528

------------------------------------------------------------------------------
             |                 OPG
     D.logpe |      Coef.   Std. Err.      z    P>|z|     [95% Conf. Interval]
-------------+----------------------------------------------------------------
logpe        |
       _cons |   .0087543   .0180673     0.48   0.628    -.0266569    .0441654
-------------+----------------------------------------------------------------
ARMA         |
          ar |
         L1. |   .0646482   .0861185     0.75   0.453     -.104141    .2334374
-------------+----------------------------------------------------------------
      /sigma |   .1804214   .0109346    16.50   0.000     .1589899    .2018528
------------------------------------------------------------------------------
Note: The test of the variance against zero is one sided, and the two-sided
confidence interval is truncated at zero.

. predict dyhat, xb
. gen dlogpe=D.logpe
(1 missing value generated)

. gen dyhat1=_b[logpe:_cons]*(1-_b[ARMA:L1.ar])+_b[ARMA:L1.ar]*L.dlogpe
(2 missing values generated)

. list dlogpe dyhat dyhat1 in 2/6
     +----------------------------------+
     |    dlogpe      dyhat      dyhat1 |
     |----------------------------------|
  2. |   .029645   .0087543           . |
  3. | -.1158845   .0101048    .0101048 |
  4. |  -.079797   .0006966    .0006966 |
  5. |  .0981128   .0030296    .0030296 |
  6. |  .1571391   .0145311    .0145311 |
     +----------------------------------+
```

predict 명령어 다음에 xb 옵션을 사용하면 1기 앞 예측(one-step ahead forecast) 결과를 얻는다. AR(1) 모형에서 1기 앞 예측은 실제 관찰된 $t-1$기 값을 사용하여 t기 값을 예측한다.

$$\Delta \hat{y}_t = \hat{\alpha} + \hat{\gamma}\Delta y_{t-1} \tag{8.32}$$

식 8.32를 계산할 때 주의해야 할 점은 식 8.31을 활용해야 한다. 따라서 $\hat{\alpha} = \hat{\beta}(1-\hat{\gamma})$으로 계산해야 한다. 그림 8-10의 마지막 결과를 보면 predict 명령문을 이용하여 생성한 dyhat 변수와 식 8.32를 이용하여 계산한 dyhat1 변수가 정확히 일치함을 알 수 있다.

차분된 변수의 예측 값 대신 레벨 변수인 y_t의 예측결과를 얻기 위해서는 predict 명령문에서 옵션으로 y를 추가하면 된다. 레벨 예측 값인 $\hat{y}_t$는 다음과 같이 계산된다.

$$\hat{y}_t = y_{t-1} + \Delta \hat{y}_t \tag{8.33}$$

식 8.33에 따라 생성한 yhat1 변수는 정확히 yhat 변수와 일치함을 그림 8-11 결과에서 확인할 수 있다.

| 그림 8-11 |

```
. qui arima D.logpe , ar(1) nolog

. predict yhat, y
(1 missing value generated)

. capture drop dyhat
. predict dyhat, xb

. gen yhat1=L.logpe+dyhat
(1 missing value generated)

. list year yhat yhat1 in 1/5

     +---------------------------+
     | year       yhat     yhat1 |
     |---------------------------|
  1. | 1871          .         . |
  2. | 1872   2.470833  2.470833 |
  3. | 1873   2.501828  2.501828 |
  4. | 1874   2.376536  2.376536 |
  5. | 1875   2.299072  2.299072 |
     +---------------------------+
```

한편, predict에서 dynamic( ) 옵션을 사용하면, 1기 앞 예측 대신 동적예측(dynamic

forecast)을 실행한다. 1기 앞 예측의 단점은 마지막 시점 T 이후에는 예측이 불가능하다는 것이다. 예측을 위해서 관찰된 값을 사용해야 하기 때문이다. t 시점의 동적예측은 다음과 같이 계산된다.

$$\Delta \hat{y_t} = \hat{\alpha} + \hat{\gamma} \Delta \hat{y}_{t-1} \tag{8.34}$$

식 8.32와 차이점은 Δy_{t-1} 대신 $\Delta \hat{y}_{t-1}$을 사용하고 있다. Stata 명령문과 예측결과가 아래 나와 있다.

| 그림 8-12 |

```
. use T_data8_1, clear
. tsset year
        time variable:  year, 1871 to 2002
                delta:  1 unit

. gen dlogpe=D.logpe

. qui arima D.logpe if year<=1989, ar(1) nolog

. predict dyhat_dynamic, dynamic(y(1989))

. gen dyhat1_dynamic=_b[logpe:_cons]*(1-_b[ARMA:L1.ar])+_b[ARMA:L1.ar]*L.dlogpe
if year<=1989

. replace
dyhat1_dynamic=_b[logpe:_cons]*(1-_b[ARMA:L1.ar])+_b[ARMA:L1.ar]*L.dyhat1_dynami
c if year>1989

. list year dlogpe dyhat_dynamic dyhat1_dynamic if year>=1988 & year<=1998

     +-------------------------------------------+
     | year       dlogpe   dyhat_d~c   dyhat1_~c |
     |-------------------------------------------|
118. | 1988   -.3898423    .0051637    .0051637 |
119. | 1989    .0578423   -.0104766   -.0104766 |
120. | 1990    .1505661     .000737     .000737 |
121. | 1991    .2495556    .0010684    .0010684 |
122. | 1992    .1890852    .0010782    .0010782 |
     |-------------------------------------------|
123. | 1993   -.0673091    .0010785    .0010785 |
124. | 1994   -.2258787    .0010785    .0010785 |
125. | 1995   -.1085365    .0010785    .0010785 |
126. | 1996    .1627288    .0010785    .0010785 |
127. | 1997    .1392231    .0010785    .0010785 |
```

```
     |----------------------------------------|
128. | 1998     .2541282    .0010785    .0010785 |
     +----------------------------------------+
```

arima 명령문으로 모형을 추정할 때 전체 표본을 모두 사용하지 않고 1989년까지만 이용해서 추정했다. 주어진 데이터가 1989년까지만 있다고 가정하고 추정한 후 1990년 값부터 동적예측을 이용해 계산하게 된다. predict 명령어 다음에 변수이름을 지정하고 옵션으로 dynamic( )을 추가한다. ( )안에는 동적예측이 시작되는 시점을 지정한다. 연도 데이터이기 때문에 y(1989)라고 지정한다. dyhat1_dynamic 변수는 식 8.34를 이용하여 동적예측 결과를 계산한다. 1989년까지는 1기 앞 예측을 적용하고 1990년 예측값부터는 식 8.34를 이용하여 동적예측을 완성한다. 그림 8-12의 마지막 결과를 확인하면 dyhat_dynamic 변수와 dyhat1_dynamic 변수는 정확히 일치함을 알 수 있다. dyhat_dynamic 변수가 1990년 이후로 갈수록 0.0010785로 같은 값인 이유는 8.2절에서 설명하였다. $h \rightarrow \infty$ 일수록 동적예측값은 $E(y_t)$에 가까워진다.

그림 8-13에서는 1기 앞 예측과 동적예측 결과를 서로 비교하고자 한다. 직관적으로 판단하였을 때, 관찰된 $t-1$기 값을 사용하는 1기 앞 예측이 더 예측성과가 우수할 것으로 보인다. 그러나 앞서 설명하였듯이 1기 앞 예측은 표본외 예측을 실행할 수 없다는 단점이 있다.

data file: T_data8_2.dta
예제 데이터는 1947년 1분기~2012년 1분기까지 분기별 미국 GDP 변수이다. 다음과 같은 ARIMA(1,1,0) 모형을 가정하자.

$$\Delta \ln GDP_t = \alpha + \gamma \Delta \ln GDP_{t-1} + \epsilon_t \tag{8.35}$$

실질 GDP에 해당하는 gdp2005 변수에 로그차분을 취해 경제성장률 변수로 만들어 arima 모형에서 사용한다.

| 그림 8-13 |

```
. use T_data8_2, clear
(Quarterly U.S. GDP, annualized, BEA, as of 4/27/2012)
. tsset date
        time variable:  date, 1947:1 to 2012:1
                delta:  1 quarter
```

```
. gen lrgdp=log(gdp2005)

. arima D.lrgdp if date<yq(2002,2), ar(1) nolog
Sample:  1947:2 - 2002:1                        Number of obs      =       220
                                                Wald chi2(1)       =     33.91
Log likelihood =  709.7682                      Prob > chi2        =    0.0000
------------------------------------------------------------------------------
             |                 OPG
     D.lrgdp |      Coef.   Std. Err.      z    P>|z|     [95% Conf. Interval]
-------------+----------------------------------------------------------------
lrgdp        |
       _cons |   .0084698   .0009882     8.57   0.000      .006533    .0104065
-------------+----------------------------------------------------------------
ARMA         |
          ar |
         L1. |   .3333004   .0572336     5.82   0.000     .2211247    .4454761
-------------+----------------------------------------------------------------
      /sigma |   .0096057   .0003537    27.16   0.000     .0089124     .010299
------------------------------------------------------------------------------

. predict yhat, y
(1 missing value generated)
. predict yhat_dynamic, y dynamic(tq(2002q2))
(1 missing value generated)

. tsline lrgdp yhat yhat_dynamic if date>=yq(2000,1)
```

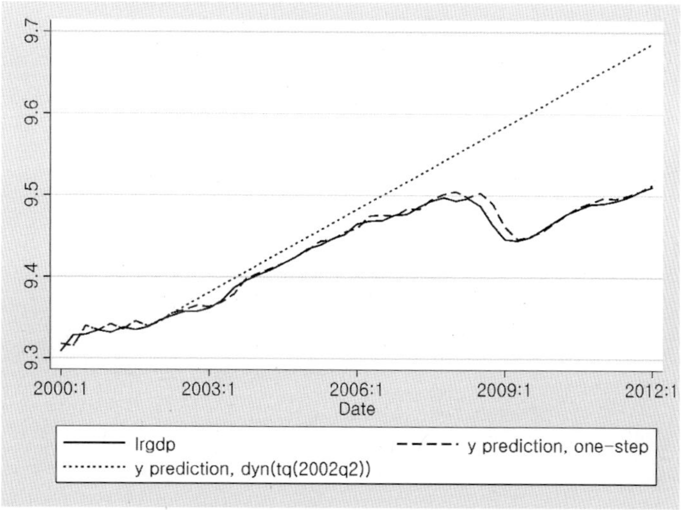

arima 명령문에서 2002년 1분기까지 데이터를 이용하여 모형을 추정했다. 추정결과를 이용하여 2002년 2분기부터 1기 앞 예측과 동적예측을 실행했다. (레벨 변수인) gdp2005에 대해 예측결과를 얻기 위해 predict 명령문에서 y 옵션을 추가하였다. 위 그래프에서 알 수 있듯이 동적예측은 거의 직선으로 예측된다. 그 이유는 $\Delta \ln \widehat{GDP}_t$(성장률)이 2002년 2분기 이후 거의 같은 값으로 예측되기 때문이다. 앞서 예상하였듯이 실제 관찰된 값을 사용하는 1기 앞 예측은 실제 값과 거의 유사함을 알 수 있다.

arima 명령어에서는 표본외 예측을 실행해 주는 옵션이 있다. 가령 2012년 1분기까지 표본이 존재하기 때문에 2012년 1분기까지 데이터를 이용하여 ARIMA 모형을 추정한다. 그 추정결과를 이용하여 2014년 1분기까지 예측결과를 얻고자 한다. 이런 경우 1기 앞 예측을 사용할 수 없기 때문에 동적예측을 적용해야 한다. 그림 8-14에서는 2014년 1분기까지 표본외 예측을 도출하는 명령문과 그 결과를 보여준다.

| 그림 8-14 |

```
. use T_data8_2, clear
(Quarterly U.S. GDP, annualized, BEA, as of 4/27/2012)
. tsset date
        time variable:  date, 1947:1 to 2012:1
                delta:  1 quarter

. gen lrgdp=log(gdp2005)
. qui arima D.lrgdp, ar(1) nolog
. tsappend , add(8)

. predict yhat_dynamic, y dynamic(tq(2012q2))
. tsline lrgdp yhat_dynamic if date>=yq(2000,1)
```

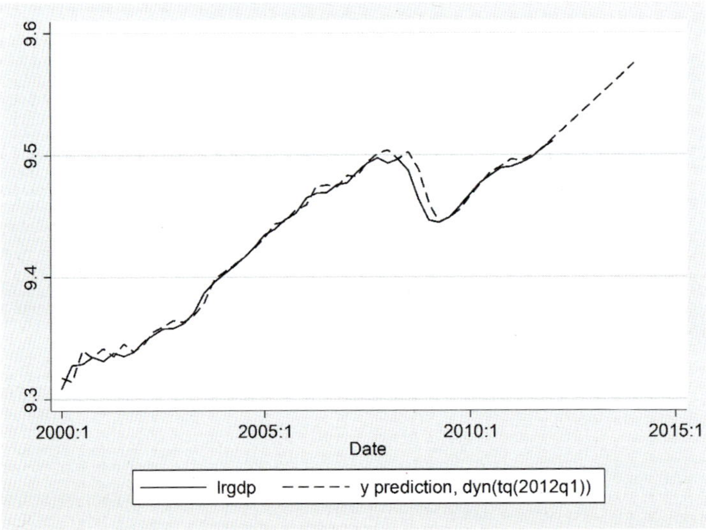

2012년 1분기까지 주어진 모든 데이터를 이용하여 arima 명령문을 실행한 후 tsappend 명령어를 이용해 8개 분기를 데이터에 추가한다. 동적예측 결과를 얻기 위해 predict 명령어에서 dynamic( ) 옵션을 사용한다. 예측시작 시점을 2012년 2분기로 지정한다. 그림 8.13과 유사하게 2012년 2분기~2014년 1분기까지 거의 직선으로 경제성장률 예측 값이 주어진다.

8.4 Stata do file

```
clear
set more off
set obs 200
gen time=_n
tsset time
set seed 1234
gen e=rnormal()

scalar alpha=1
scalar mu=1

gen y1=1 in 1
gen y2=1 in 1
gen y3=1 in 1

forvalues i=2/200 {
          replace y1=alpha+0.5*L.y1+e in `i'
          replace y2=mu+e+0.5*L.e in `i'
          replace y3=alpha+0.5*L.y3+e+0.5*L.e in `i'
}

qui su y1
di "y1 평균 = " r(mean)
di "y1 분산 = " r(Var)
qui su y2
di "y2 평균 = " r(mean)
di "y2 분산 = " r(Var)
qui su y3
di "y3 평균 = " r(mean)
di "y3 분산 = " r(Var)

clear
set more off
set obs 1000
gen time=_n
```

```
tsset time
set seed 1234
gen e=rnormal()

scalar alpha=1
scalar mu=1

gen y1=1 in 1
gen y2=1 in 1
gen y3=1 in 1

forvalues i=2/1000 {
        replace y1=alpha+0.5*L.y1+e in `i'
        replace y2=mu+e+0.5*L.e in `i'
        replace y3=alpha+0.5*L.y3+e+0.5*L.e in `i'
}

qui su y1
di "y1 평균 = " r(mean)
di "y1 분산 = " r(Var)

qui su y2
di "y2 평균 = " r(mean)
di "y2 분산 = " r(Var)

qui su y3
di "y3 평균 = " r(mean)
di "y3 분산 = " r(Var)

ac y1, lag(20)
ac y2, lag(20)
ac y3, lag(20)

use T_data8_1,clear
tsset year
dfuller logpe, lag(2)
arima logpe, arima(1,1,1) nolog
arima D.logpe, arima(1,0,1) nolog
arima D.logpe, ar(1) ma(1) nolog

arima D.logpe , ar(4) nolog
arima D.logpe , ar(1/4) nolog
arima D.logpe, ar(1 4) nolog

qui arima D.logpe, ar(1) ma(1) nolog
estimates store M1
```

```
qui arima D.logpe, ar(1)  nolog
estimates store M2
qui arima D.logpe, ar(1/2)  nolog
estimates store M3
estimates stat M*
qui arima D.logpe, ar(1/3)  nolog
estimates store M4
estimates stat M*

estimates restore M4
test (_b[ARMA:L2.ar]=0)  (_b[ARMA:L3.ar]=0)

qui arima D.logpe, ar(1)  nolog
estimates store M2
qui arima D.logpe, ar(1/3)  nolog
estimates store M4
lrtest M2 M4

use T_data8_1, clear
tsset year
arima D.logpe , ar(1) nolog
predict dyhat, xb
gen dlogpe=D.logpe
gen dyhat1=_b[logpe:_cons]*(1-_b[ARMA:L1.ar])+_b[ARMA:L1.ar]*L.dlogpe
list dlogpe dyhat dyhat1 in 2/6

qui arima D.logpe , ar(1) nolog
predict yhat, y
capture drop dyhat
predict dyhat, xb
gen yhat1=L.logpe+dyhat
list year yhat yhat1 in 1/5

use T_data8_1, clear
tsset year
gen dlogpe=D.logpe
qui arima D.logpe if year<=1989, ar(1) nolog
predict dyhat_dynamic, dynamic(y(1989))
gen dyhat1_dynamic=_b[logpe:_cons]*(1-_b[ARMA:L1.ar]) ///
+_b[ARMA:L1.ar]*L.dlogpe if year<=1989
replace dyhat1_dynamic=_b[logpe:_cons]*(1-_b[ARMA:L1.ar]) ///
+_b[ARMA:L1.ar]*L.dyhat1_dynamic if year>1989

list year dlogpe dyhat_dynamic dyhat1_dynamic if year>=1988 & year<=1998

use P_data8_2,clear
```

```
tsset date
gen lrgdp=log(gdp2005)
arima D.lrgdp if date<yq(2002,2), ar(1) nolog
predict yhat, y
predict yhat_dynamic, y dynamic(tq(2002q2))
tsline lrgdp yhat yhat_dynamic if date>=yq(2000,1)

use T_data8_2, clear
tsset date
gen lrgdp=log(gdp2005)
qui arima D.lrgdp, ar(1) nolog
tsappend , add(8)
predict yhat_dynamic, y dynamic(tq(2012q2))
tsline lrgdp yhat_dynamic if date>=yq(2000,1)
```

CHAPTER 09 시계열의 계절성

9.1 계절성을 고려한 모형설정

6장에서 설명하였듯이 하나의 시계열 변수는 예측 가능한 요소와 무작위 오차(random error)로 구성되어 있다. 특히 시계열의 예측 가능한 요소(predictable component)는 추세(trend), 순환(cycle) 그리고 계절성(seasonality)으로 나눌 수 있다. 물론 어떤 시계열은 3개의 요소를 모두 포함하고 있을 수도 있고 특정 시계열은 1개의 요소만 가지고 있을 수도 있다. 시계열 분석의 주요한 목적 중 하나는 예측 가능한 요소와 무작위 오차를 분리해 내는 것이다.

본 장에서는 계절성 요소를 측정하는 방법을 설명하고자 한다. 계절성은 특정 주기(일, 월, 년)의 특정 시점에서 예측 가능한 방향으로 증가하거나 감소하는 경향(tendency)이라고 해석할 수 있다. 1년 중 수출은 12월에 집중되고 1월, 2월에는 상대적으로 수출실적이 낮아지는 계절성을 보인다. 1년 중 아동용품 매출 역시 5월(어린이날)에 매우 높은 실적을 보일 것이다. 이러한 계절성을 다루는 방법은 계절성을 측정하여 제거하는 것이다. 즉 계절성이 조정된 시계열(seasonally adjusted series)을 구성한다. 거시경제학에서는 비계절적 변동(nonseasonal fluctuations)을 예측하는 것에 초점을 맞추기 때문에 계절성 조정이 중요한 문제일 수 있다. 계절성이 특정 시계열 변동의 많은 부분을 차지한다면 연구자들은 계절성 부분을 제거한 시계열을 찾는 것이 적절한 방향일 수 있다.

계절성을 모형화하는 가장 간단한 방법은 계절더미를 사용하는 것이다.* 각 분기 더미 변수 D_{it}를 만든 후 다음과 같이 회귀모형을 추정할 수 있다.

$$y_t = \sum_{i=1}^{s} \phi_i D_{it} + e_t \tag{9.1}$$

ϕ_i를 계절성 요인이라고 해석하고 이를 통해 1년 중 각 분기의 계절성을 확인할 수 있다. 만약 다음 귀무가설을 기각할 수 없다면 분기 계절성은 유의하지 않다고 판단한다.

$$H_0 : \phi_1 = \phi_2 = \cdots = \phi_s$$

* 추세요인과 순환요인은 없다고 가정한다.

계절조정된 시계열은 각 시점의 원래 값(original series)에서 계절성 요인을 빼주면 얻을 수 있다. 1분기에 속한 t 시점의 계절조정된 값은 다음과 같다.

$$SA_t = y_t - \hat{\phi}_1 \tag{9.2}$$

식 9.1에 추세(trend) 변수를 포함하여 계절조정을 할 수도 있다. 또한 계절성 조정 아이디어를 좀 더 확장하면 달력효과(calendar effects)를 포함할 수 있다. 휴일효과(holiday effects) 또는 거래일수 효과(trading-day effects)가 달력효과의 예가 된다. 휴일이 많이 포함된 월 또는 분기에서 특정 시계열의 변동이 심해지는 것이 휴일효과이다. 또한 각 월에서 거래일수가 서로 다르기 때문에 생기는 변동을 거래일수 효과라고 한다. 추세변수, 분기 계절성, 휴일효과와 거래일수 효과를 포함한 모형은 다음과 같이 설정할 수 있다. HDV는 휴일변수이고 TDV는 거래일수 변수로 정의한다.

$$y_t = \beta Trend_t + \sum_{i=1}^{s} \phi_i D_{it} + \sum_{i=1}^{v} \delta_i HDV_{it} + \sum_{i=1}^{w} \theta_i TDV_{it} + e_t \tag{9.3}$$

한편, 계절성을 고려하기 위해 8장에서 설명한 ARIMA 모형을 이용할 수도 있다. 에어컨 판매 분기 데이터인 경우 여름에는 판매량이 늘어나고 겨울에서는 상대적으로 줄어들게 된다. 이러한 분기 효과(quarter effects)를 다음과 같이 가법형식(additive form)으로 ARIMA 모형에서 고려할 수 있다.*

$$y_t = \mu + \epsilon_t + \theta_1 \epsilon_{t-1} + \theta_4 \epsilon_{t-4} \tag{9.4}$$

위 식에서 θ_1는 비계절성 MA항의 계수가 되고 θ_4는 계절성 MA항의 계수가 된다. 식 9.4 MA(1 4) 모형에서 자기상관계수 함수(ACF)는 다음과 같이 쉽게 계산할 수 있다. $t-1$, $t-3$ 그리고 $t-4$ 시점에서만 자기상관이 존재하고 나머지 시점에서는 자기상관이 0이 된다. 8.1절의 MA(1) 모형에서는 $t-1$시점에서만 자기상관이 존재하고 나머지 시점에서는 모두 0임을 보일 수 있다.

---

* ARIMA 모형은 계절조정 시계열을 얻는 것이 목적이라기보다는 계절성 요인을 포함한 시계열 예측모형으로 활용한다.

$$\rho_1 = \frac{cov(y_t, y_{t-1})}{var(y_t)} = \frac{\theta_1}{1+\theta_1^2+\theta_4^2}$$

$$\rho_3 = \frac{cov(y_t, y_{t-3})}{var(y_t)} = \frac{\theta_1\theta_4}{1+\theta_1^2+\theta_4^2}$$

$$\rho_4 = \frac{cov(y_t, y_{t-4})}{var(y_t)} = \frac{\theta_4}{1+\theta_1^2+\theta_4^2}$$

$$\rho_s = 0 \quad \text{for } s = 2,5,6, \cdots$$

9.2 X-12 ARIMA

계절성을 조정하는 다양한 모듈을 각 나라의 통계청 또는 중앙은행에서 개발하여 사용하고 있다. 가장 많이 사용되는 모듈은 U.S. Census Bureau의 X-12 ARIMA와 스페인 중앙은행(Bank of Spain)의 TRAMO/SEATS이다. 본 절에서는 X-12 ARIMA에 대해서 설명하고자 한다.

X-12 ARIMA를 통한 계절조정은 다음과 같은 3단계를 거치게 된다. 자세한 내용은 U.S. Census Bureau(2011)을 참고하라.

■ 1단계: RegARIMA 모형을 추정한다. 이 단계에서는 9.1절에서 설명한 다양한 효과(holiday effects, trading day effects 등)를 고려한 사전조정(pre-adjustment)을 실행한다. RegARIMA 모형은 다음과 같이 간략하게 표현할 수 있다.

$$\log(y_t) = X_t\beta + Z_t \tag{9.5}$$

위 식에서 X_t는 계절성을 야기할 수 있는 다양한 효과변수가 된다. 가령 거래일수, 공휴일, 기타 달력효과, 가법형태 특이값(additive outlier), 그리고 기타 사용자가 정의한 계절성 효과를 포함할 수 있다. 그리고 Z_t는 ARIMA 과정을 모형화 한다. 또한 y_t 자체를 계절조정하기보다는 변환된 y_t를 많이 사용하고 식 9.5에서는 로그변환을 가정한다.*

■ 2단계: 1단계에서 얻은 추정계수를 이용하여 사전조정된 시계열을 얻는다. 사전조정된 시계열을 3개의 요소, 즉 추세-순환(C), 계절성(S), 오차(E)로 구분하여 계절조정 시계열을 얻는다. X-12 ARIMA에서는 3개 요소가 다음 4가지 타입으로 결합되어 있다고 가

* X-12 ARIMA에서는 로그변환 외에도 제곱근, 역함수, 로지스틱(logistic) 변환 옵션을 제공한다.

정한다. 우선 승법형태(multiplicative form)이다. 사전조정된 시계열이 아래 식과 같이 3개 요소의 곱한 값으로 표현된다고 가정한다. 따라서 계절조정 시계열은 사전조정된 시계열을 계절성 요인(seasonal factor)으로 나누어 주면 된다.

$$\text{승법형식 : 사전조정된 시계열} = C \times S \times E$$

다음으로 가법형식(additive form)에서는 사전조정된 시계열이 아래 식과 같이 3개 요소의 합으로 구성되어 있다고 가정한다. 따라서 계절조정 시계열은 사전조정된 시계열에서 계절성 요인을 빼주면 된다.

$$\text{가법형식 : 사전조정된 시계열} = C + S + E$$

그 외에도 유사 가법형식(pseudo-additive form)과 로그 가법형식(log-additive form)을 가정하기도 한다.*

X-12 ARIMA에서는 (X_t 변수에 포함되지 않은) 계절성 요인을 추정하기 위해 계절이동평균(seasonal moving average) 방식을 사용한다. 분기별 데이터를 가정하고 1990년 1분기에 대한 3×3 필터를 다음과 같이 계산한다.

1988Q1	1989Q1	1990Q1		
	1989Q1	1990Q1	1991Q1	
		1990Q1	1991Q1	1992Q1
		9		

따라서 특정 시점 t에 대한 계절성 요인은 다음과 같이 일반화 할 수 있다.

$$S_t^{3 \times 3} = \frac{1}{9}PS_{t-8} + \frac{2}{9}PS_{t-4} + \frac{1}{3}PS_t + \frac{2}{9}PS_{t+4} + \frac{1}{9}PS_{t+8} \qquad (9.6)$$

위 식에서 PS_t는 1단계에서 추정된 사전조정된 시계열을 의미한다.

■ 3단계: X-12 ARIMA는 계절조정에 대한 모형 선택과 조정 안정성에 대한 사후진단 절차를 포함하고 있다. 가령 스펙트럴 그래프(spectral plot)을 통해 시계열이 순환구조

* 이에 대한 자세한 설명은 Wang and Wu(2012)를 참고하라.

(cyclical structure)를 가졌는지 확인할 수 있다. 원 시계열, 1단계 RegARIMA 모형의 잔차, 그리고 최종 계절조정된 시계열에 대한 스펙트럼 그래프를 그릴 수 있다. 또한 최종적으로 얻어진 무작위 오차(random error) 시계열이 여전히 계절성 또는 거래일수 변동을 가지고 있는 검토한다.

9.3 STATA 실습

data file: T_data9_1.dta

예제 데이터는 1995년 1분기~2013년 1분기의 우리나라 수출과 수입에 관한 변수를 포함하고 있다.* 먼저 **tsline** 명령어를 이용하여 시계열 선그래프를 그리고자 한다. 일반적으로 4분기의 수출이 여타 분기에 비해 상대적으로 많을 것으로 예상된다. 따라서 매 년도의 4분기에 해당하는 시점을 표시해주는 시계열 선그래프를 그려보자.

| 그림 9-1 |

```
. use T_data9_1, clear
. tsset qtr
        time variable:  qtr, 1995q1 to 2013q1
                delta:  1 quarter

. gen lexport=log(export)
. gen qtr4=quarter(dofq(qtr))
. gen qtr4_1=(qtr4==4)

. twoway (tsline lexport) (tsline lexport if qtr4_1==1, recast(scatter)
msize(medsmall))
```

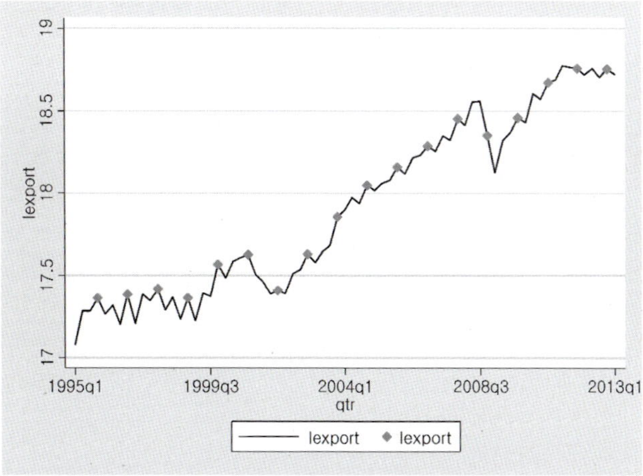

* 한국은행 경제통계시스템(ecos.bok.or.kr)에서 다운로드 받을 수 있다.

Stata 명령문에서 매 연도의 4분기에 해당하는 값을 더미변수로 표시하기 위해 먼저 qtr4 변수를 만들었다. quarter( ) 함수는 일별 날짜변수로 변환된 값에서 분기에 해당하는 값을 찾아준다. 그리고 qtr4==4 즉 4분기에 해당하면 1을 주고, 그렇지 않으면 0을 주는 더미변수 qtr4_1 변수를 생성한다. 시계열 선그래프에서는 qtr4_1 변수가 1이 되는 시점의 수출액만 마커(marker)로 표시하였다. 그래프에서 확인할 수 있듯이 4분기에 해당하는 수출이 같은 연도의 타 분기에 비해 수출액이 많다는 것을 알 수 있다.

그림 9-1과 같이 선형추세가 있는 시계열에서 계절조정된 시계열을 얻기 위해서는 다음과 같은 과정을 거칠 수 있다. y_t(로그 수출액) 변수를 다음과 같이 3가지 요소(추세, 계절성, 오차항)로 구성되어 있다고 가정하자.

$$y_t = T + S + E$$

먼저 원 시계열을 추세변수에 대해서만 OLS 추정한다. 그런 후 잔차(residuals)을 계산한다. 잔차에는 오차항과 계절성 요인이 포함되게 된다. 따라서 다음 단계로 잔차 변수를 종속변수로 두고 4개 분기 더미변수를 설명변수로 두고 OLS 추정을 실행한다. 여기서 구한 두 번째 잔차 변수가 계절성 요인을 제외한 오차항이라고 생각할 수 있다. 따라서 두 번째 잔차변수와 추세추정치를 합하면 계절조정된 시계열을 얻게 된다. Stata 명령문은 그림 9-2에서 제시한다.

| 그림 9–2 |

```
. reg lexport qtr

      Source |       SS           df       MS      Number of obs   =        73
-------------+----------------------------------   F(1, 71)        =   1055.20
       Model |  19.4343087         1  19.4343087   Prob > F        =    0.0000
    Residual |  1.30764757        71  .018417571   R-squared       =    0.9370
-------------+----------------------------------   Adj R-squared   =    0.9361
       Total |  20.7419563        72  .288082727   Root MSE        =    .13571

------------------------------------------------------------------------------
     lexport | Coefficient  Std. err.      t    P>|t|     [95% conf. interval]
-------------+----------------------------------------------------------------
         qtr |   .0244868   .0007538    32.48   0.000     .0229837    .0259898
       _cons |   13.60454   .1336184   101.82   0.000     13.33812    13.87097
------------------------------------------------------------------------------

. predict resid1, resid
. predict xb1, xb
```

```
. reg resid1 ibn.qtr4, noconst
      Source |       SS           df       MS      Number of obs   =        73
-------------+----------------------------------   F(4, 69)        =      1.31
       Model |  .092109211         4  .023027303   Prob > F        =    0.2760
    Residual |  1.21553837        69  .017616498   R-squared       =    0.0704
-------------+----------------------------------   Adj R-squared   =    0.0166
       Total |  1.30764758        73  .017912981   Root MSE        =    .13273

------------------------------------------------------------------------------
      resid1 | Coefficient  Std. err.      t    P>|t|     [95% conf. interval]
-------------+----------------------------------------------------------------
        qtr4 |
          1  |  -.0498916   .0304497    -1.64   0.106    -.1106371    .0108539
          2  |   .0303478   .0312841     0.97   0.335    -.0320623    .0927578
          3  |  -.0145302   .0312841    -0.46   0.644    -.0769402    .0478799
          4  |   .0368457   .0312841     1.18   0.243    -.0255643    .0992558
------------------------------------------------------------------------------

. predict resid2, resid
. gen sa=xb1+resid2

. tsline lexport sa
```

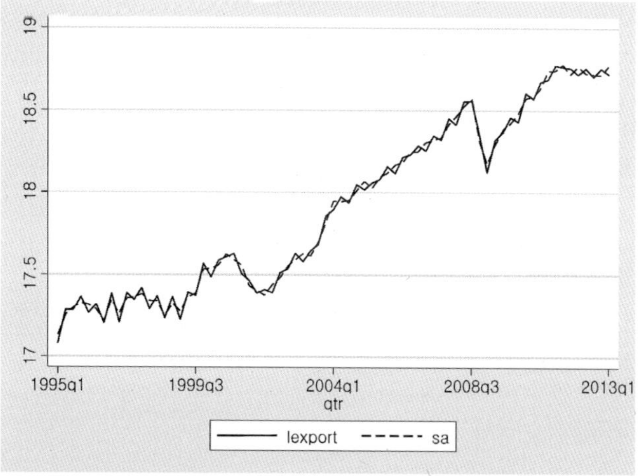

그림 9-2의 첫 번째 추정결과를 보면 선형추세 변수는 양(+)으로 유의하다. 추정 후 predict 명령어를 이용하여 잔차와 예측값을 저장한다. 두 번째 추정에서는 잔차변수를 종속변수로 두고 분기 더미변수를 설명변수로 설정한 선형모형을 추정한다. 추정결과 역시 예상대로 4분기에서 가장 큰 값으로 나타난다. 다시 predict 명령어를 이용하여 두 번째 잔차변수를 얻는다. 시계열 조정변수(sa 변수)를 얻기 위해서는 xb1 변수(추세 예측치)와 resid2 변수(오차항 추정치)를 더해주면 된다. 마지막 그래프에서도 알 수 있듯이 원 시계

열과 거의 유사한 시계열을 얻게 되며, 계절성 요인을 제거하였기 때문에 좀 더 완만해진 패턴으로 나타난다.

data file: T_data9_1.dta

9.1절에서 설명하였듯이 MA(1 4) 모형이 분기데이터에서 계절성 요인을 포함한 예측모형으로 활용될 수 있다. 다음과 같이 ARIMA 모형을 설정하자.

$$\log(export_t) = \alpha + \epsilon_t + \theta_1 \epsilon_{t-1} + \theta_4 \epsilon_{t-4} \tag{9.7}$$

아래 그림 9-3에서는 로그 수출액 변수가 차분 정상적인지 ADF 검정을 실시한다. 검정 결과에서 확인할 수 있듯이 귀무가설을 기각할 수 없고, 따라서 차분 정상적 시계열이 된다. arima 명령문에서 차분변수를 종속변수로 사용하고 ma(1 4) 옵션을 추가한다. L4.ma 변수의 추정계수가 양(+)으로 유의하다는 것을 확인할 수 있다.

| 그림 9-3 |

```
. use T_data9_1, clear
. tsset qtr
        time variable:  qtr, 1995q1 to 2013q1
                delta:  1 quarter

. gen lexport=log(export)
. dfuller lexport, lag(1)

Augmented Dickey-Fuller test for unit root         Number of obs   =        71
                               ---------- Interpolated Dickey-Fuller ---------
                  Test         1% Critical       5% Critical      10% Critical
               Statistic           Value             Value             Value
------------------------------------------------------------------------------
 Z(t)             -0.149            -3.551            -2.913            -2.592
------------------------------------------------------------------------------
MacKinnon approximate p-value for Z(t) = 0.9444

. arima D.lexport, ma(1 4) nolog
Sample:  1995q2 - 2013q1                        Number of obs      =        72
                                                Wald chi2(2)       =      6.66
Log likelihood =    71.874                      Prob > chi2        =    0.0357
------------------------------------------------------------------------------
             |                 OPG
   D.lexport |      Coef.   Std. Err.      z    P>|z|     [95% Conf. Interval]
-------------+----------------------------------------------------------------
lexport      |
       _cons |   .0230003   .0140236     1.64   0.101    -.0044854     .050486
-------------+----------------------------------------------------------------
ARMA         |
```

```
          ma |
          L1. |   -.0601283   .0891061    -0.67   0.500    -.2347731    .1145165
          L4. |    .3061162   .1221524     2.51   0.012     .066702     .5455305
-------------+----------------------------------------------------------------
      /sigma |    .0889254   .0072363    12.29   0.000     .0747425    .1031083
------------------------------------------------------------------------------
Note: The test of the variance against zero is one sided, and the two-sided
      confidence interval is truncated at zero.
```

이번에는 계절성 요인 포함 여부에 따른 표본외 예측 결과의 차이를 비교한다. 아래 그림 9.4에서는 식 9.7 MA(1 4)모형과 기준(benchmark) 모형으로 MA(1) 모형을 비교한다.* 표본외 예측을 위해 2010년 1분기까지 표본을 이용하여 추정하고, 2010년 2분기~2013년 1분기에 대해 예측하여 결과를 비교한다.

| 그림 9-4 |

```
. qui arima D.lexport if qtr<=yq(2010,1) , nolog ma(1)
. predict yhat1, y dynamic(tq(2010q1))
(1 missing value generated)

. qui arima D.lexport if qtr<=yq(2010,1) , nolog ma(1 4)

. predict yhat4, y dynamic(tq(2010q1))
(1 missing value generated)

. tsline lexport yhat1 yhat4 if qtr>=yq(2008,1)
```

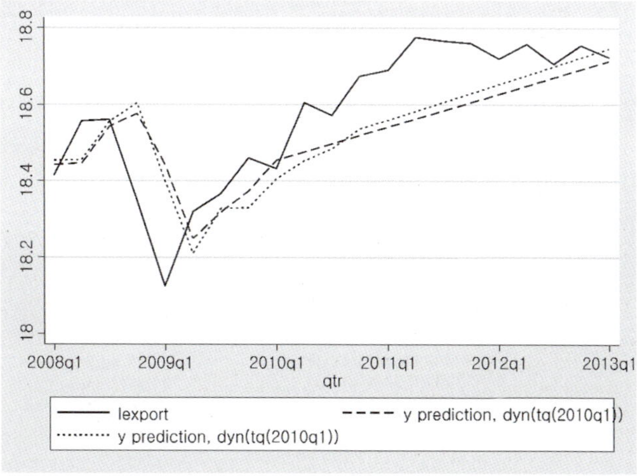

* 수출금액 예측모형으로 MA(1 4)을 선택해야 한다는 의미는 아니고, 단지 비교를 위해 MA(1 4)와 MA(1) 모형을 설정하고 있다.

위 결과를 살펴보면 동적예측(dynamic forecast)이 시작되는 2010년 1분기부터 예측값은 yhat4(계절성 요인 고려한 모형)이 yhat1(계절성 요인 고려하지 않은 모형)보다 약간 더 크게 나타났다. 따라서 yhat4 변수가 실제 관찰된 수출금액과 좀 더 가깝다는 것을 알 수 있다.

data file: T_data9_2.dta

예제 데이터는 한국은행 경제통계시스템에서 다운로드 받은 우리나라 월별 실업률 변수를 포함하고 있다. 표본 기간은 2000년 1월부터 2009년 1월까지이다. U.S. Census Bureau에서 제안한 X-12 ARIMA 계절조정 결과를 얻기 위해서는 다음과 같은 절차를 따라야 한다. 이와 관련하여 Wang and Wu(2012)는 Stata에서 X-12 ARIMA를 사용할 수 있도록 사용자작성 프로그램을 만들었다. 따라서 Wang and Wu의 모듈도 다운로드 받아야 한다.

■ 1단계: 본서 데이터 파일에 포함된 w12a.zip 압축파일을 풀어준다.

■ 2단계: 압축을 해제한 파일 중 x12a.exe 파일을 자신의 작업 디렉토리(working directory)에 복사한다. 가령 작업 디렉토리가 c:₩temp 라고 가정하자.*

■ 3단계: findit sax12 명령문을 실행하여 Wang and Wu의 명령어를 다운로드 받는다.

■ 4단계: Stata에서 작업 디렉토리 c:₩temp를 ado 파일경로(file path)로 지정한다. 이를 위해서는 adopath + c:\temp 명령문을 사용한다.

■ 5단계: db sax12 명령문을 실행하여 sax12 대화창(dialog box)를 불러온다.

그림 9-5에서는 sax12 명령어를 실행하기 위한 선행 절차와 대화창의 스크린 샷(screen shots)을 보여준다.

| 그림 9-5 |

```
. qui adopath + c:₩temp
. use T_data9_2, clear
. tsset month
        time variable:  month, 2000m1 to 2009m1
                delta:  1 month

. db sax12
```

* sax12 명령어를 실행하기 위해서는 반드시 작업 디렉토리를 영어로만 작성해야 한다. 즉 한글이 포함된 작업 디렉토리를 지정하는 경우 sax12 명령어가 실행되지 않는다.

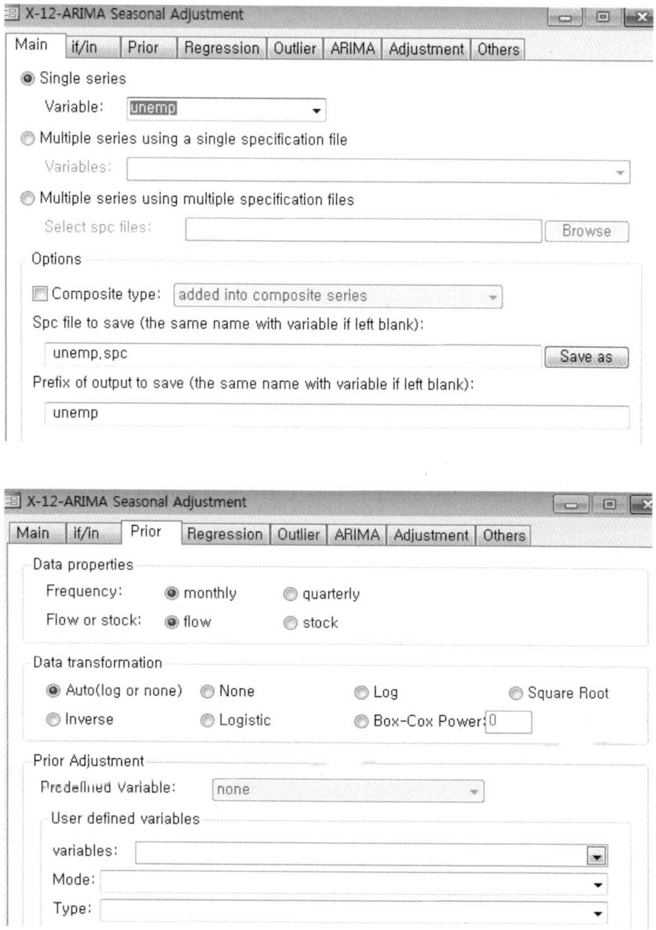

첫 번째 대화창은 계절조정하고자 하는 변수를 선택한다. Single series는 계절조정 대상 변수가 1개인 경우에 선택한다. 계절조정 대상 변수가 1개 이상인 경우에는 Multiple series를 선택할 수 있다. 여기에서는 unemp(실업률) 변수를 선택하면 Spc file to save는 자동으로 변수이름과 확장자명을 *.spc로 작성한다. Prefix of outputs to save 역시 연구자가 따로 지정하지 않으면 변수이름(unemp)으로 정해진다. Proior 탭에서는 월별 데이터이기 때문에 monthly와 flow를 선택한다. Data transformation에서는 주로 log 변환 또는 none을 선택한다. Auto를 선택하면 Stata가 로그변환과 원 시계열을 각각 추정한 후 AIC에 따라 변환방식을 선택하게 된다.

아래 그림 9-6에서는 sax12의 Regression, Outlier, 그리고 ARIMA 탭에 대해서 설명한다.

| 그림 9-6 |

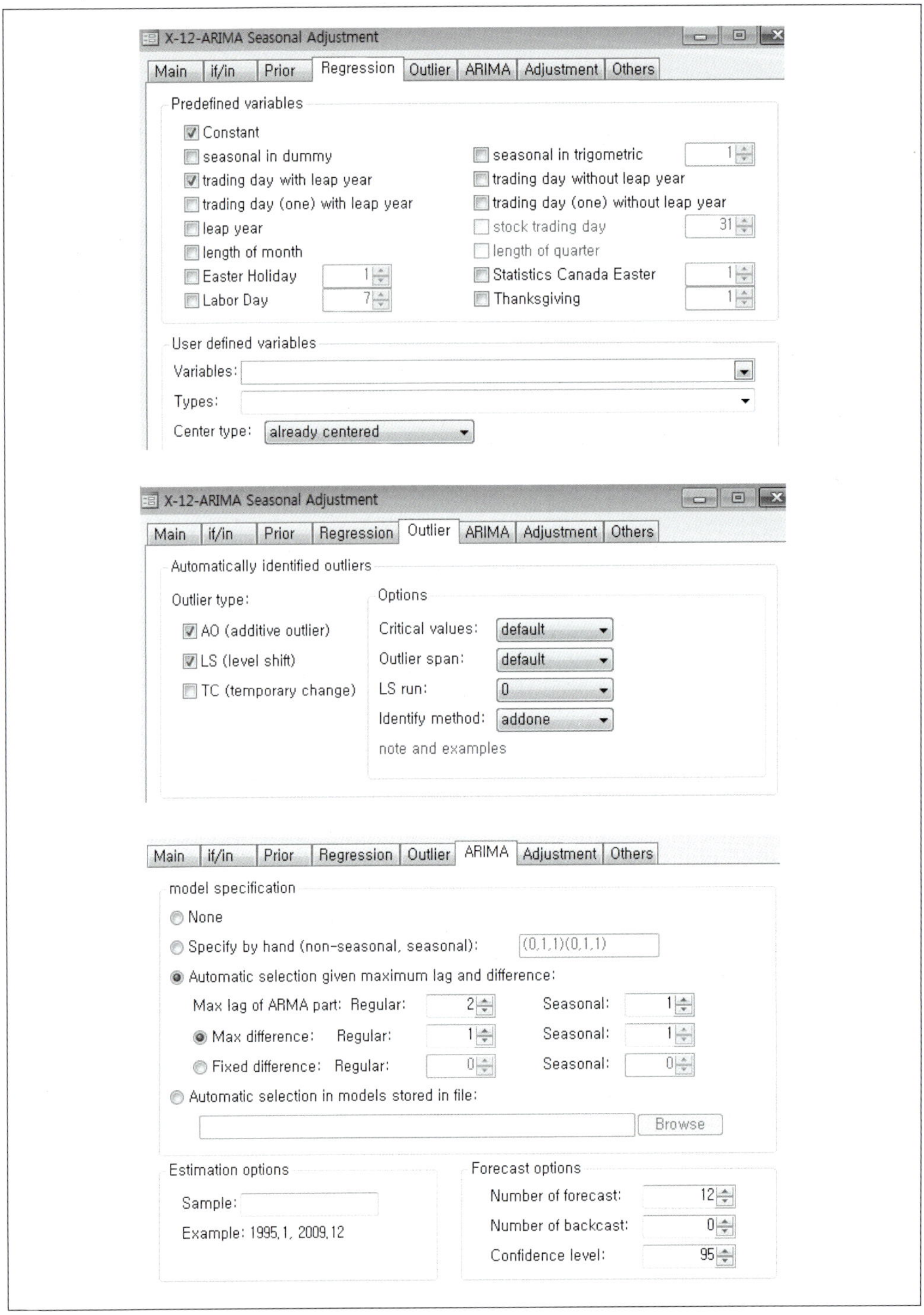
X-12-ARIMA Seasonal Adjustment
Main
if/in
Prior
Regression
Outlier
ARIMA
Adjustment
Others
Predefined variables
Constant
seasonal in dummy
trading day with leap year
trading day (one) with leap year
leap year
length of month
Easter Holiday
Labor Day
seasonal in trigometric
trading day without leap year
trading day (one) without leap year
stock trading day
length of quarter
Statistics Canada Easter
Thanksgiving
User defined variables
Variables:
Types:
Center type:
already centered
X-12-ARIMA Seasonal Adjustment
Main
if/in
Prior
Regression
Outlier
ARIMA
Adjustment
Others
Automatically identified outliers
Outlier type:
AO (additive outlier)
LS (level shift)
TC (temporary change)
Options
Critical values:
default
Outlier span:
default
LS run:
0
Identify method:
addone
note and examples
Main
if/in
Prior
Regression
Outlier
ARIMA
Adjustment
Others
model specification
None
Specify by hand (non-seasonal, seasonal):
(0,1,1)(0,1,1)
Automatic selection given maximum lag and difference:
Max lag of ARMA part: Regular:
Seasonal:
Max difference: Regular:
Seasonal:
Fixed difference: Regular:
Seasonal:
Automatic selection in models stored in file:
Browse
Estimation options
Sample:
Example: 1995,1, 2009,12
Forecast options
Number of forecast:
12
Number of backcast:
0
Confidence level:
95

먼저 Regression 탭에서는 Predefined variables를 지정한다. 9.2절 식 9.5의 X_t 변수에 해당한다. 위 예에서는 상수항과 각 월의 거래일수 변수만 지정한다. 수출, 수입 또는 매출액 등은 거래일수 변수가 중요할 것으로 예상된다. Outlier 탭에서는 기본으로 이미 설정되어 있는 AO와 LS 옵션만 지정한다. 연구자가 이상치(outlier)에 해당하는 값을 직접 지정할 수도 있다. ARIMA 탭에서는 9.2절 식 9.5에서 Z_t 과정을 지정해야 한다. Automatic selection을 이용하면 Stata가 다양한 RegARIMA를 추정한 후 최적선택을 하게 된다. Max lag of ARMA part는 AR과 MA 과정의 차수를 지정하게 된다. "2"는 최대 ARMA(2,2)까지 추정하게 된다. Seasonal은 계절성 MA 항을 최대 1개까지 포함한 모형을 가정한다. 차분정상적인 경우를 위해 차분을 할 것인가를 결정해야 한다. Max difference의 Regular "1"은 최대 1번 차분하는 것까지 고려한다. Seasonal "1"은 계절차분(seasonal difference) 역시 최대 1번까지 고려한다는 의미이다. Estimation options을 비워두면 전체 기간을 이용하여 추정하게 된다. Forecast options의 Number of forecast "12"는 12개월, 즉 1년치 실업률 예측결과를 저장한다.

Adjustment 탭(아래 그림 9.7)에서는 RegARIMA 모형을 추정한 후 얻은 사전조정된 시계열에 대해 추세요소와 계절성 요소를 필터링하는 옵션이나. x11mode는 Prior 탭에서 "Auto"를 선택했다면 multiplicative 옵션만 선택할 수 있다. Trend filter에서 x11default 옵션을 그대로 사용하면 Henderson moving average를 이용하여 추세(trend)와 순환(cycle)을 추정하게 된다.* Stata가 주어진 시계열의 통계적 특성을 고려하여 추세이동평균(trend moving average) 방법을 선택하게 된다. Seasonal Filter에서 x11default를 선택하면 9.2절에서 설명한 계절성 요인을 추정하기 위해 계절이동평균을 계산한다. x11default 옵션은 Stata가 Seasonal filter를 스스로 선택하게 된다. 그림 9-7 마지막 탭은 Other 탭이다. 이 탭의 옵션은 안정성 분석(stability analysis)을 실행한다. 안정성 분석은 Sliding span analysis와 Revision history analysis를 사용할 수 있다. Sliding span analysis는 데이터의 기간을 조금씩 바꾸어가면서 계절성 조정결과를 비교하는 것이다. Revision history analysis에서 퍼센트 수정(percent revision)은 다음과 같이 정의된다.

$$R_t = 100 \times \frac{A_{t|T} - A_{t|t}}{A_{t|t}} \tag{9.8}$$

$A_{t|T}$는 T시점까지 주어진 정보를 모두 이용하였을 때 $t < T$인 시점의 계절조정 시계

* Henderson moving average에 대한 자세한 내용은 U.S. Census Bureau(2011)를 참고하라.

열이다. $A_{t|t}$는 $t < T$인 시점까지 정보가 주어졌을 때 t시점에의 계절조정 시계열이다. 즉 R_t는 모든 데이터를 이용한 최종 계절조정 시계열과 $t < T$인 시점까지의 정보만을 이용하였을 때 계절조정 시계열의 차이를 비교하는 것이다.

| 그림 9-7 |

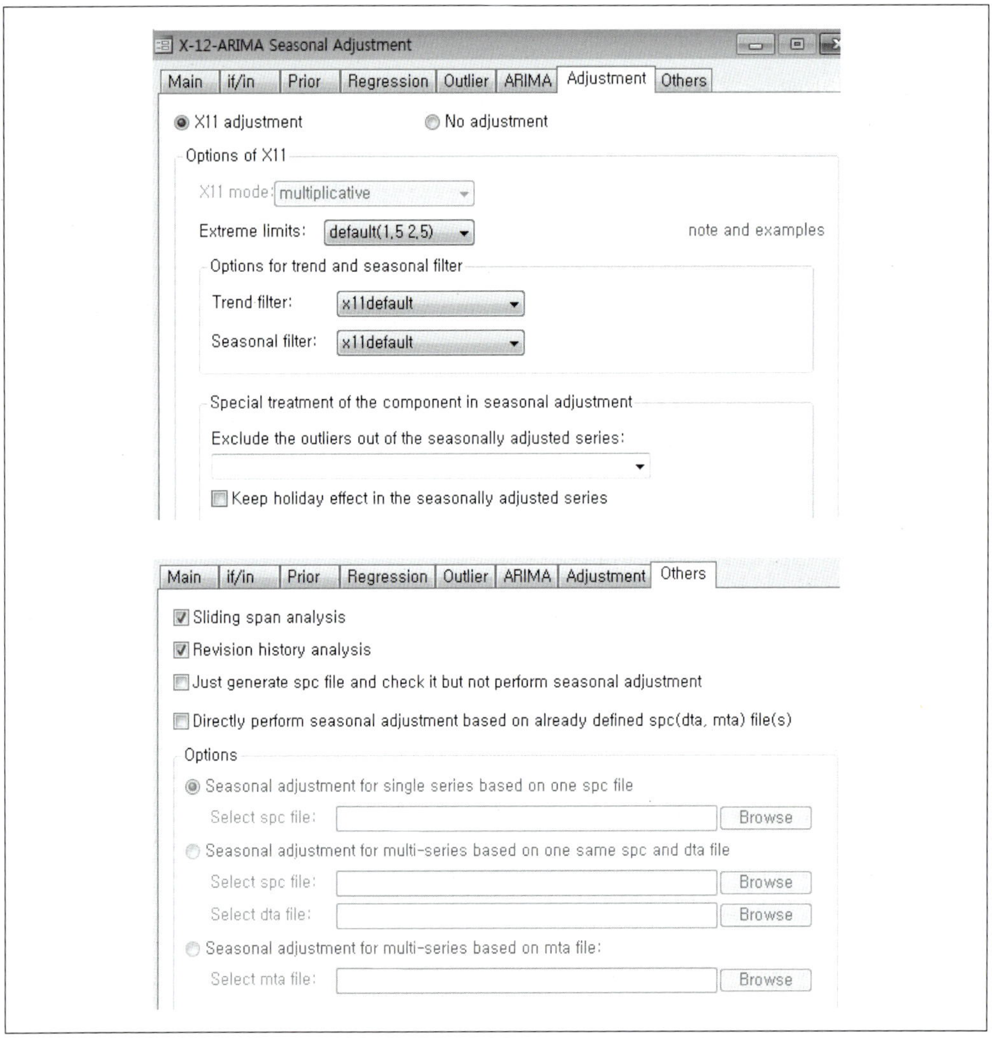

그림 9-5~9-7 대화창의 옵션을 모두 선택하면, 다음과 같은 명령문이 완성되고 실행결과에 대한 설명파일(unemp.out)과 관련된 결과 파일들이 작업 디렉토리인 c:₩temp에 저장된다.

```
. sax12 unemp, satype(single) inpref(unemp.spc) outpref(unemp) transfunc(auto)
regpre( const td ) outauto( ao ls ) outlsrun(0) ammaxlag(2 1) ammaxdiff(1 1)
ammaxlead(12) x11seas(x11default) sliding history
```

sax12 명령문 실행 이후 많은 결과 파일들이 생성되어 있지만, 가장 중요한 파일은 계절조정된 시계열을 포함하고 있는 파일(unemp.d10, unemp.d11, unemp.d12, unemp.d13)들이다. Wang and Wu(2012)는 이 파일을 불러오는 사용자작성 프로그램과 대화창 또한 만들었다. db sax12im을 입력하면 필요한 대화창을 얻을 수 있다.

| 그림 9-8 |

```
. db sax12im
```

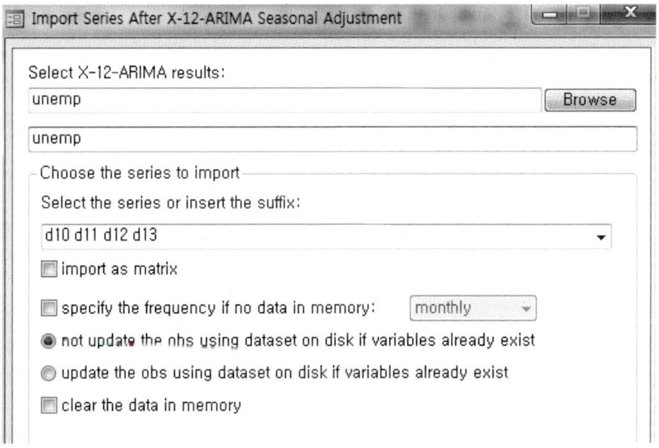


```
. sax12im unemp, ext(d10 d11 d12 d13)
. tsline unemp unemp_d11
```

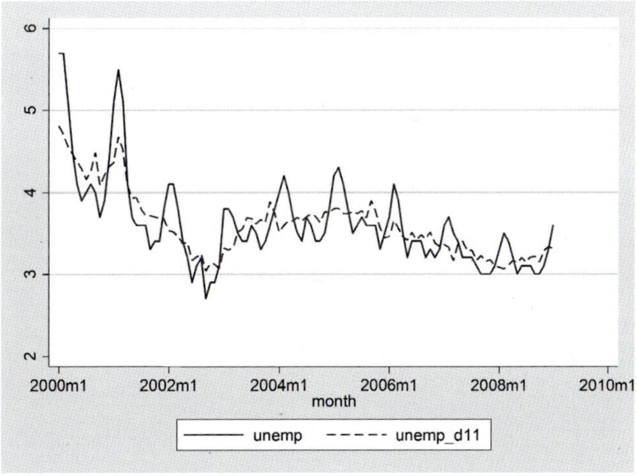

Select X12ARIMA results에서는 모든 결과파일 이름이 unemp로 시작하기 때문에 unemp라고 입력하면 된다. Select the series에서는 d10, d11, d12, d13이라고 입력한다. d10은 계절성 요인(seasonal factor) 변수이고 d11은 계절조정된 시계열이다. d12는 추세와 순환에 대한 요소 변수이다. 마지막 d13은 오차항에 대한 추정치 변수이다.

예제 데이터 T_data9_2.dta는 s_unemp 변수를 포함하고 있다. 이 변수는 한국은행 경제통계시스템에서 다운로드 받을 수 있는 변수로서 실업률에 대한 계절조정된 시계열이다. 한국은행은 U.S. Census Bureau의 X-12 ARIMA를 한국식으로 변형한 BOK-X-12 ARIMA를 사용하여 계절조정을 실행한다.* BOK-X-12 ARIMA를 실행하여 얻은 계절조정 시계열이 s_unemp이다. 그림 9-9에서는 X-12 ARIMA를 통해 얻은 unemp_d11 변수와 s_unemp 변수를 비교한다. 먼저 두 시계열의 상관계수는 98.6%으로 거의 같은 방향으로 움직이고 있다는 것을 알 수 있다. 또한 두 시계열에 대한 선그래프 역시 매우 유사함을 알 수 있다.

| 그림 9-9 |

```
. corr s_unemp unemp_d11
(obs=109)

             |  s_unemp unemp~11
-------------+------------------
     s_unemp |   1.0000
   unemp_d11 |   0.9867   1.0000

. tsline s_unemp unemp_d11
```

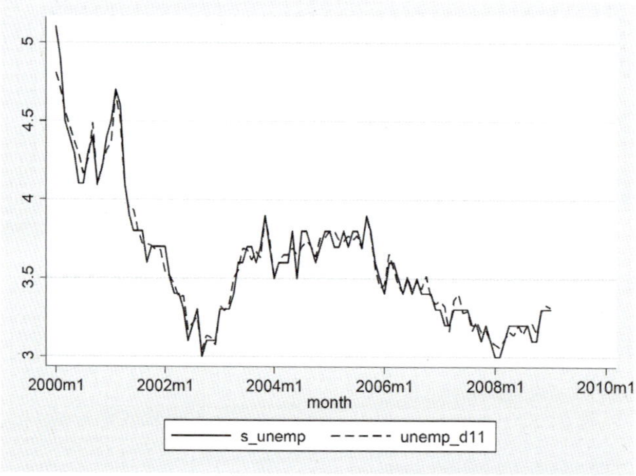

* 한국은행에서는 BOK-X-12 ARIMA 모듈(module)을 제공하지 않기 때문에 연구자가 직접 계절조정 시계열 작업을 할 수 없고, 단지 계절조정된 결과만 다운로드 받을 수 있다.

sax12diag 명령어는 X-12 ARIMA 실행결과에 대한 다양한 정보를 표의 형식으로 보여준다. sax12diag 다음에 unemp.udg 파일을 지정한다. *.udg 파일은 regARIMA 추정결과 및 계절조정의 안정성에 대해 판단할 수 있는 정보를 저장하고 있다. 그림 9-10에서 sax12diag 명령문 실행결과를 보여준다. 가령 맨 아래 있는 Ave. abs. perc. rev. = .5382409은 식 9.8 결과를 보여준다. R_t의 평균이 0.53%라는 의미이다. 상당히 작은 수치라는 것을 알 수 있다.

| 그림 9-10 |

```
. sax12diag unemp.udg
------------------------------------------------
                           | unemp.udg
---------------------------+--------------------
General information:       |
  Series name              | unemp
  Frequency                | 12
  Sample                   | 2000.1-2009.1
  Transformation           | Log(y)
  Adjustment mode          | multiplicative
  Seasonal peak            | rsd
  Trading day peak         | none
  Peak of TD in adj        | no
  Peak of Seas. in adj     | no
  Peak of TD in res        | no
  Peak of Seas. in res     | s1
  Peak of TD in irr        | no
  Peak of Seas. in irr     | no
  Peak of TD in ori        | no
  Peak of Seas. in ori     | s2
---------------------------+--------------------
X11:                       |
  M1                       | 0.253
  M2                       | 0.189
  M3                       | 0.485
  M4                       | 0.119
  M5                       | 0.471
  M6                       | 0.468
  M7                       | 0.552
  M8                       | 0.636
  M9                       | 0.596
  M10                      | 0.789
  M11                      | 0.772
  Q                        | 0.45
  Q without M2             | 0.48
  Seasonality F test(%)    | 49.377 0.00
  Seasonality KW test(%)   | 90.507 0.00
  Moving seas. test(%)     | 7.702 0.00
---------------------------+--------------------
```

```
regARIMA model:                |
  Model span                   | 2000.1-2009.1
  Model                        | (0 1 0)(0 1 1)
  Num. of regressors           | 6
  Num. of sig. AC              | 0
  Num. of sig. PAC             | 1
  Normal                       | 0.7853
  Skewness                     | 0.0612
  Kurtosis                     | 3.2140
  AICC                         | -79.7674
-------------------------------+---------------------
Outliers:                      |
  Outlier span                 | 2000.1-2009.1
  Total outliers               | 0
  Auto detected outliers       | 0
  AO critical                  | 3.830 *
  LS critical                  | 3.830 *
  TC critical                  |
-------------------------------+--------------------
Stability analysis:            |
  Revision span                | 2008.1-2008.12
  Span num., length, start     | 2 97 1 2000
  unstable SF                  | 4 85 4.706
  unstable MM change in SA     | 0 84 0.000
  unstable YY change in SA     | 0 73 0.000
  Ave. abs. perc. rev.         | .5382409
----------------------------------------------------
 Description of the diagnostics
```

앞의 그림 9-6의 세 번째 대화창에서 보듯이 12개월 동안 실업률을 예측하도록 옵션을 줄 수 있다. 2009년 2월~2010년1월까지 표본외 실업률 예측결과를 sax12im 명령어를 이용해 불러올 수 있다. 옵션으로 표본외 예측 결과를 저장하고 있는 파일이름의 확장자명을 입력하면 된다. 아래 명령문에서 보듯이 확장자명이 *.fct이다. sax12im 명령문을 실행하면 forecast(실업률 예측치), lowerci(95% 신뢰구간 하한)과 upperci(95% 신뢰구간 상한) 변수가 추가됨을 알 수 있다. 또한 원 시계열과 표본외 예측 시계열을 선그래프로 이어 그려서 그 결과를 확인할 수 있다.

| 그림 9-11 |

```
. sax12im unemp, ext(fct)
Variable(s) (forecast lowerci upperci) imported

. tsline unemp forecast if month>=ym(2007,1)
```

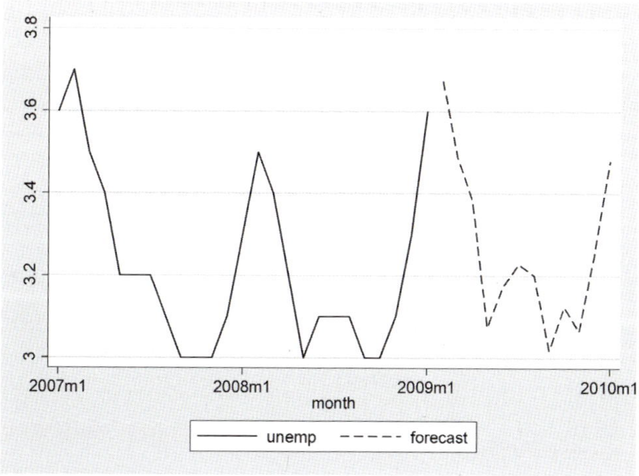

data file: T_data9_1.dta

예제 데이터는 우리나라의 분기별 수출(export)과 수입(import) 데이터이기 때문에 계절성이 존재할 가능성이 크다. 앞서 실습하였듯이 sax12 명령어를 이용해 계절조정 시계열을 구해 보자. 그림 9-12 do file을 이용하여 명령문을 실행한다.

| 그림 9-12 |

```
qui adopath + c:\temp
use T_data9_1, clear
tsset qtr

sax12 export, satype(single) inpref(export.spc) outpref(export) ///
transfunc(log) regpre( const td ) outauto( ao ls ) outlsrun(0)  ///
ammaxlag(2 1) ammaxdiff(1 1) ammaxlead(4)  ///
x11mode(mult) x11seas(x11default) sliding history

sax12 import, satype(single) inpref(import.spc) outpref(import) ///
transfunc(log) regpre( const td ) outauto( ao ls ) outlsrun(0) ammaxlag(2 1) ///
ammaxdiff(1 1)ammaxlead(4) x11mode(mult) x11seas(x11default) ///
sliding history

sax12im export ,ext(d10 d11 d12 d13 fct)
ren (forecast lowerci upperci) (forecast_ex lowerci_ex upperci_ex)
sax12im import ,ext(d10 d11 d12 d13 fct)
ren (forecast lowerci upperci) (forecast_im lowerci_im upperci_im)

gen lexport=log(export)
gen limport=log(import)
```

```
gen lsa_export=log(export_d11)
gen lsa_import=log(import_d11)

tsline lexport lsa_export if qtr>=yq(2005,1)
tsline limport lsa_import if qtr>=yq(2005,1)
```

sax12 명령문을 이용하여 X-12 ARIMA를 실행한다. export와 import 변수 각각에 대해 계절조정 작업을 진행한다. inpref( )와 outpref( )에서 해당하는 변수이름으로 바꾸어준다. tranfunc( ) 옵션에서는 log를 선택한다. 즉 로그변환 후 RegARIMA 모형을 추정한다. 그밖의 옵션은 앞서 설명한 sax12 명령어의 옵션과 거의 같다. 계절조정된 시계열을 불러오기 위해서는 sax12im 명령어를 사용한다. 먼저 export 변수에 대한 계절조정 시계열과 표본외 예측(4개 분기) 결과를 불러온다. 표본외 예측에 대한 변수이름이 forecast, lowerci, upperci이므로 import 변수를 다시 불러올 때 이름이 서로 겹치게 된다. 이를 방지하기 위해 미리 3개 변수의 이름을 변경한다. export와 마찬가지로 import 변수에 대한 계절조정 시계열을 불러온다. 각 시계열에 로그변환을 실행한 후 시계열 선그래프를 그려서 결과를 비교한다. 그 결과가 그림 9-13에 나와 있다. 계절조정된 그래프가 원 시계열에 비해 좀 더 완만해진 것을 확인할 수 있다.

| 그림 9-13 |

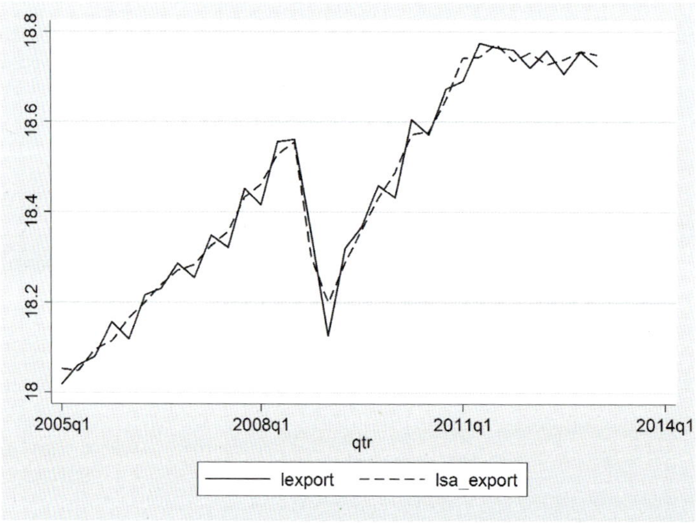

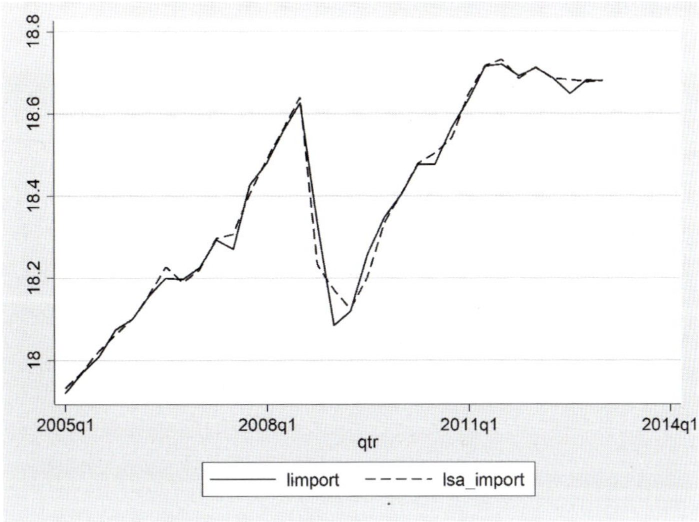

9.4 Stata do file

```
use T_data9_1,clear
tsset qtr
gen lexport=log(export)
gen qtr4=quarter(dofq(qtr))
gen qtr4_1=(qtr4==4)
twoway (tsline lexport) (tsline lexport if qtr4_1==1, ///
recast(scatter) msize(medsmall))

reg lexport qtr
predict resid1, resid
predict xb1, xb
reg resid1 ibn.qtr4, noconst

predict resid2, resid
gen sa=xb1+resid2
tsline lexport sa

use T_data9_1, clear
tsset qtr
gen lexport=log(export)
dfuller lexport, lag(1)
arima D.lexport, ma(1 4) nolog

qui arima D.lexport if qtr<=yq(2010,1) , nolog ma(1)
predict yhat1, y dynamic(tq(2010q1))
qui arima D.lexport if qtr<=yq(2010,1) , nolog ma(1 4)
```

```
predict yhat4, y dynamic(tq(2010q1))
tsline lexport yhat1 yhat4 if qtr>=yq(2008,1)

use T_data9_2,clear
findit sax12
qui adopath + c:\temp  // c:\temp 폴더가 없다면 미리 생성해야 한다.
tsset month
db sax12

sax12 unemp, satype(single) inpref(unemp.spc) outpref(unemp) ///
transfunc(auto) regpre( const td ) outauto( ao ls ) ///
outlsrun(0) ammaxlag(2 1) ammaxdiff(1 1) ///
ammaxlead(12) x11seas(x11default) sliding history

db sax12im
sax12im unemp, ext(d10 d11 d12 d13)
tsline unemp unemp_d11

corr s_unemp unemp_d11
tsline s_unemp unemp_d11

sax12diag unemp.udg
sax12im unemp, ext(fct)
tsline unemp forecast if month>=ym(2007,1)

qui adopath + c:\temp
use T_data9_1, clear
tsset qtr

sax12 export, satype(single) inpref(export.spc) outpref(export) ///
transfunc(log) regpre( const td ) outauto( ao ls ) outlsrun(0)  ///
ammaxlag(2 1) ammaxdiff(1 1) ammaxlead(4)  ///
x11mode(mult) x11seas(x11default) sliding history

sax12 import, satype(single) inpref(import.spc) outpref(import) ///
transfunc(log) regpre( const td ) outauto( ao ls ) outlsrun(0) ammaxlag(2 1) ///
ammaxdiff(1 1)ammaxlead(4) x11mode(mult) x11seas(x11default) ///
sliding history

sax12im export ,ext(d10 d11 d12 d13 fct)
ren (forecast lowerci upperci) (forecast_ex lowerci_ex upperci_ex)
sax12im import ,ext(d10 d11 d12 d13 fct)
ren (forecast lowerci upperci) (forecast_im lowerci_im upperci_im)

gen lexport=log(export)
gen limport=log(import)
```

```
gen lsa_export=log(export_d11)
gen lsa_import=log(import_d11)

tsline lexport lsa_export if qtr>=yq(2005,1)
tsline limport lsa_import if qtr>=yq(2005,1)
```

CHAPTER 10 ARCH and GARCH 모형

10.1 ARCH 모형

8장 ARIMA 모형은 시계열 y_t의 조건부 평균(conditional mean)에 대한 추정과 예측이었다면 본 장에서는 조건부 분산(conditional variance)이 초점이다. 즉 시계열 분산에 대한 모형 설정과 추정에 대해 설명한다. 금융시계열 데이터의 특징 중 하나는 특정 기간에 분산(변동)이 매우 크게 나타나다가 또 다른 기간에는 분산이 매우 작게 나타난다. 즉 분산 군집(variance clustering) 현상이다. 이러한 현상은 특히 시간주기가 짧은 경우(일별 또는 주별 주기)에서 많이 관찰할 수 있다. 이러한 금융시계열 특성을 모형화 하기 위해 오차항의 분산이 시간가변적(time-varying conditional volatility)이라고 가정하는 것이다. 즉 오차항의 분산을 과거시점 충격(shock)의 함수로 모형을 설정한다.

Engle(1982)의 연구에서 시간가변적인 분산모형을 최초 소개되었다. t시점 오차항 분산 σ_t^2가 $t-1$ 시점 오차항 제곱(충격의 제곱)인 ϵ_{t-1}^2과 선형관계라고 가정한다. Engle(1982)의 분산모형을 이해하기 위해 먼저 다음과 같이 평균에 대해 간단한 AR(1) 모형을 가정하자.

$$\text{평균 방정식: } y_t = \alpha + \gamma y_{t-1} + \epsilon_t \tag{10.1}$$

위 식에서 (비조건부) 분산이 $var(y_t) = \sigma^2/(1-\gamma^2)$임을 8.1절에서 이미 보았다. 분산은 주어진 모수의 함수이기 때문에 시간과 상관없이 일정하다.* 그러나 여기서 우리의 관심은 '조건부' 분산이다. 이를 다음과 같이 정의한다.

$$\sigma_t^2 = E(\epsilon_t^2 | I_{t-1}) \tag{10.2}$$

구체적인 예로서 Engle(1982)은 ϵ_t^2이 다음과 같은 AR(1)과정을 따른다고 가정한다.

$$\epsilon_t^2 = \omega + \eta\epsilon_{t-1}^2 + v_t \tag{10.3}$$

위 식에서 v_t는 백색잡음이다. 식 10.3에 조건부 기댓값(conditional expectation)을 취하면

* ϵ_t의 비조건부 분산 역시 t와 상관없이 σ^2이라고 가정하고 있다.

$$\sigma_t^2 = E(\epsilon_t^2 | I_{t-1}) = \omega + \eta E(\epsilon_{t-1}^2 | I_{t-1}) = \omega + \eta \epsilon_{t-1}^2 \tag{10.4}$$

즉 조건부 분산 σ_t^2가 과거 충격(ϵ_{t-1})의 제곱과 선형관계가 된다. 조건부 분산이 식 10.4일 때 이를 ARCH(AutoRregressive Conditional Heteroskedasticity) 과정이라고 부른다. 위의 경우에는 ARCH(1)로 표기한다. 즉, 조건부 분산에 대한 ARCH(p) 과정은 다음과 같다.

$$\sigma_t^2 = \omega + \eta_1 \epsilon_{t-1}^2 + \eta_2 \epsilon_{t-2}^2 + \cdots + \eta_p \epsilon_{t-p}^2$$

분산은 항상 0보다 크기 때문에 $\omega > 0$이고 $\eta > 0$이어야 한다. 과거의 충격(shock)이라고 해석할 수 있는 ϵ_{t-p}^2가 현재 시점 분산에 영향을 주고 있다고 해석할 수 있다. 식 10.1 평균 방정식을 추정할 때 조건부 분산이 ARCH(p)과정을 따르더라도 여전히 OLS 추정을 사용할 수 있다. 그러나 비선형 최소제곱추정(NLS)나 최우추정(ML)이 더 효율적인(efficient) 추정결과가 된다. 특히 미래 시점의 분산(또는 위험)을 예측함에 있어서 ARCH(p) 과정은 중요한 역할을 하게 된다.

평균 방정식인 식 10.1에서 오차항 ϵ_t에 ARCH 효과가 있는지 가설검정하기 위해서 다음과 같은 절차를 따를 수 있다.

- 제1단계: 식 10.1 ARIMA 모형을 추정한 후 잔차 $\hat{\epsilon}_t$를 얻는다.
- 제2단계: $\hat{\epsilon}_t^2$ 변수를 종속변수로 두고, $\hat{\epsilon}_{t-1}^2, \hat{\epsilon}_{t-2}^2, \cdots, \hat{\epsilon}_{t-p}^2$ 을 설명변수로 설정하여 OLS 추정을 실행한다. 이때 상수항도 포함한다.
- 제3단계: 검정통계량은 〈다음 식 변경〉 $T \times R^2 \sim \chi^2(p)$이 된다. 여기서 T는 표본의 수이고 R^2은 제2단계 모형의 R^2이다.

제3단계 검정통계량을 이용하여 다음 귀무가설을 검정한다.

$$H_0 : \eta_1 = \eta_2 = \cdots = \eta_p = 0 \quad \text{(즉, ARCH 효과가 없다)}$$

귀무가설을 기각하면 ARCH 효과가 존재하고, 따라서 시간가변적 분산모형이 필요하다고 해석한다.

10.2 GARCH 모형

10.1절의 ARCH모형을 좀 더 일반화하면 GARCH(Generalized ARCH) 모형이 된다. Bollerslev(1986)은 분산에 대한 GARCH(1,1) 모형을 다음과 같이 설정하였다.

$$\sigma_t^2 = \omega + \eta\epsilon_{t-1}^2 + \delta\sigma_{t-1}^2 \tag{10.5}$$

조건부 분산은 $t-1$시점 충격의 제곱, 그리고 $t-1$ 시점 조건부 분산의 선형함수이다. $\sigma_t^2 > 0$이기 위해서는 $\omega > 0$, $\eta > 0$, 그리고 $\delta > 0$이어야 한다. 시계열이 정상적이기 위해서는 위 식에서 $\eta + \delta < 1$ 조건이 만족돼야 한다. $\eta + \delta \approx 1$일수록 과거 시점의 shock이 지속적으로(persistently) 현재 시점의 분산에 영향을 미치게 된다.

GARCH(1,1) 분산모형에서 비조건부 분산(unconditional variance)은 다음과 같이 계산된다.

$$\begin{aligned} &\sigma^2 = \omega + \eta E(\epsilon_{t-1}^2) + \delta\sigma^2 \\ \Rightarrow\quad &\sigma^2 = \frac{\omega}{1-\eta-\delta} \end{aligned} \tag{10.6}$$

즉, 비조건부 분산은 t와 무관하게 일정한 값이 된다. 한편, 식 10.5에 $\sigma_{t-1}^2 = \omega + \eta\epsilon_{t-2}^2 + \delta\sigma_{t-2}^2$을 대입하면 다음이 된다.

$$\sigma_t^2 = (\omega + \delta\omega) + \eta\epsilon_{t-1}^2 + \eta\delta\epsilon_{t-1}^2 + \delta^2\sigma_{t-2}^2 \tag{10.7}$$

식 10.7을 반복적으로 풀어보면 다음이 된다.

$$\sigma_t^2 = \frac{\omega}{1-\delta} + \eta\sum_{j=1}\delta^{j-1}\epsilon_{t-j}^2 \tag{10.8}$$

GARCH(1,1) 모형은 모든 과거 충격을 제곱한 것의 선형함수로 표현된다. 즉 GARCH(1,1)은 ARCH(∞)으로 해석된다. ARCH(∞) 모형이 추정해야 할 모수가 매우 많은 반면에 GARCH(1,1) 모형은 단지 3개의 모수만을 추정해도 ARCH(∞)이 된다. ARCH(p) 모형에서 p가 커질수록 추정이 어려워지는 문제를 GARCH(1,1) 모형으로 해결할 수 있는 장점이 있다.

10.3 모형 추정과 예측

10.1절에서 언급하였듯이 시간가변 분산모형을 추정하는 방법은 다양하다. 평균 방정식 식 10.1에서 오차항 ϵ_t를 정규분포로 가정하면 모형 내 모수는 최우추정량으로 구할 수 있다.

$$\epsilon_t = \sigma_t v_t,\ v_t \sim NID(0,1) \tag{10.9}$$ *

위 가정을 이용하면 I_{t-1}이 주어졌을 때 $\epsilon_t | I_{t-1} \sim NID(0, \sigma_t^2)$임을 쉽게 보일 수 있다. 그러나 σ_t가 확률변수이기 때문에 ϵ_t의 비조건부 분산이 반드시 정규분포가 된다고 말할 수 없다.

최우추정을 위해서는 원 시계열인 y_t 조건부 분포를 알아야 한다. $\epsilon_t | I_{t-1}$이 정규분포를 따르기 때문에 y_t의 조건부 분포 역시 정규분포가 된다. 조건부 확률밀도함수(PDF)는 다음과 같다.

$$f(y_t | I_{t-1}) = \frac{1}{\sqrt{2\pi\sigma_t^2}} exp\left(-\frac{1}{2}(\epsilon_t^2/\sigma_t^2)\right) \tag{10.10}$$

위 식에서 σ_t^2가 ARCH(1) 과정을 따른다면 $\sigma_t^2 = \omega + \eta\epsilon_{t-1}^2$이 되고 $\epsilon_t = y_t - \alpha - \gamma y_{t-1}$이다.** 식 10.10을 이용하여 모든 시점에 대해 로그우도함수를 구축하고 그 함수를 최대화하는 모수(평균 방정식과 분산 방정식에 있는 모수들) 추정치를 동시에 얻는다. 정상적 시계열 조건과 $\sigma_t^2 > 0$ 조건을 만족하기 위해서는 $0 < \eta < 1$이어야 한다.***

주식시장에서 ARCH 및 GARCH 모형은 수익률 분산 또는 표준편차(리스크) 예측에 주로 사용된다. 독자의 이해를 위해 ARCH(1) 모형에서 분산 예측과정을 설명한다. ARCH(1) 모형을 조건부 분산에서 비조건부 분산 $E(\epsilon_t^2) = \sigma^2 = \omega/(1-\eta)$을 빼준 다음의 식을 이용해 표현해보자.

$$(\sigma_t^2 - \sigma^2) = \eta(\epsilon_{t-1}^2 - \sigma^2) \tag{10.11}$$

이 경우 $t+1$ 시점의 조건부 분산 예측치는 다음과 같다.

$$\sigma_{t+1}^2 | I_t = E(\epsilon_{t+1}^2 | I_t) = \sigma^2 + \eta(\epsilon_t^2 - \sigma^2) \tag{10.12}$$

---

* NID는 Normally and Independently Distributed의 약어이다.

** 평균 방정식은 AR(1)모형이라고 가정한다.

*** ARCH(p) 모형에서 p가 커질수록 모수들이 이러한 조건을 만족하기 어려워진다.

같은 논리를 이용하면 I_t가 주어졌을 때 $t+h$ 시점의 조건부 분산 예측치는 다음과 같다.

$$\begin{aligned}\sigma^2_{t+h}|I_t &= E(\epsilon^2_{t+h}|I_t) = \sigma^2 + \eta(\epsilon^2_{t+h-1} - \sigma^2) \\ &= \sigma^2 + \eta(\sigma^2_{t+h-1}|I_t - \sigma^2) \qquad (10.13)\end{aligned}$$

위 식에서 ϵ^2_{t+h-1}은 관찰되지 않기 때문에 $E(\epsilon^2_{t+h-1}|I_t) = \sigma^2_{t+h-1}|I_t$을 사용한다. $\sigma^2_{t+h-1}|I_t$는 식 10.12 예측과정을 반복하면 구할 수 있다. 식 10.13에 따르면 h가 커질수록(즉, 예측시점이 현재에서 멀어질수록) $\sigma^2_{t+h} \approx \sigma^2$이 되는 것을 알 수 있다.*

더 일반적인 분산모형인 GARCH(1,1) 모형에서 예측과정을 설명한다. 먼저 $t+1$ 시점 분산 예측치는 다음과 같이 얻을 수 있다.

$$\sigma^2_{t+1}|I_t - \sigma^2 = \eta(\epsilon^2_t - \sigma^2) + \delta(\sigma^2_t - \sigma^2) \qquad (10.14)$$

위 식에서 σ^2은 비조건부 분산이고, 앞서 설명하였듯이 $\sigma^2 = \omega/(1-\eta-\delta)$이 된다. 식 10.8을 이용하면 다음을 얻는다.

$$\sigma^2_t - \sigma^2 = \eta \sum_{j=1} \delta^{j-1}(\epsilon^2_{t-j} - \sigma^2) \qquad (10.15)$$

식 10.14에서 $(\sigma^2_t - \sigma^2)$를 식 10.15로 대신하면, 식 10.14의 예측치를 구할 수 있다. 즉, $t+h$ 시점의 분산 예측치는 다음과 같이 쓸 수 있다.

$$\begin{aligned}\sigma^2_{t+h}|I_t - \sigma^2 &= \eta(\epsilon^2_{t+h-1} - \sigma^2) + \delta(\sigma^2_{t+h-1}|I_t - \sigma^2) \\ &= (\eta+\delta)(\sigma^2_{t+h-1}|I_t - \sigma^2) \qquad (10.16)\end{aligned}$$

앞서 본 ARCH(1) 예측과 유사하게 위 식에서 $E(\epsilon^2_{t+h-1}|I_t) = \sigma^2_{t+h-1}|I_t$을 이용한다. 위의 식 10.16을 이렇게 반복적으로 풀어보면 $\sigma^2_{t+h-1}|I_t = (\eta+\delta)^{h-1}[\eta(\epsilon^2_t - \sigma^2) + \delta(\sigma^2_t - \sigma^2)]$이 성립함을 보일 수 있다. $(\eta+\delta) < 1$이기 때문에 h가 커질수록 $\sigma^2_{t+h} \approx \sigma^2$이 된다. 식 10.13과 식 10.16을 비교하였을 때 $\eta_{\text{식}10.13} < (\eta+\delta)_{\text{식}\,10.16}$이라면 ARCH(1) 모형이 GARCH(1,1) 모형에 비해 분산 예측치가 더 빨리 비조건부 분산 σ^2에 근접하게 된다.

---

* $0 < \eta < 1$이기 때문이다.

10.4 STATA 실습

data file: T_data10_1.dta*

예제 데이터는 1980년 1월 2일~1987년 5월 21일까지 $T=1,867$인 시계열이다. dm 변수는 독일 마르크화의 미국 달러화에 대한 환율에 로그를 취한 값이다. 환율수준 자체보다는 환율변화에 관심이 있기 때문에 dm 변수의 1차 차분인 ddm 변수를 분석대상 변수로 삼는다. ddm 변수는 환율에 대한 로그 차분이므로 변화율로 해석할 수 있다. 그림 10-1에서는 ddm 변수에 대한 시계열 선그래프를 그린 후 시간가변적인 분산모형이 적절한지 판단한다.

| 그림 10-1 |

```
. use T_data10_1, clear

. gen year=int(date/10000)
. gen month=int((date-year*10000)/100)
. gen day1=date-year*10000-month*100
. gen date1=mdy(month, day1, 1900+year)
. format date1 %td

. tsset date1
        time variable:  date1, 02jan1980 to 21may1987, but with gaps
                delta:  1 day

. tsline ddm
```

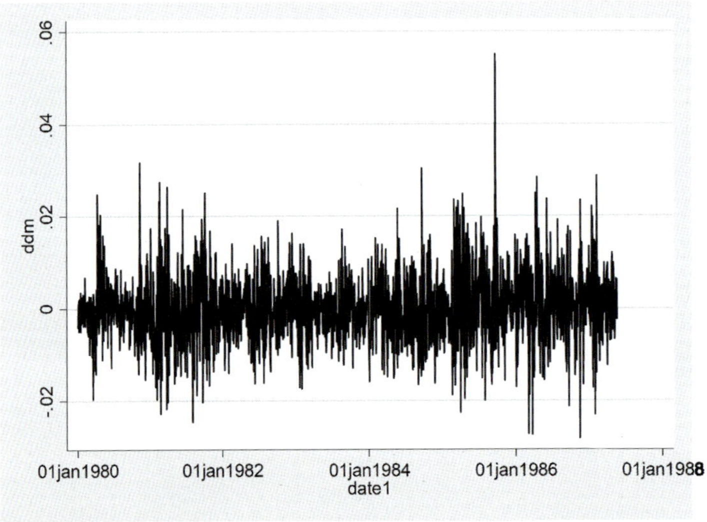

* 예제 데이터는 Verbeek(2008) 8장에서 인용하였다.

위 명령문 과정을 보면, 주어진 date 변수가 시점을 의미하는 변수이기는 하지만 Stata에서 인식할 수 없는 시간변수이기 때문에 일별주기를 의미하는 date1 변수를 다시 만들었다. date1 변수를 이용하여 tsset 명령문을 실행했다. 주의할 점은 year 변수가 "1980년" 대신 "80년"으로 만들어지기 때문에 mdy( ) 함수를 사용해 일별 날짜변수를 만들 때 "1900+year"로 쓰도록 했다. 결과를 보면, ddm 변수의 시계열 그래프는 0을 중심으로 진동하는 패턴이다. 따라서 정상적 시계열임을 예상할 수 있다. 분산으로 해석할 수 있는 변동폭이 시점에 따라 매우 다르다는 것을 알 수 있다. 특정 시점 주위에서는 변동폭이 매우 크고, 또 다른 시점 주위에서는 변동폭이 상대적으로 작다는 것을 알 수 있다. 따라서 분산(환율 리스크) 예측에 관심이 있다면 시간가변적인 분산 모형이 필요함을 알 수 있다.

먼저 기준(benchmark) 모형으로 평균 방정식은 AR(1)이고, 분산 방정식은 시간불변인 다음의 모형을 설정하자.

$$\text{벤치마크 모형: } y_t = \alpha + \gamma y_{t-1} + \epsilon_t,\ \epsilon_t \sim (0, \sigma^2) \tag{10.17}$$

위 모형을 추정한 후 오차항에 ARCH 효과가 존재하는지 10.1절에서 설명한 가설검정을 실행해 보자.

| 그림 10-2 |

```
. gen date2=_n
. tsset date2
        time variable:  date2, 1 to 1867
                delta:  1 unit
. gen ddm1=ddm*100
(1 missing value generated)

. qui arima ddm1, ar(1) nolog

. predict ehat, resid
(1 missing value generated)
. gen ehat2=ehat^2
(1 missing value generated)

. reg ehat2 L.ehat2
      Source |       SS       df       MS              Number of obs =    1865
-------------+------------------------------           F(  1,  1863) =   19.26
       Model |  29.9973273     1  29.9973273           Prob > F      =  0.0000
    Residual |  2901.09612  1863  1.55721745           R-squared     =  0.0102
-------------+------------------------------           Adj R-squared =  0.0097
       Total |  2931.09345  1864  1.57247502           Root MSE      =  1.2479
```

```
---------------------------------------------------------------------------------
       ehat2 |      Coef.   Std. Err.      t    P>|t|     [95% Conf. Interval]
-------------+-------------------------------------------------------------------
       ehat2 |
         L1. |   .1011669     .02305     4.39   0.000     .0559603    .1463735
             |
       _cons |   .5404291   .0320484    16.86   0.000     .4775746    .6032837
---------------------------------------------------------------------------------

. test L.ehat2
 ( 1)  L.ehat2 = 0
       F(  1,  1863) =   19.26
            Prob > F =    0.0000
```

date1 변수에 대해 tsset을 실행하면 휴일에는 외환거래가 없기 때문에 시간 갭(time gap) 데이터로 간주하게 된다. 시간 갭이 있는 경우 AR(1) 모형을 추정하면 시간 갭이 있는 시점을 Stata가 필터링(filtering)으로 대체해서 사용하게 된다. 이러한 점을 고려해서 1~1867의 정수로 구성된 date2 변수를 이용해서 tsset 명령문을 실행한다. arima 명령어를 이용해 식 10.17을 추정하고 잔차 변수인 ehat를 생성한다.* ARCH(1) 효과가 있는지 검정하기 위해 잔차 제곱변수(ehat2)를 종속변수로 두고 $t-1$ 시점의 잔차 제곱변수를 설명변수로 둔다. L.ehat2 변수의 추정계수가 유의한지 가설검정한다. 예상대로 귀무가설을 기각한다. 즉 ARCH(1) 효과가 있다고 판단한다.

사후분석(post-estimation) 명령어인 archlm을 이용해서 동일한 결과를 얻을 수 있다. 아래 그림 10-3에서 자세한 Stata 명령문과 검정결과를 제시한다. 먼저 식 10.17 AR(1) 모형에 대해 OLS 추정결과를 얻는다.** estat archlm 명령어는 잔차에 대해 ARCH(1) 효과가 있는지 가설검정한 결과를 보여준다. 검정통계량 19.044는 그림 10-2의 F 검정통계량 19.26과 거의 유사함을 알 수 있다.

| 그림 10-3 |

```
. reg ddm1 L.ddm1
      Source |       SS           df       MS      Number of obs   =      1865
-------------+----------------------------------   F(1, 1863)      =      6.73
       Model |  4.04866282         1  4.04866282   Prob > F        =    0.0096
```

* ddm1변수는 ddm 변수에 100을 곱해서 %로 변환한 변수이다.

** estat archlm 명령어를 사용하기 위해서는 그림 10-2 arima 명령어를 사용하는 대신 reg 명령어를 사용해야 한다. 그러나 arima 명령문의 결과와 reg 명령문의 추정결과는 거의 유사하기 때문에 문제가 되지 않는다.

```
    Residual |  1121.36065  1863  .601911245           R-squared     =  0.0036
-------------+------------------------------           Adj R-squared =  0.0031
       Total |  1125.40931  1864   .60376036           Root MSE      =  .77583

------------------------------------------------------------------------------
        ddm1 |      Coef.   Std. Err.      t    P>|t|     [95% Conf. Interval]
-------------+----------------------------------------------------------------
        ddm1 |
         L1. |  -.0599749   .0231249    -2.59   0.010    -.1053284   -.0146215
             |
       _cons |  -.0020928   .0179651    -0.12   0.907    -.0373266    .0331409
------------------------------------------------------------------------------

. estat archlm
LM test for autoregressive conditional heteroskedasticity (ARCH)
---------------------------------------------------------------------------
    lags(p)  |          chi2               df                 Prob > chi2
-------------+-------------------------------------------------------------
       1     |         19.044               1                   0.0000
---------------------------------------------------------------------------
         H0: no ARCH effects        vs.  H1: ARCH(p) disturbance
```

두 번째 모형으로 시간가변 분산모형인 AR(1)-ARCH(1) 모형을 설정하자.

$$\text{AR(1)-ARCH(1) 모형: } y_t = \alpha + \gamma y_{t-1} + \epsilon_t, \quad \sigma_t^2 = \omega + \eta \epsilon_{t-1}^2 \tag{10.17}$$

위 모형 추정을 위해 Stata에서 arch 명령어를 이용한다. arch 명령어 다음에 시계열 변수를 입력하고 평균 방정식에 대한 옵션으로 ar(1)을 입력한다. 8장에서 설명하였듯이 평균 방정식에 대한 옵션은 ar( ), ma( ) 그리고 arima( )를 선택할 수 있다. arch( ) 옵션에서는 ARCH 효과에 대한 차수를 지정해 준다. 본 예제에서는 ARCH(1) 모형을 가정하였기 때문에 arch(1)이라고 지정한다.

| 그림 10-4 |

```
. qui tsset date2

. arch ddm1 , ar(1) arch(1) nolog
Sample: 2 - 1867                                Number of obs     =      1866
Distribution: Gaussian                          Wald chi2(1)      =      7.21
Log likelihood = -2149.516                      Prob > chi2       =    0.0073

------------------------------------------------------------------------------
             |                 OPG
```

```
        ddm1 |      Coef.   Std. Err.      z    P>|z|     [95% Conf. Interval]
-------------+----------------------------------------------------------------
ddm1         |
       _cons |  -.0121094   .0164705    -0.74   0.462     -.044391    .0201721
-------------+----------------------------------------------------------------
ARMA         |
          ar |
         L1. |  -.0695128   .0258898    -2.68   0.007    -.1202558   -.0187698
-------------+----------------------------------------------------------------
ARCH         |
        arch |
         L1. |   .1588355   .0185848     8.55   0.000       .12241     .195261
             |
       _cons |   .5075504   .0162227    31.29   0.000     .4757545    .5393463
------------------------------------------------------------------------------
```

위 결과에서 L1.arch 변수 추정계수가 식 10.17의 $\hat{\eta}$이 된다. 평균 방정식의 추정계수는 분산모형을 ARCH(1)으로 가정하든 시간불변 모형으로 가정하든 큰 차이는 없고, 두 경우 모두 일치추정량(consistent estimator)이다. L1.arch 추정계수는 0보다 크고 1보다 작아 앞의 10.1절에서 언급한 계수 조건을 만족한다. 한편, 평균 방정식이 ARMA(1,1)이고 분산 방정식은 ARCH(3)이라면 다음과 같이 명령문을 작성할 수 있다.

```
. arch ddm1 , ar(1)  ma(1) arch(1/3) nolog

------------------ 결과 생략 ----------------------------------------
```

세 번째 모형으로 다음과 같은 AR(1)-GARCH(1,1) 모형을 설정해 보자.

$$
\begin{aligned}
y_t &= \alpha + \gamma y_{t-1} + \epsilon_t \\
\sigma_t^2 &= \omega + \eta \epsilon_{t-1}^2 + \delta \sigma_{t-1}^2
\end{aligned}
\tag{10.18}
$$

Stata에서 위 모형을 추정하기 위해 여전히 arch 명령어를 사용한다. 그림 10-5의 결과에서 확인할 수 있듯이 옵션에서 garch(1)을 추가하면 된다.

| 그림 10-5 |

```
. qui tsset date2

. arch ddm1 , ar(1) arch(1) garch(1) nolog
Sample: 2 - 1867                                Number of obs     =      1866
```

```
Distribution: Gaussian                              Wald chi2(1)    =      8.99
Log likelihood = -2063.442                          Prob > chi2     =    0.0027

------------------------------------------------------------------------------
             |                 OPG
        ddm1 |      Coef.   Std. Err.      z    P>|z|     [95% Conf. Interval]
-------------+----------------------------------------------------------------
ddm1         |
       _cons |  -.0213025    .0136609    -1.56   0.119    -.0480773    .0054724
-------------+----------------------------------------------------------------
ARMA         |
          ar |
         L1. |  -.0758805     .025311    -3.00   0.003    -.1254892   -.0262718
-------------+----------------------------------------------------------------
ARCH         |
        arch |
         L1. |   .1105382    .0118493     9.33   0.000      .087314    .1337624
             |
       garch |
         L1. |   .8688342     .014679    59.19   0.000     .8400638    .8976045
             |
       _cons |   .0156782    .0040249     3.90   0.000     .0077896    .0235668
------------------------------------------------------------------------------
```

위 결과를 보면, L1.arch 추정계수와 L1.garch 추정계수 모두 0보다 크고 통계적으로 유의함을 알 수 있다. 또한 $0 < \hat{\eta} + \hat{\delta} = 0.97 < 1$으로 10.2절에서 설명한 정상성(stationarity) 조건을 만족한다.

ARCH 또는 GARCH 모형 추정 후 분산예측(variance prediction)과 관련된 Stata 명령어에 대해서 알아보자. 식 10.17 벤치마크 모형에서는 시간불변 분산을 가정한다. 따라서 분산 예측치는 시간과 무관하게 일정하게(horizontal line) 될 것이다.

| 그림 10-6 |

```
. arch ddm1, ar(1) nolog
Time-series regression -- AR disturbances

Sample: 2 - 1867                                    Number of obs   =      1866
Distribution: Gaussian                              Wald chi2(1)    =      9.24
Log likelihood = -2172.744                          Prob > chi2     =    0.0024

------------------------------------------------------------------------------
             |                 OPG
        ddm1 |      Coef.   Std. Err.      z    P>|z|     [95% Conf. Interval]
-------------+----------------------------------------------------------------
ddm1         |
```

```
        _cons |  -.0021752   .0173667    -0.13   0.900    -.0362133    .0318629
-------------+----------------------------------------------------------------
ARMA         |
          ar |
         L1. |  -.0599707   .0197293    -3.04   0.002    -.0986395   -.021302
-------------+----------------------------------------------------------------
     /SIGMA2 |   .6010461   .0139049    43.23   0.000     .573793    .6282993
------------------------------------------------------------------------------

. predict var1, variance
. tsline var1
```

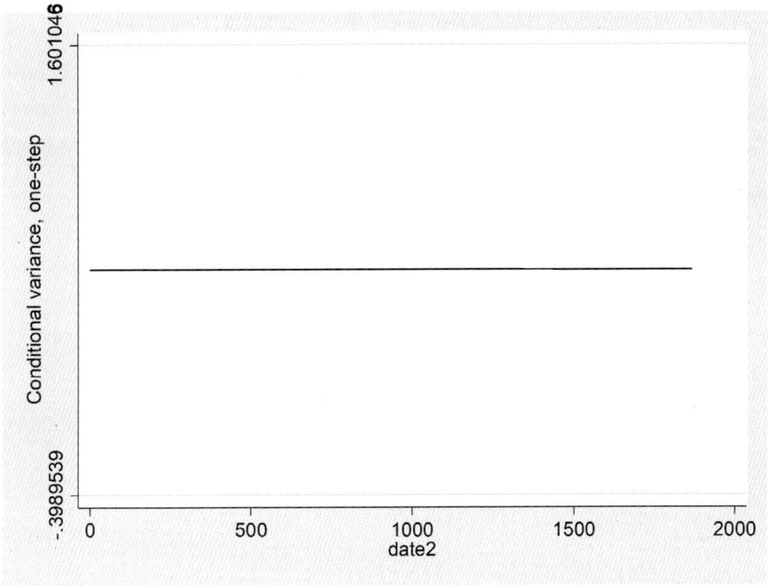

위 명령문에서 보듯이 벤치마크 모형을 추정하기 위해서는 arch 명령문에서 ar(1) 옵션만 주고 arch( ) 옵션을 사용하지 않으면 된다. predict 명령어를 이용하여 1기 앞(one-step ahead) 조건부 분산 예측치 결과를 얻는다. 이를 위해 variance 옵션을 추가하면 된다. 예상대로 조건부 분산은 시간 불변이고, 그 값은 정확히 /SIGMA2=0.601과 일치한다.

AR(1)-ARCH(1) 모형에서 1기 앞 예측은 다음과 같이 계산한다.

$$\hat{\sigma}_t^2 = \hat{\omega} + \hat{\eta}\hat{\epsilon}_{t-1}^2 \tag{10.19}$$

위 식에서 $\hat{\epsilon}_{t-1}^2$은 평균 방정식 추정결과에서 얻을 수 있는 잔차의 제곱변수이다.

| 그림 10-7 |

```
. arch ddm1, ar(1) arch(1) nolog
Sample: 2 - 1867                                Number of obs     =      1866
Distribution: Gaussian                          Wald chi2(1)      =      7.21
Log likelihood = -2149.516                      Prob > chi2       =    0.0073

------------------------------------------------------------------------------
             |                 OPG
        ddm1 |      Coef.   Std. Err.      z    P>|z|     [95% Conf. Interval]
-------------+----------------------------------------------------------------
ddm1         |
       _cons |  -.0121094   .0164705    -0.74   0.462     -.044391    .0201721
-------------+----------------------------------------------------------------
ARMA         |
          ar |
         L1. |  -.0695128   .0258898    -2.68   0.007    -.1202558   -.0187698
-------------+----------------------------------------------------------------
ARCH         |
        arch |
         L1. |   .1588355   .0185848     8.55   0.000       .12241     .195261
             |
       _cons |   .5075504   .0162227    31.29   0.000     .4757545    .5393463
------------------------------------------------------------------------------

. predict var2, variance
. tsline var2
```

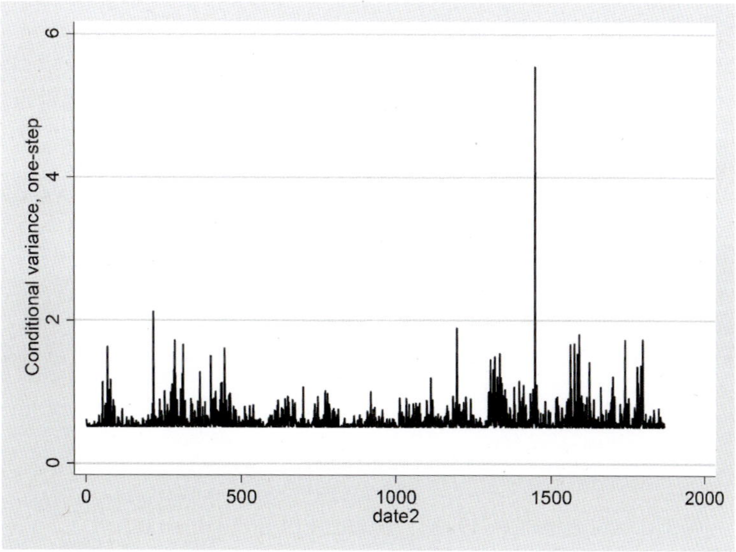


```
. capture drop ehat*
. predict ehat, resid
. gen ehat2=ehat^2
```

```
. gen var2_pred=_b[ARCH:_cons]+_b[ARCH:L1.arch]*L.ehat2
. list var2* in 1/5
     +---------------------+
     |     var2   var2_p~d |
     |---------------------|
  1. | .6030424          . |
  2. | .6030424          . |
  3. | .5327381   .5327381 |
  4. | .5083298   .5083298 |
  5. | .5143575   .5143575 |
     +---------------------+
```

arch 명령어를 이용하여 분산모형을 추정한 후 predict 명령어에 variance 옵션을 더해 1기 앞 예측에 해당하는 var2 변수를 만들 수 있다. var2 변수는 그래프를 통해 시간가변적인 분산임을 알 수 있다. 위 결과의 후반부에서는 식 10.19을 이용해서 var2 변수와 동일한 값을 얻을 수 있다는 것을 보여주고 있다. 평균 방정식 추정을 통해 잔차 ehat 변수를 얻은 후 제곱한 변수 ehat2를 만든다. 분산 방정식에서 얻은 모수추정치와 L.ehat2 변수를 곱하면 정확히 var2와 같은 값임을 확인할 수 있다.

세 번째 모형인 AR(1)-GARCH(1,1)에서도 다음과 같이 1기 앞 예측을 구할 수 있다.

$$\hat{\sigma}_t^2 = \hat{\omega} + \hat{\eta}\,\hat{\epsilon}_{t-1}^2 + \hat{\delta}\,\hat{\sigma}_{t-1}^2 \tag{10.20}$$

아래 그림 10-8의 do file을 실행하여 var3와 var3_pred 변수를 비교하면 정확히 같은 값임을 확인할 수 있다.

| 그림 10-8 |

```
qui arch ddm1, ar(1) arch(1) garch(1) nolog
predict var3, variance
capture drop ehat*
predict ehat, resid
gen ehat2=ehat^2

gen var3_pred=.
replace    var3_pred=_b[ARCH:_cons]+_b[ARCH:L1.arch]*L.ehat2 ///
+_b[ARCH:L1.garch]*L.var3 if date2>=3
```

10.3절에서는 I_t의 정보가 주어졌을 때 조건부 분산에 대한 동적예측(dynamic forecast)인 $\hat{\sigma}_{t+h}^2$의 계산과정을 설명하였다. arch 명령문 실행 후 predict 명령어를 이용해서 1기

앞 예측은 가능하다. 그러나 Stata에서 조건부 분산에 대한 동적예측 옵션은 제공하지 않고 있다. 그림 10-9에서 간단한 do file을 통해 AR(1)-ARCH(1) 모형에서 조건부 분산의 표본외 예측을 계산해보자. 이는 다음과 같은 단계를 거친다.

- 제1단계: 비조건부 분산 $\sigma^2 = \omega/(1-\eta)$ 추정치를 계산한다.
- 제2단계: $T=1,867$로서 $T+1$부터 $T+10$까지 추가 10개 시점의 분산 예측치를 계산하고자 한다. 가령 $T+1$ 시점 분산 계산은 다음과 같다.

$$\hat{\sigma}^2_{T+1}|I_t - \hat{\sigma}^2 = \hat{\eta}(\hat{\epsilon}^2_T - \hat{\sigma}^2)$$

- 제3단계: $T+2$시점의 분산 예측치는 다음과 같이 계산할 수 있다.

$$\begin{aligned}\hat{\sigma}^2_{T+2}|I_t - \hat{\sigma}^2 &= \hat{\eta}(\hat{\epsilon}^2_{T+1} - \hat{\sigma}^2)\\ &= \hat{\eta}(\hat{\sigma}^2_{T+1}|I_t - \sigma^2) = \hat{\eta}^2(\hat{\epsilon}^2_T - \hat{\sigma}^2)\end{aligned}$$

- 제4단계: 따라서 $T+10$ 시점의 분산 예측치는 다음과 같다.

$$\hat{\sigma}^2_{T+10}|I_t - \hat{\sigma}^2 = \hat{\eta}^{10}(\hat{\epsilon}^2_T - \hat{\sigma}^2) \tag{10.21}$$

여기에서 $0 < \hat{\eta} < 1$이므로 $T+10$ 시점에서 $\hat{\sigma}^2_{T+10} \approx \sigma^2$일 것으로 예상한다.

| 그림 10-9 |

```
qui arch ddm1, ar(1) arch(1) nolog
capture drop ehat*
predict ehat, resid
gen ehat2=ehat^2
local un_var=_b[ARCH:_cons]/(1-_b[ARCH:L.arch])

tsappend , add(10)
capture drop var_dynamic
gen var_dynamic=.
local ehat2_1=ehat2[1867]

forvalues i=1/10 {
        replace var_dynamic=_b[ARCH:L.arch]^`i'*(`ehat2_1'-`un_var') ///
        if date2==`i'+1867
}
```

위 명령문 과정을 보면, 먼저 AR(1)-ARCH(1) 모형을 추정한 후 잔차와 잔차제곱 변수를 생성한다. 10.3절에서 설명한대로 비조건부 분산을 계산하여 un_var 로컬매크로로 저장한다. tsappend 명령어로 10개 시점을 추가한다. 식 10.21에서 알 수 있듯이 $T=1,867$ 시점의 잔차제곱 값이 필요하다. 이 값을 ehat2_1 로컬매크로로 저장한다. 루프(loop)를 이용하여 T+1부터 T+10 시점에서 조건부 분산 예측치와 비조건부 분산의 차이를 계산한다.

그림 10-10에서는 var_dynamic 변수 결과 값을 표와 그래프로 보여준다.

| 그림 10-10 |

```
. list var_dynamic in -10/L

      +-----------+
      | var_dyn~c |
      |-----------|
1868. | -.0944623 |
1869. |  -.015004 |
1870. | -.0023832 |
1871. | -.0003785 |
1872. | -.0000601 |
      |-----------|
1873. | -9.55e-06 |
1874. | -1.52e-06 |
1875. | -2.41e-07 |
1876. | -3.83e-08 |
1877. | -6.08e-09 |
      +-----------+

. tsline var_dynamic in -10/L
```

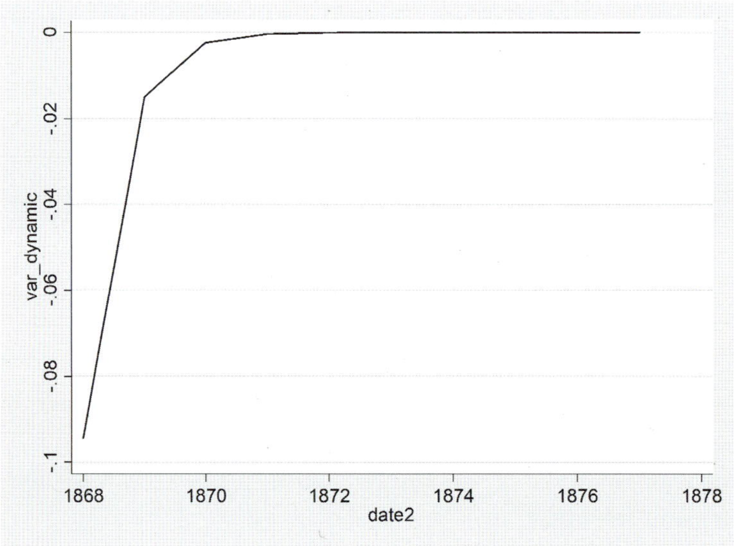

위 결과에서 알 수 있듯이 $T+10$ 시점으로 갈수록 var_dynamic 변수 값이 0에 가까워진다. 그래프를 보면 T+1부터 T+3 시점까지는 var_dynamic 변수 값이 음(-)이다. 즉 분산에 대한 표본외 예측은 비조건부 분산보다 작게 예측된다. 그러나 T+4 시점부터는 거의 0에 가까운 값이다. 즉 ARCH 모형의 차수를 p=1까지만 고려하였기 때문에 ARCH 효과가 금방 사라지는 것을 확인할 수 있다.

10.5 Stata do file

```
use T_data10_1,clear
gen year=int(date/10000)
gen month=int((date-year*10000)/100)
gen day1=date-year*10000-month*100
gen date1=mdy(month, day1, 1900+year)
format date1 %td
tsset date1

tsline ddm

gen date2=_n
tsset date2
gen ddm1=ddm*100
qui arima ddm1, ar(1) nolog
predict ehat, resid
gen ehat2=ehat^2
reg ehat2 L.ehat2

test L.ehat2
reg ddm1 L.ddm1
estat archlm

qui tsset date2
arch ddm1 , ar(1) arch(1) nolog
arch ddm1 , ar(1)  ma(1) arch(1/3) nolog

qui tsset date2
arch ddm1 , ar(1) arch(1) garch(1) nolog

arch ddm1, ar(1) nolog
predict var1, variance
tsline var1

arch ddm1, ar(1) arch(1) nolog
predict var2, variance
```

```
tsline var2

capture drop ehat*
predict ehat, resid
gen ehat2=ehat^2
gen var2_pred=_b[ARCH:_cons]+_b[ARCH:L1.arch]*L.ehat2
list var2* in 1/5

qui arch ddm1, ar(1) arch(1) garch(1) nolog
predict var3, variance
capture drop ehat*
predict ehat, resid
gen ehat2=ehat^2

gen var3_pred=.
replace     var3_pred=_b[ARCH:_cons]+_b[ARCH:L1.arch]*L.ehat2 ///
+_b[ARCH:L1.garch]*L.var3 if date2>=3


qui arch ddm1, ar(1) arch(1) nolog
capture drop ehat*
predict ehat, resid
gen ehat2=ehat^2
local un_var=_b[ARCH:_cons]/(1-_b[ARCH:L.arch])

tsappend , add(10)
capture drop var_dynamic
gen var_dynamic=.
local ehat2_1=ehat2[1867]

forvalues i=1/10 {
        replace var_dynamic=_b[ARCH:L.arch]^`i'*(`ehat2_1'-`un_var') ///
        if date2==`i'+1867
}

list var_dynamic in -10/L
tsline var_dynamic in -10/L
```

CHAPTER 11 VAR모형 (1)

11.1 VAR모형 필요성과 모형설정

5장에서 설명한 ARDL 모형은 설명변수에 종속변수의 과거값과 설명변수의 현재값 및 과거값을 동시에 포함하는 것으로 특정 시계열에 대한 예측모형으로 사용할 수 있다. ARDL 모형을 다변량(multivariate)으로 확장하면 벡터자기회귀(VAR: Vector AutoRegressive) 모형이 된다. VAR 모형은 2개 이상 내생변수(endogenous variable)의 동적변화(dynamic evolution)를 내생변수들의 과거값을 이용하여 모형화하는 접근방법이다. VAR 모형은 식별제약(identifying restrictions)에 따라 축약형(reduced) VAR, 반복적(recursive) VAR, 구조적(structural) VAR로 구분할 수 있다.

이변량 VAR 모형은 다음과 같이 쓸 수 있다.

$$\begin{aligned} y_{1t} &= \beta_0 + \beta_{11} y_{1t-1} + \beta_{21} y_{2t-2} + e_{1t} \\ y_{2t} &= \gamma_0 + \gamma_{11} y_{1t-1} + \gamma_{21} y_{2t-2} + e_{2t} \end{aligned} \qquad (11.1)$$

내생변수는 y_{1t}와 y_{2t}이고, 각 방정식은 두 내생변수의 과거값을 설명변수로 사용한다. 과거값을 $t-1$까지만 사용하고 있기 때문에 차수가 1인 VAR(1)이라고 쓸 수 있다. 두 내생변수는 같은 시점에서는 서로 상관관계를 가지고 있다고 가정한다.* 두 오차항은 동시적 상관관계(contemporaneous correlation)은 가지고 있지만 자기상관(autocorrelation)과 교차상관(cross-correlation)은 없다고 가정한다. 즉, $cov(e_{1t}, e_{2t}) \neq 0$, $cov(e_{1t}, e_{1t-s}) = 0$, $cov(e_{2t}, e_{2t-s}) = 0$, $cov(e_{1t}, e_{2t-s}) = 0$이다.

또한 식 11.1에서 y_{1t-1}과 y_{2t-1}를 풀어 반복적으로 대입하면 결국 y_{1t}와 y_{2t}는 현재 시점의 오차항(shock) e_{1t}와 e_{2t}뿐 아니라 모든 과거 오차항 e_{1t-s}와 e_{2t-s}에 의해서 영향을 받는다는 것을 알 수 있다.

반복적 VAR은 내생변수 y_{1t}와 y_{2t}의 인과관계를 미리 설정한다. 가령 식 11.1과 같은 순서로 VAR 모형을 설정하면 두 번째 방정식은 앞선 순서에 있는 y_{1t}에 의해 영향을 받

* '동시적 상관관계'의 의미는 같은 시점에서 두 내생변수 y_{1t}와 y_{2t}가 암묵적으로 상호작용(interaction)을 하고 있다는 것이다.

는다고 가정한다. 그러나 첫 번째 방정식은 y_{2t}에 영향을 받지 않는다. 축약형(reduced) VAR에서는 순서에 상관없이 오차항끼리 동시적 상관관계를 가진다고 가정하지만, 반복적(recursive) VAR에서는 자신보다 앞선 순서의 오차항에 의해 영향을 받지만 뒤쪽 순서의 오차항에 의해서는 영향을 받지 않는다고 가정한다. 이러한 식별제약(identifying restriction)은 거시모형에서 내생변수끼리 인과관계에 대한 제약이 된다. 구조 VAR(structural VAR: SVAR)은 거시모형 예측을 위해 좀 더 강한 식별제약을 VAR 모형에 주는 접근법이다.

식 11.1의 VAR 모형은 2개 이상 방정식을 한꺼번에 추정해야 하지만 각 방정식이 같은 설명변수를 포함하고 있고 추가적인 모수 제약이 없기 때문에 각 방정식을 OLS로 추정하더라도 일치추정량을 얻는다. 다만 오차항끼리의 동시적 상관관계를 고려하면 GLS(Generalized Least Sqaures) 추정이 더 효율적인 추정량이 될 수 있다.*

VAR(p) 모형에서 차수 p를 결정하는데 선험적 또는 이론적 판단을 사용하기 어렵다. 일반적으로 다양한 p에 대한 VAR 모형을 추정한 후 AIC 또는 BIC 통계량을 이용하여 차수결정에 도움을 받는다. 그러나 AIC와 BIC 통계량이 일정한 방향을 제시해주지 않는 경우도 있다. Lutkepohl(2005)에 따르면 SIC(BIC)와 HQIC(Hannan—Quinn information criterion)에 근거해 p를 결정하는 것을 추천한다. FPE(final prediction error)와 AIC는 p를 과대추정(overestimate)할 가능성이 있다고 지적한다.

11.2 관련된 가설검정

식 11.1에서 오차항 e_{1t}와 e_{2t}는 각각 백색잡음(white noise)이 되어야 한다. VAR 모형 추정 후 각 잔차항에서 자기상관이 존재하는지 가설검정할 필요가 있다. 귀무가설은 다음과 같다.

$$H_0 : cov(e_{1t}, e_{1t-s}) = 0 \text{ 및 } H_0 : cov(e_{2t}, e_{2t-s}) = 0$$

귀무가설을 기각하지 못하면 오차항이 백색잡음이라고 판단한다.

또한 식 11.1 오차항이 각각 정규분포를 따르는지 가설검정할 수 있다. 최우추정(ML)에서는 각 오차항 분포를 정규분포로 가정하고 있기 때문이다. 특정 변수가 정규분포를 따르는지는 Jarque-Bera 검정, 왜도(skewness) 검정, 그리고 첨도(kurtosis) 검정을 실행할 수 있다. 식 11.1처럼 이변량 VAR에서는 다음 3가지 귀무가설을 검정할 수 있다.

* VAR처럼 방정식 체계(system of equations)일 경우 SUR(Seemingly Unrelated Regression) 추정을 적용하면 GLS 추정결과를 얻을 수 있다.

H_0 : e_{1t}는 정규분포를 따른다. (개별검정)
H_0 : e_{2t}는 정규분포를 따른다. (개별검정)
H_0 : e_{1t}와 e_{2t}는 모두 정규분포를 따른다. (결합검정)

11.1절에서 AIC 또는 SIC 통계량을 이용하여 VAR(p)의 p차수를 미리 결정하게 된다. 차수 p를 정한 후 VAR(p) 모형을 추정한다. 사후적으로 p차수가 통계적으로 유의한지 검정할 수 있다. 각 방정식 별로 p가 유의한지 검정하고, 2개 방정식 모두에서 차수 p가 유의한지 결합검정(joint test) 할 수 있다. VAR(2) 모형을 선택하였을 때, 결합검정의 경우 귀무가설은 다음과 같다.

$$H_0 : \beta_{11} = \beta_{21} = \gamma_{11} = \gamma_{21} = 0 \quad (p = 1\text{에 대한 검정})$$
$$H_0 : \beta_{12} = \beta_{22} = \gamma_{12} = \gamma_{22} = 0 \quad (p = 2\text{에 대한 검정})$$

11.3 예측과정

VAR 모형에서는 1기 앞(one-step ahead) 예측과 동적예측(dynamic forecast)을 실행할 수 있지만, 1기 앞 예측은 별 의미가 없다. T 시점까지 정보가 주어졌을 때 표본외 예측을 실행하는 것이 의미가 있을 것이다.* 따라서 본 절에서는 동적예측에 대해서 설명한다.

식 11.1 모형을 추정한 후 y_{1T+1} 예측값은 $E(y_{1T+1}|I_T)$으로 표현할 수 있다.

$$\hat{y}_{1T+1} = \hat{\beta}_0 + \hat{\beta}_{11}y_{1T} + \hat{\beta}_{21}y_{2T} \tag{11.2}$$
$$\hat{y}_{2T+1} = \hat{\gamma}_0 + \hat{\gamma}_{11}y_{1T} + \hat{\gamma}_{21}y_{2T} \tag{11.3}$$

같은 아이디어를 이용하면 y_{1T+2} 예측값은 다음이 된다.

$$\hat{y}_{1T+2} = \hat{\beta}_0 + \hat{\beta}_{11}\hat{y}_{1T+1} + \hat{\beta}_{21}\hat{y}_{2T+1} \tag{11.4}$$

식 11.2와 식 11.3을 식 11.4에 대입하여 계산하게 된다. $\hat{y}_{2T+1}$과 $\hat{y}_{2T+2}$도 유사한 방식으로 예측치를 얻을 수 있다. Lutkepohl(2005)에서는 예측오차에 대한 점근적 공분산(asymptotic covariance) 행렬을 도출하였다. 그 결과를 이용하고 오차항 e_{1t}와 e_{2t}에 대해 정규분포 가정을 이용하면 표본외 예측에 대한 95% 신뢰구간은 다음과 같다.

* 그러나 Stata에서는 1기 앞 예측과 동적예측에 대한 명령어를 모두 제공한다.

$$\hat{y}_{1T+1} \pm z_{0.025}\hat{\sigma}_{1T+1} \tag{11.5}$$

위 식에서 $\hat{\sigma}_{1T+1}$은 Lutkepohl(2005)에서 도출한 $T+1$ 시점 예측오차의 공분산 행렬에서 얻을 수 있다.

11.4 STATA 실습

data file: T_data11_1.dta*

예제 데이터는 1959년 2월~1995년 4월까지 미국의 월별 산업생산(IP), M1 잔액(M1)과 이자율 변수(TB3)를 포함하고 있다. 3개의 내생변수의 상호작용을 모형화하기 위해 다음과 같이 VAR(2) 모형을 설정하자.

$$\begin{aligned} IP_t &= \beta_0 + \sum_{p=1}^{2}\beta_{1p}IP_{t-p} + \sum_{p=1}^{2}\beta_{2p}M1_{t-p} + \sum_{p=1}^{2}\beta_{3p}TB_{t-p} + e_{1t} \\ M1_t &= \gamma_0 + \sum_{p=1}^{2}\gamma_{1p}IP_{t-p} + \sum_{p=1}^{2}\gamma_{2p}M1_{t-p} + \sum_{p=1}^{2}\gamma_{3p}TB_{t-p} + e_{2t} \\ TB_t &= \delta_0 + \sum_{p=1}^{2}\delta_{1p}IP_{t-p} + \sum_{p=1}^{2}\delta_{2p}M1_{t-p} + \sum_{p=1}^{2}\delta_{3p}TB_{t-p} + e_{3t} \end{aligned} \tag{11.6}$$

예제에서는 내생변수에 대해 모두 로그를 취한 값을 사용하여 추정결과를 제시한다. 식 11.6 VAR 모형을 추정하기 전에 $p=2$의 시차가 적절한지 관련된 통계량을 Stata에서 보여준다.

| 그림 11-1 |

```
. use T_data11_1, clear
. gen month=monthly(obs, "ym")
. format month %tm
. order month
. tsset month
        time variable:  month, 1959m2 to 1995m4
                delta:  1 month
. gen LIP=log(IP)
. gen LM1=log(M1)
. gen LTB3=log(TB3)

. varsoc LIP LM1 LTB3, maxlag(4)
```

* Eviews 7.0 매뉴얼 32장 예제 데이터를 인용하였다.

```
 Selection-order criteria
 Sample:  1959m6 - 1995m4                          Number of obs      =      431
+---------------------------------------------------------------------------+
|lag |    LL      LR      df    p      FPE       AIC      HQIC      SBIC    |
|----+----------------------------------------------------------------------|
|  0 | -174.864                       .000458   .825354   .836528   .853656  |
|  1 |  3703.94  7757.6    9  0.000  7.3e-12  -17.132   -17.0873  -17.0187   |
|  2 |  3819.78  231.68    9  0.000  4.4e-12  -17.6277  -17.5495* -17.4296*  |
|  3 |  3832.25  24.948    9  0.003  4.4e-12  -17.6439  -17.5321  -17.3608   |
|  4 |  3852.14  39.786*   9  0.000  4.1e-12* -17.6944* -17.5491  -17.3265   |
+---------------------------------------------------------------------------+
 Endogenous:  LIP LM1 LTB3
  Exogenous:  _cons
```

시간변수에 해당하는 obs가 문자변수(string variable)로 되어 있기 때문에 숫자변수인 month 변수를 새로 생성하여 **tsset** 명령문을 실행한다. **varsoc** 명령어 다음에 3개의 내생 변수 이름을 지정한다. 그리고 옵션으로 VAR 모형의 최대 차수를 지정한다. **maxlag(4)**는 VAR(1)~VAR(4) 모형까지 추정한 후 차수 선택을 위한 통계량을 제시하라는 의미이다. SBIC에 따르면 $p = 2$일 때 값이 최소화 된다. 따라서 본 예제에서는 VAR(2) 모형을 선택한다.

아래 그림 11-2에서는 VAR(2) 모형 추정결과를 보여준다. Stata에서 VAR 모형 추정결과를 얻는 2가지 명령어는 **varbasic**과 **var**이다.

| 그림 11-2 |

```
. varbasic LIP LM1 LTB3 , lags(1/2) nograph

Sample:  1959m4 - 1995m4                      No. of obs      =       433
Log likelihood =  3837.774                    AIC             = -17.62944
FPE            =  4.43e-12                    HQIC            = -17.55151
Det(Sigma_ml)  =  4.02e-12                    SBIC            = -17.43202

Equation           Parms      RMSE     R-sq      chi2     P>chi2
----------------------------------------------------------------
LIP                  7     .008268   0.9994   701187.4   0.0000
LM1                  7     .004165   1.0000   1.13e+07   0.0000
LTB3                 7     .060466   0.9816    23133.3   0.0000
----------------------------------------------------------------

------------------------------------------------------------------------------
             |      Coef.   Std. Err.      z    P>|z|     [95% Conf. Interval]
-------------+----------------------------------------------------------------
LIP          |
         LIP |
```

```
         L1. |   1.32363   .0453094    29.21   0.000     1.234825    1.412435
         L2. | -.3250381   .0456616    -7.12   0.000    -.4145331    -.235543
             |
         LM1 |
         L1. |  .1874397   .0860815     2.18   0.029      .018723    .3561564
         L2. | -.1869349   .0857675    -2.18   0.029    -.3550361   -.0188337
             |
        LTB3 |
         L1. |  .0156942   .0061442     2.55   0.011     .0036517    .0277366
         L2. | -.0185306   .0061214    -3.03   0.002    -.0305284   -.0065328
             |
       _cons |  .0088155   .0085147     1.04   0.301    -.0078729     .025504
-------------+----------------------------------------------------------------
---------------------- 결과 중략 ---------------------------------------------

. var LIP LM1 LTB3 , lags(1/2)

Vector autoregression

Sample:  1959m4 - 1995m4                        No. of obs      =        433
Log likelihood ≒  3837.774                      AIC             =  -17.62944
FPE            =  4.43e-12                      HQIC            =  -17.55151
Det(Sigma_ml)  =  4.02e-12                      SBIC            =  -17.43202

Equation           Parms      RMSE     R-sq      chi2     P>chi2
----------------------------------------------------------------
LIP                  7     .008268   0.9994   701187.4   0.0000
LM1                  7     .004165   1.0000   1.13e+07   0.0000
LTB3                 7     .060466   0.9816    23133.3   0.0000
----------------------------------------------------------------

------------------------------------------------------------------------------
             |      Coef.   Std. Err.      z    P>|z|     [95% Conf. Interval]
-------------+----------------------------------------------------------------
LIP          |
         LIP |
         L1. |   1.32363   .0453094    29.21   0.000     1.234825    1.412435
         L2. | -.3250381   .0456616    -7.12   0.000    -.4145331    -.235543
             |
         LM1 |
         L1. |  .1874397   .0860815     2.18   0.029      .018723    .3561564
         L2. | -.1869349   .0857675    -2.18   0.029    -.3550361   -.0188337
             |
        LTB3 |
         L1. |  .0156942   .0061442     2.55   0.011     .0036517    .0277366
         L2. | -.0185306   .0061214    -3.03   0.002    -.0305284   -.0065328
             |
       _cons |  .0088155   .0085147     1.04   0.301    -.0078729     .025504
-------------+----------------------------------------------------------------
---------------------- 결과 중략 ---------------------------------------------
```

위에서 보듯이 varbasic 명령어와 var 명령어는 기본적으로 같은 결과를 보여준다. varbasic 다음에 내생변수 3개의 이름을 지정하고 lags( ) 옵션에서 p차수를 입력한다. 그리고 nograph 옵션을 사용한다. nograph 옵션을 사용하지 않으면, 추정결과를 이용하여 충격반응함수(Impulse Response Function: IRF) 그래프를 보여준다.* VAR 추정결과를 제시하기 전에 모형에 대한 다양한 통계량을 먼저 보여준다. 그림 11-1과 그림 11-2 통계량에서 조금 차이가 있는 이유는 추정에 사용된 표본기간이 서로 다르기 때문이다.** var 명령문은 varbasic 명령문과 거의 유사하다. 다만 nograph 옵션을 써줄 필요가 없다. var 다음에 IRF를 얻기 위해서는 사후분석 명령어를 따로 써주어야 하기 때문이다. 각 방정식 별로 R-sq와 chi2 검정통계량을 제시한다. chi2 검정통계량은 각 방정식 별로 6개 계수가 모두 0인지 가설검정한다. 모형의 유의성 검정이라고 해석할 수 있다. VAR 모형 추정에서는 많은 계수 추정치가 주어지지만, VAR 모형의 주요 목적이 계수를 해석하는 것은 아니고 내생변수 예측치를 얻기 위함이다. 따라서 추정계수 자체를 해석하지는 않는다.

아래 그림 11-3에서는 그림 11-2 VAR(2) 추정결과를 어떻게 얻었는지를 보여준다. 11.1절에서 설명하였듯이 각 방정식을 OLS로 추정하면 정확히 그림 11-2와 같은 결과임을 확인할 수 있다. 다만 표준오차에서만 차이가 있다. 3개 방정식 오차항끼리 동시적 상관관계를 고려하는 효율적 추정을 위해서 SUR 추정을 적용할 수 있다. Stata에서는 sureg 명령어를 이용한다. 추정계수와 표준오차가 모두 앞의 그림 11.2와 같다. SUR 추정과 sureg 명령문에 대한 자세한 설명은 민인식 · 최필선(2019c)의 4장을 참고하라.

| 그림 11-3 |

```
. reg LIP L(1/2).(LIP LM1 LTB3)
      Source |       SS           df       MS      Number of obs   =       433
-------------+----------------------------------   F(  6,    426)  =         .
       Model |  47.1599051         6  7.85998419   Prob > F        =    0.0000
    Residual |  .02912237       426  .000068362   R-squared       =    0.9994
-------------+----------------------------------   Adj R-squared   =    0.9994
       Total |  47.1890275       432   .10923386   Root MSE        =    .00827

------------------------------------------------------------------------------
         LIP |      Coef.   Std. Err.      t    P>|t|     [95% Conf. Interval]
-------------+----------------------------------------------------------------
         LIP |
         L1. |    1.32363   .0456802    28.98   0.000     1.233844    1.413417
```

* IRF에 대한 자세한 설명은 본서 12장을 참고하라.

** varsoc 명령문에서는 최대 p=4까지 고려하기 때문에 VAR(p) 모형에 대해 똑같이 1959년 6월부터 시작하는 표본을 이용한다.

```
         L2. | -.3250381   .0460352   -7.06   0.000    -.4155224   -.2345537
             |
         LM1 |
         L1. |  .1874397   .0867859    2.16   0.031     .0168579    .3580215
         L2. | -.1869349   .0864693   -2.16   0.031    -.3568945   -.0169753
             |
        LTB3 |
         L1. |  .0156942   .0061945    2.53   0.012     .0035186    .0278697
         L2. | -.0185306   .0061715   -3.00   0.003    -.0306611   -.0064002
             |
       _cons |  .0088155   .0085843    1.03   0.305    -.0080574    .0256885
------------------------------------------------------------------------------

. sureg (LIP L(1/2).(LIP LM1 LTB3)) ( LM1 L(1/2).(LIP LM1 LTB3)) (LTB3
L(1/2).(LIP LM1 LTB3))
------------------------------------------------------------------------------
             |      Coef.   Std. Err.      z    P>|z|     [95% Conf. Interval]
-------------+----------------------------------------------------------------
LIP          |
         LIP |
         L1. |    1.32363   .0453094   29.21   0.000     1.234825    1.412435
         L2. | -.3250381   .0456616   -7.12   0.000    -.4145331    -.235543
             |
         LM1 |
         L1. |  .1874397   .0860815    2.18   0.029      .018723    .3561564
         L2. | -.1869349   .0857675   -2.18   0.029    -.3550361   -.0188337
             |
        LTB3 |
         L1. |  .0156942   .0061442    2.55   0.011     .0036517    .0277366
         L2. | -.0185306   .0061214   -3.03   0.002    -.0305284   -.0065328
             |
       _cons |  .0088155   .0085147    1.04   0.301    -.0078729     .025504
-------------+----------------------------------------------------------------
------------------------------ 결과 중략--------------------------------------
```

이번에는 varbasic 또는 var 명령어를 이용하여 모형을 추정한 후 11.2절에서 설명한 관련된 가설검정을 실행해보자. 아래 그림 11-4에서는 varbasic 명령문 이후 사후분석 명령어를 소개한다.

| 그림 11-4 |

```
. qui varbasic IP M1 TB3 , lags(1/2) nograph

. varlmar, mlag(2)
  Lagrange-multiplier test
 +--------------------------------------+
 | lag  |      chi2    df   Prob > chi2 |
```

```
|------+-------------------------------|
|  1   |   24.6115    9     0.00343    |
|  2   |   14.2780    9     0.11277    |
+--------------------------------------+
 H0: no autocorrelation at lag order

. varnorm, jbera
 Jarque-Bera test
+------------------------------------------------------------+
|            Equation |          chi2    df  Prob > chi2 |
|---------------------+--------------------------------------|
|                 LIP |       914.110   2      0.00000    |
|                 LM1 |        37.159   2      0.00000    |
|                LTB3 |       126.505   2      0.00000    |
|                 ALL |      1077.774   6      0.00000    |
+------------------------------------------------------------+

. varwle
 Equation: LIP
+-------------------------------------+
| lag |     chi2       df  Prob > chi2 |
|-----+-------------------------------|
|   1 |  947.6075     3      0.000     |
|   2 |  80.04563     3      0.000     |
+-------------------------------------+
 Equation: LM1
+-------------------------------------+
| lag |     chi2       df  Prob > chi2 |
|-----+-------------------------------|
|   1 |  1035.024     3      0.000     |
|   2 |  102.4971     3      0.000     |
+-------------------------------------+
 Equation: LTB3
+-------------------------------------+
| lag |     chi2       df  Prob > chi2 |
|-----+-------------------------------|
|   1 |  894.0886     3      0.000     |
|   2 |  90.03424     3      0.000     |
+-------------------------------------+
 Equation: All
+-------------------------------------+
| lag |     chi2       df  Prob > chi2 |
|-----+-------------------------------|
|   1 |  2827.273     9      0.000     |
|   2 |   263.568     9      0.000     |
+-------------------------------------+
```

먼저 **varlmar** 명령어는 앞서 설명하였듯이 각 방정식 오차항이 백색잡음인지, 즉 1계/2계 자기상관이 존재하는지 가설검정한다. 검정결과 lag=1에서 귀무가설을 기각한다. 즉 1

계 자기상관이 존재한다고 판단할 수 있다. 이런 경우에는 VAR(2) 외에 p차수를 증가시키는 모형설정이 필요하다고 해석할 수 있다. 오차항 정규분포 여부를 검정하는 varnorm 명령문에서 옵션을 사용하지 않으면 Jarque-Bera, Skewness, Kurtosis 3가지 검정결과를 보여준다. 위에서처럼 jbera 옵션을 사용하면, 정규성 검정 중 Jarque-Bera 검정결과만 보여준다. 각 방정식 별로 모두 귀무가설을 기각한다. 따라서 정규분포를 따르지 않는다고 해석한다. 전체에 대해 검정한 ALL에서도 역시 귀무가설을 기각한다. 마지막으로 varwle 명령어는 각 방정식 별로 래그(lag) 변수들이 결합적으로 유의한지 가설검정한다. 가령 LIP 방정식에서 lag 1은 IP_{t-1}, $M1_{t-1}$, TB_{t-1} 변수의 계수가 유의한지 결합검정한다. 귀무가설을 기각하기 때문에 유의하다고 해석할 수 있다. lag=2에서는 IP_{t-2}, $M1_{t-2}$, TB_{t-2} 변수의 계수가 유의한지 결합검정한다. lag=1과 마찬가지로 귀무가설을 기각한다.

다음 그림 11-5에서는 VAR 모형 추정 후 표본내 예측 결과를 변수로 생성하는 예제를 제시한다.

| 그림 11-5 |

```
. qui varbasic LIP LM1 LTB3 , lags(1/2) nograph

. predict f_LIP, eq(LIP)
. predict f_LM1, eq(LM1)
. predict f_LTB3, eq(LTB3)

. tsline LIP f_LIP if mont>=ym(1985,1)
```

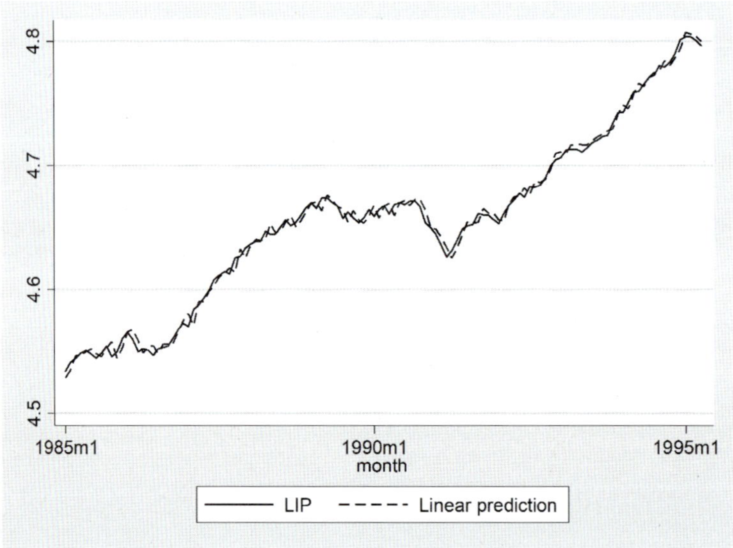

먼저 모형을 추정한 후 predict 명령문을 이용하여 표본내 예측 결과를 만들어준다. eq( ) 옵션은 3개의 내생변수 중 어떤 내생변수에 예측치를 만들 것인지를 지정해준다. 표본내 예측은 $t-1$기와 $t-2$기에 주어진 값을 이용하여 쉽게 계산할 수 있다. 그림 11-2의 VAR 추정결과에서 R2가 모두 98%가 넘기 때문에 표본내 예측값은 실제값과 거의 유사하다는 것을 확인할 수 있다

그러나 시계열 예측에서는 표본외 예측이 더 중요할 수 있다. fcast compute와 fcast graph 명령어를 이용하여 동적예측(dynamic forecast) 결과를 얻을 수 있다. 다음 예에서는 표본외 예측의 성과를 판단하기 위해서 varbasic 명령문에서 1994년 6월까지 표본만 사용하여 추정한다. 마지막 12개월 표본은 사용하지 않고 실제값과 예측값을 비교하고자 한다. fcast compute 명령어는 VAR 모형 추정 후 동적예측을 실행해 준다. fcast compute 다음에 예측결과 변수들의 이름을 무엇으로 시작할지를 결정해 준다. "dy_"를 입력했기 때문에 총 12개의 변수가 모두 dy_로 시작하는 변수명을 가지게 된다. 그리고 dynamic( ) 옵션에서 1994년 7월부터 표본외 예측을 시작하라고 지정한다. step(12)은 1994년 7월부터 총 12개월 예측치를 계산하라는 옵션이다. 각 변수명에서 UB는 95% 신뢰구간의 상한이고 LB는 하한이라는 것을 쉽게 짐작할 수 있다. 또한 SE는 예측치에 대한 표준오차가 된다.

| 그림 11-6 |

```
. qui varbasic LIP LM1 LTB3 if month<=ym(1994,6) , lags(1/2) nograph

. fcast compute dy_, dynamic(tm(1994m7)) step(12)
. fcast graph dy_LIP dy_LM1 dy_LTB3, observed
```

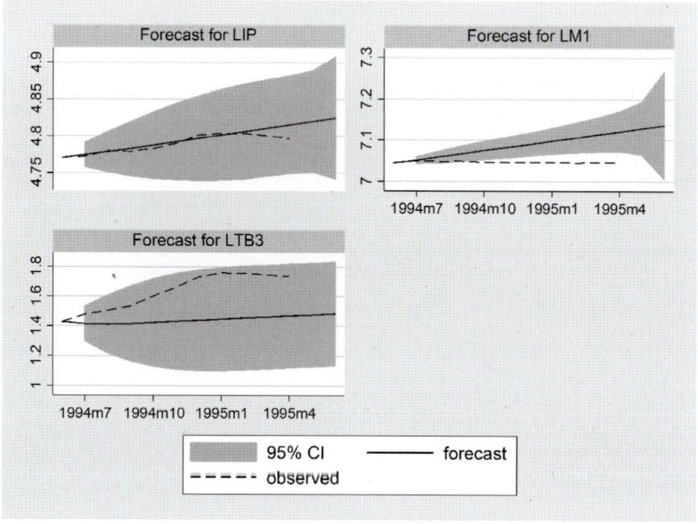

위 결과에서 fcast graph 명령어는 반드시 fcast compute 다음에만 사용할 수 있음에 주의해야 한다. 예측결과를 그래프로 그려주는데, 그래프로 표현하고자 하는 변수명을 fcast graph 다음에 입력해 준다. 위 예제 명령문에서는 3개의 예측변수를 모두 입력하였기 때문에 3개의 그래프를 그리게 된다. observed 옵션은 1994년 7월~1995년 4월까지 실제 관찰된 각 내생변수 값을 그래프에 같이 그리라는 의미이다. LIP 변수의 경우 예측치가 실제치와 거의 같다는 것을 알 수 있다. 반면 LM1 변수는 예측치와 실제치가 차이가 매우 크고 95% 신뢰구간 바깥쪽에 실제치가 존재한다. LTB3 변수는 실제치와 예측치가 어느 정도 차이가 있다. 신뢰구간을 표현하지 않으려면 fcast graph 명령문에서 noci 옵션을 추가하면 된다.

11.5 Stata do file

```
use T_data11_1,clear
gen month=monthly(obs, "ym")
format month %tm
order month
tsset month

gen LIP=log(IP)
gen LM1=log(M1)
gen LTB3=log(TB3)

varsoc LIP LM1 LTB3, maxlag(4)
varbasic LIP LM1 LTB3 , lags(1/2) nograph
var LIP LM1 LTB3 , lags(1/2)
reg LIP L(1/2).(LIP LM1 LTB3)

 sureg (LIP L(1/2).(LIP LM1 LTB3)) ///
 ( LM1 L(1/2).(LIP LM1 LTB3)) ///
 (LTB3 L(1/2).(LIP LM1 LTB3))

qui varbasic IP M1 TB3 , lags(1/2) nograph
varlmar, mlag(2)
varnorm, jbera
varwle

qui varbasic LIP LM1 LTB3 , lags(1/2) nograph
predict f_LIP, eq(LIP)
predict f_LM1, eq(LM1)
predict f_LTB3, eq(LTB3)
tsline LIP f_LIP if mont>=ym(1985,1)
```

```
qui varbasic LIP LM1 LTB3 if month<=ym(1994,6) ///
, lags(1/2) nograph

fcast compute dy_, dynamic(tm(1994m7)) step(12)
fcast graph dy_LIP dy_LM1 dy_LTB3, observed
```

CHAPTER 12 VAR모형 (2)

12.1 충격반응함수

VAR 모형 설정을 통해 거시경제 연구자는 충격반응함수(Impulse Response Function: 이하 IRF)와 예측오차 분산분해(Forecast Error Variance Decomposition: 이하 FEVD) 분석을 중요시한다. 특정 내생변수의 t 시점 충격(shock)이 자기 자신뿐 아니라 모형 내 다른 내생변수에 어떤 영향을 미치는지 분석하는 것이 기본 아이디어이다. 특히 IRF는 충격에 반응하는 내생변수들의 시간에 따른 경로를 보여준다.

먼저 ARIMA 모형과 같은 단일변량 시계열 예측모형에서 IRF의 도출과정을 설명한다.* ARIMA 모형 중 가장 단순한 AR(1) 모형을 설정하자.

$$y_y = \beta y_{t-1} + e_t \tag{12.1}$$

초기값 $y_0 = 0$이라고 두고, $t=1$ 시점에서 오차항 값이 e이고, 그 이후 시점에서는 오차항이 0이라고 가정하자(즉 $t+1$ 시점부터는 충격이 없는 상황). y_1부터 경로를 계산하면 $\{y_1, y_2, y_3, \cdots\} = \{e, \beta e, \beta^2 e, \cdots\}$이 된다. $0 < \beta < 1$이기 때문에 y_t 경로는 지수적으로 감소하게 된다. $t=1$ 시점에서 멀어질수록 줄어들어 결국 0에 가까워진다. $t=1$ 시점 충격의 효과가 소멸되게 된다. 특정 시점에서의 충격이 그 이후 시점에 내생변수를 어느 정도 변화시키는지 경로로 표현한 것이 IRF이다. 다음과 같이 1차 미분으로 표현할 수 있다.

$$\left.\frac{\partial y_{t+s}}{\partial e_t}\right|_{e_{t+s+1}=0}, \ s = 0, 1, 2, \cdots \tag{12.2}$$

다음으로 이변량 VAR 모형에서 IRF를 도출하는 과정을 살펴보자.

$$\begin{aligned} y_{1t} &= \beta_0 + \beta_{11} y_{1t-1} + \beta_{21} y_{2t-1} + e_{1t} \\ y_{2t} &= \gamma_0 + \gamma_{11} y_{1t-1} + \gamma_{21} y_{2t-1} + e_{2t} \end{aligned} \tag{12.3}$$

* 본 절은 Hill et al.(2012) 13장을 참고하였다.

t 시점에 e_{1t}와 e_{2t} 오차항에 충격이 발생할 수 있다. 따라서 4개의 IRF가 도출될 수 있다.

| 표 12-1 |

t 시점 e_{1t}에서 충격 발생	⇨	■ y_{1t}의 경로에 미치는 효과 ■ y_{2t}의 경로에 미치는 효과
t 시점 e_{2t}에서 충격 발생	⇨	■ y_{1t}의 경로에 미치는 효과 ■ y_{2t}의 경로에 미치는 효과

다변량 시계열 모형에서 IRF를 도출하기 위해서는 다음 2가지를 고려해야 한다. 첫째, 내생변수들끼리 상호작용이다. 둘째, e_{1t}와 e_{2t}가 서로 동시적 상관관계를 가지기 때문에 가령 e_{1t} 충격의 크기를 정확히 식별(identify)해야 한다.

IRF 도출을 단순화하기 위해서 e_{1t}와 e_{2t}가 서로 독립이라고 가정하자. 즉 식별문제는 잠시 고려하지 않는다. 오차항 e_{1t}와 e_{2t} 분포를 각각 $N(0, \sigma_1^2)$와 $N(0, \sigma_2^2)$라고 가정하고 $t=1$ 시점에서 충격이 $e_{11}=\sigma_1$(1표준편차 충격)만큼 발생하였다고 가정하자. 동시적 상관관계가 없기 때문에 $e_{21}=0$이 된다. y_{1t}과 y_{2t}의 경로는 다음과 같다. 계산과정의 편의를 위해 상수항은 제외한다.

| 표 12-2 |

시점	변수 경로	
	y_{11}	y_{21}
$t=1$	σ_1	0
$t=2$	$\beta_{11}\sigma_1$	$\gamma_{11}\sigma_1$
$t=3$	$\beta_{11}^2\sigma_1+\beta_{21}\gamma_{11}\sigma_1$	$\gamma_{11}\beta_{11}\sigma_1+\gamma_{21}\gamma_{11}\sigma_1$

표 12-2 작업을 반복적으로 실행하면 y_{1t}와 y_{2t}의 경로를 얻을 수 있다. e_{2t}에 충격이 발생한 경우에도 거의 유사한 계산과정을 거쳐 IRF 그래프를 그릴 수 있다.

오차항 e_{1t}와 e_{2t}가 동시적 상관관계를 가지지 않는다면 위와 같이 쉽게 IRF를 도출할 수 있다. 그러나 일반적인 VAR 모형 가정에서는 두 오차항이 동시적 상관관계를 갖는다. 오차항이 동시적 상관관계를 갖는다는 의미는 y_{1t}와 y_{2t}가 같은 시점에서 서로 영향을 주고받는 것이다. 두 내생변수의 동적관계에 대한 구조모형(structural model)은 다음과 같다.

$$
\begin{aligned}
y_{1t} &= \theta_1 y_{2t} + \theta_{11} y_{1t-1} + \theta_{21} y_{2t-1} + \epsilon_{1t} \\
y_{2t} &= \lambda y_{1t} + \lambda_{11} y_{1t-1} + \lambda_{21} y_{2t-1} + \epsilon_{2t}
\end{aligned} \tag{12.4}
$$

식 12.4를 행렬로 표현하면

$$
\begin{pmatrix} 1 & -\theta_1 \\ -\lambda_2 & 1 \end{pmatrix}\begin{pmatrix} y_{1t} \\ y_{2t} \end{pmatrix} = \begin{pmatrix} \theta_{11} & \theta_{21} \\ \lambda_{11} & \lambda_{21} \end{pmatrix}\begin{pmatrix} y_{1t-1} \\ y_{2t-1} \end{pmatrix} + \begin{pmatrix} \epsilon_{1t} \\ \epsilon_{2t} \end{pmatrix}
$$

$$
BY_t = AY_{t-1} + \Pi_t \tag{12.5}
$$

위 식에서 Π_t는 동시적 상관관계가 없는 오차항이 된다. 식 12.4를 축약형(reduced form)으로 표현하면 식 12.3이 된다. 또한 식 12.3을 행렬로 표현하면 다음이 된다.

$$
Y_t = CY_{t-1} + E_t \tag{12.6}
$$

식 12.5와 식 12.6을 비교하면 구조모형과 축약형 모형의 관계는 다음과 같다.

$$
C = B^{-1}A \text{ 및 } E_t = B^{-1}\Pi_t \tag{12.7}
$$

동시적 상관관계가 없는 앞의 예제에서는 결국 $\epsilon_{1t} = e_{1t}$이고, $\epsilon_{2t} = e_{2t}$가 된다. 그러나 동시적 상관관계를 가정하면 e_{1t}와 e_{2t}에 충격을 주고 IRF를 구하는 것은 의미가 없다. 특정한 식별조건을 주고 ϵ_{1t}와 ϵ_{2t}를 찾아야 한다. 즉, 특정한 식별조건에 따라 B행렬을 구할 수 있다.

12.2 분산분해

특정 방정식에서의 충격이 내생변수에 어떤 영향을 미치는지 분석하는 방법 중 하나는 예측오차 분산분해(FEVD)이다. 먼저 단일변량 시계열 모형에서 FEVD를 도출하는 과정을 설명한다. AR(1) 모형에서 t 시점까지 정보가 주어졌을 때 $t+1$ 시점의 예측값은 다음과 같다.

$$
\hat{y}_{t+1} = E(\beta y_t + e_{t+1} | t) \tag{12.8}
$$

e_{t+1}은 자기상관이 없기 때문에 $\hat{y}_{t+1} = \beta y_t$가 된다. 예측오차(forecast error: FE)는 다음과 같이 정의한다.

$$FE: y_{t+1} - \hat{y}_{t+1} = e_{t+1} \tag{12.9}$$

예측오차 분산은 $var(e_{t+1}) = \sigma^2$이 된다. 같은 아이디어를 활용하여 $t+2$ 시점 예측오차와 그 분산은 다음과 같이 됨을 쉽게 보일 수 있다.

$$y_{t+2} - \hat{y}_{t+2} = y_{t+2} - \beta^2 y_t = \beta e_{t+1} + e_{t+2} \tag{12.10}$$

$$var(\beta e_{t+1} + e_{t+2}) = \sigma^2(1+\beta^2) \tag{12.11}$$

식 12.9와 식 12.11을 비교하면 $var(e_{t+1}) < var(\beta e_{t+1} + e_{t+2})$이다. 즉 t 시점에서 멀어질수록 예측오차 분산은 커지게 된다.

이변량 VAR 모형에서 오차항 e_{1t}와 e_{2t}의 분산이 예측오차 분산에 영향을 미치기 때문에 계산과정이 훨씬 복잡하다. 식 12.3 이변량 모형을 가정하고 예측오차를 계산해 보자.*

$$\begin{aligned} \hat{y}_{1t+1} &= E(\beta_{11}y_{1t} + \beta_{21}y_{2t} + e_{1t+1} \mid t) = \beta_{11}y_{1t} + \beta_{21}y_{2t} \\ \hat{y}_{2t+1} &= E(\gamma_{11}y_{1t} + \gamma_{21}y_{2t} + e_{2t+1} \mid t) = \gamma_{11}y_{1t} + \gamma_{21}y_{2t} \end{aligned} \tag{12.12}$$

식 12.12를 이용하면 예측오차는 식 12.13이 된다.

$$\begin{aligned} FE_{1t+1} &: y_{1t+1} - \hat{y}_{1t+1} = e_{1t+1} \\ FE_{2t+1} &: y_{2t+1} - \hat{y}_{2t+1} = e_{2t+1} \end{aligned} \tag{12.13}$$

따라서 예측오차의 분산은 식 12.14가 된다.

$$\begin{aligned} var(FE_{1t+1}) &= \sigma_1^2 \\ var(FE_{2t+1}) &= \sigma_2^2 \end{aligned} \tag{12.14}$$

식 12.14를 보면 $t+1$ 시점 예측오차 분산은 전적으로 해당 오차항의 분산에만 의존한다. 즉 예측오차 분산 중 자기 오차항 분산이 차지하는 비율이 1이다.

유사한 반복과정을 거쳐 $t+2$ 시점의 예측오차를 계산하면 다음과 같다.

---

* 상수항은 무시하고 계산한다.

$$var(FE_{1t+2}) = \beta_{11}\sigma_1^2 + \beta_{21}\sigma_2^2 + \sigma_1^2$$
$$var(FE_{2t+2}) = \gamma_{11}\sigma_1^2 + \gamma_{21}\sigma_2^2 + \sigma_2^2 \quad (12.15)$$

FEVD는 다음과 같이 $t+2$ 시점에서 예측오차 분산 중 자기 오차항 분산이 차지하는 비율로 정의된다.

$$FEVD_{1t+2} = \frac{\beta_{11}\sigma_1^2 + \sigma_1^2}{var(FE_{1t+2})}$$
$$FEVD_{2t+2} = \frac{\gamma_{21}\sigma_2^2 + \sigma_2^2}{var(FE_{2t+2})} \quad (12.16)$$

$t+3$ 시점에서의 FEVD 역시 유사한 과정을 거쳐서 계산할 수 있다.

12.1절에서 설명한 IRF와 본 절에서 설명한 FEVD를 통해 VAR 모형 추정 후 내생변수들이 서로 어느 정도 유의하게 영향을 주고받는지를 판단할 수 있다. IRF는 각 내생변수의 충격이 다른 내생변수에 미치는 효과를 동적으로 추적할 수 있고, FEVD 분석은 예측오차 변동성이 어디에 기인하는지 판별할 수 있다.

앞서 언급하였듯이 위 풀이과정은 식 12.3 오차항이 서로 동시적 상관관계가 없는 경우에만 적용될 수 있다. IRF와 마찬가지로 동시적 상관관계가 존재하는 경우 FEVD를 계산하기 위해서는 추가적인 식별조건이 필요하다.

12.3 그랜저 인과관계

VAR 모형에서 내생변수 숫자가 많아질수록 많은 계수 추정치가 주어진다. 11장에서 언급하였듯이 VAR 모형은 계수추정치 자체에 대한 관심보다는 그 추정치 내에 포함된 의미 있는 정보를 끄집어내는 것이 중요하다. 앞선 설명한 IRF와 FEVD 도출이 이런 연장선상에 있다.

그랜저 인과관계(Granger causality) 검정을 이용하면 내생변수 간 인과관계를 판단하는 데 도움을 받을 수 있다(Granger, 1969). 먼저 단일변량 시계열 모형에서 그랜저 인과 검정절차를 알아보자. 먼저 다음과 같은 ARDL(p,q) 모형을 설정하자.

$$y_t = \alpha + \beta_1 y_{t-1} + \beta_2 y_{t-2} + \cdots + \beta_p y_{t-p}$$
$$+ \gamma_1 x_{t-1} + \gamma_2 x_{t-2} + \cdots + \gamma_q x_{t-q} + e_t \quad (12.17)$$

그랜저 인과검정의 귀무가설은 다음과 같다.

$$H_0 : \gamma_1 = \gamma_2 = \cdots = \gamma_q = 0$$

귀무가설을 받아들인다면, x 변수는 y 변수를 그랜저 인과(Granger-cause)하지 못한다고 해석한다.* x 변수가 y 변수를 그랜저 인과하지 못한다면, y_t 예측에 있어 x_t 변수의 과거값들은 크게 도움이 되지 못한다는 의미이다. 위 귀무가설에 대한 검정통계량은 일반적인 F 검정 또는 카이제곱 검정을 사용한다.

3개 내생변수가 있는 VAR(1) 모형에서 그랜저 인과관계 검정과정을 설명한다.

$$\begin{aligned} y_{1t} &= \beta_0 + \beta_{11} y_{1t-1} + \beta_{21} y_{2t-1} + \beta_{31} y_{3t-1} + e_{1t} \\ y_{2t} &= \gamma_0 + \gamma_{11} y_{1t-1} + \gamma_{21} y_{2t-1} + \gamma_{31} y_{3t-1} + e_{2t} \\ y_{3t} &= \theta_0 + \theta_{11} y_{1t-1} + \theta_{21} y_{2t-1} + \theta_{31} y_{3t-1} + e_{3t} \end{aligned} \tag{12.18}$$

첫 번째 방정식에서 그랜저 인과검정을 위해 다음 3가지 귀무가설을 검정할 수 있다.

$$H_0 : \beta_{21} = 0 \tag{12.19}$$

$$H_0 : \beta_{31} = 0 \tag{12.20}$$

$$H_0 : \beta_{21} = 0, \quad \beta_{31} = 0 \tag{12.21}$$

식 12.19 귀무가설은 y_2 변수가 y_1 변수를 그랜저 인과하는지 검정하는 데 사용된다. 식 12.20 귀무가설은 y_3 변수가 y_1 변수를 그랜저 인과하는지 검정하는데 사용된다. 마지막 식 12.21 귀무가설은 y_2와 y_3 변수가 결합적으로(jointly) y_1 변수를 그랜저 인과하는지 알아보는 데 필요하다. 식 12.18의 나머지 방정식에서도 유사하게 그랜저 인과관계 검정을 실시할 수 있다. 그랜저 인과관계는 상관관계와 다른 개념임에 주의해야 한다. 두 내생변수들의 교차상관성(cross-correlation)은 매우 유의할지라도 그랜저 인과관계는 전혀 다른 결과를 보여줄 수 있다.

* 그랜저 인과관계는 횡단면 모형에서의 인과관계와 전혀 다른 개념이다. 시계열 모형에서 특정 변수 과거값이 유의하게 다른 변수 현재값에 영향을 미치는지에 대한 검정이다.

12.4 STATA 실습

data file: T_data12_1.dta*

먼저 단일변량 시계열 모형에서 IRF를 도출하는 Stata 명령문을 알아보자. 예제 데이터는 1960년 1분기~2008년 2분기까지 미국의 M1 통화량 변수를 포함하고 있다. 다음과 같이 2개의 단일변량 시계열 모형을 설정하자.

- 모형 1: $DM1_t = \beta_1 DM1_{t-1} + e_t$ AR(1) 모형 (12.22)
- 모형 2: $DM1_t = \beta_1 DM1_{t-1} + \beta_4 DM1_{t-4} + v_t$ AR(1 4) 모형 (12.23)

$DM1_t$는 $M1$ 변수의 로그 차분이다. 아래 그림 12-1에서는 모형 1을 추정한 후 IRF를 표와 그래프로 제시한다.

| 그림 12-1 |

```
. use T_data12_1, clear
(U.S. money supply (M1) from Enders (2004), 95-99.)
. tsset date
        time variable:  date, 1960q1 to 2008q2
                delta:  1 quarter

. arima D.lnm1, ar(1) nolog noconst
Sample:  1960q2 - 2008q2                        Number of obs      =       193
                                                Wald chi2(1)       =     45.73
Log likelihood =  511.0675                      Prob > chi2        =    0.0000

------------------------------------------------------------------------------
             |                 OPG
      D.lnm1 |      Coef.   Std. Err.      z    P>|z|     [95% Conf. Interval]
-------------+----------------------------------------------------------------
ARMA         |
          ar |
         L1. |   .4710418   .0696595     6.76   0.000     .3345117    .6075718
-------------+----------------------------------------------------------------
      /sigma |   .0171169   .0010344    16.55   0.000     .0150896    .0191443
------------------------------------------------------------------------------
Note: The test of the variance against zero is one sided, and the two-sided
      confidence interval is truncated at zero.

. irf create nonseason, step(12) set(m1irf)
(file m1irf.irf created)
```

* 예제 데이터는 Enders(2004)에서 인용하였다.

```
(file m1irf.irf now active)
(file m1irf.irf updated)

. irf table irf
               Results from nonseason
+--------------------------------------------+
|          |   (1)         (1)          (1)   |
|  step    |   irf         Lower        Upper |
|----------+---------------------------------|
|0         | 1           1            1       |
|1         | .471042     .334512      .607572 |
|2         | .22188      .093258      .350503 |
|3         | .104515     .013635      .195395 |
|4         | .049231     -.007847     .106309 |
|5         | .02319      -.010418     .056797 |
|6         | .010923     -.008073     .02992  |
|7         | .005145     -.005294     .015585 |
|8         | .002424     -.003196     .008044 |
|9         | .001142     -.001836     .00412  |
|10        | .000538     -.001021     .002096 |
|11        | .000253     -.000554     .001061 |
|12        | .000119     -.000296     .000534 |
+--------------------------------------------+
95% lower and upper bounds reported
(1) irfname = nonseason, impulse = D.lnm1, and response = D.lnm1

. irf graph irf
```

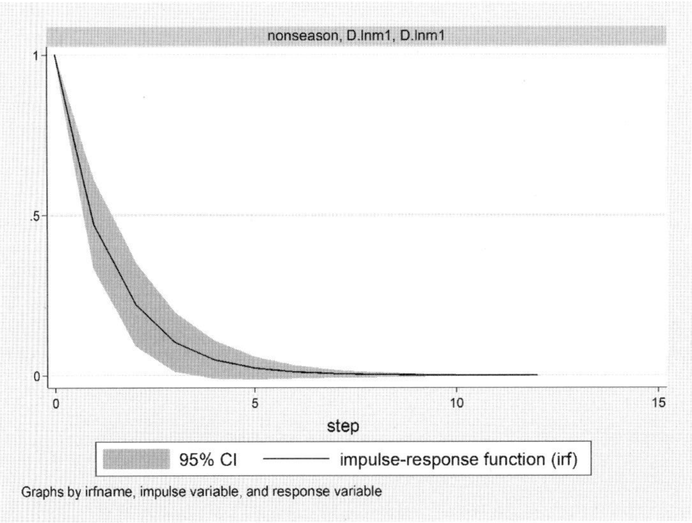

위에서 보듯이 IRF를 표나 그래프로 생성하기 위해서는 **irf create** 명령어를 이용하여 먼저 IRF 결과를 저장해야 한다. **irf create** 다음에 IRF 이름을 지정한다. 이 예에서는 모형 1 추정결과에서 얻은 IRF에 "nonseason"이란 이름을 부여했다. Stata에서는 IRF 결과를 dta 파일 형태로 저장하게 된다. 그 저장될 파일의 이름을 set( ) 옵션에서 지정한다. 위 예제에서 IRF 결과가 저장된 파일은 m1irf이다. step(12) 옵션은 최대 12분기(3년)까지 IRF를 계산하라는 의미이다. 생성된 m1irf 파일로부터 IRF 결과를 표 또는 그래프로 가져오기 위해서는 irf table 명령어를 사용한다. irf create 명령문에 의해 생성된 m1irf 파일에는 다양한 IRF 결과를 저장하고 있다. 12.1절과 12.2절에서 설명한 IRF, 식별조건을 가진 IRF, 그리고 FEVD 등의 정보를 포함하고 있다. 만약 irf table 다음에 "irf"라고 입력하면 많은 통계량 중 IRF 결과만 표로 만들어준다.* step=0은 t 시점을 의미한다. 12.1절에서 설명하였듯이 IRF=1이 된다. step=1은 $t+1$ 시점에서 IRF 값이다. 모형 1에서는 $\hat{\beta}_1$이 됨을 쉽게 확인할 수 있다. step=2에서는 $t+2$ 시점에서 IRF이고, $\hat{\beta}_1^2$임을 쉽게 알 수 있다. 표로 제시된 IRF를 그래프와 95% 신뢰구간을 표현하기 위해서는 irf graph 명령어를 이용한다. irf table과 마찬가지로 irf graph 다음에 "irf"라고 입력하면 m1irf 파일에서 IRF 변수를 찾아와 그래프로 그려준다. 해석하면 모형 1에서 t 시점에 발생한 충격은 5분기까지 종속변수 $DM1$에 영향을 미치지만 그 이후로는 점차 사라진다.

아래 그림 12-2에서는 irf table과 irf graph 명령문이 어떤 원리로 실행되는지 설명한다. 앞의 그림 12-1에서 irf create 명령문을 실행하면 작업 디렉토리 내에 m1irf 파일이 자동으로 생성된다. use 명령어를 이용하여 m1irf.irf 파일을 불러온다. irfname 변수는 irf create 다음에 입력했던 "nonseason"을 변수값으로 가지고 있다. irf 변수가 정확히 그림 12-1의 표에 있던 숫자들이다. 그림 12-1에서 제시한 그래프를 그리기 위해서는 먼저 95% 신뢰구간의 하한과 상한을 계산한다. stdirf 변수가 IRF의 표준오차이다. tsline 그래프 결과는 정확히 앞에서 irf graph irf에 의해서 생성된 그래프와 일치한다.

| 그림 12-2 |

```
. use m1irf.irf, clear

. list irfname irf in 1/5
     +------------------------+
     |   irfname          irf |
     |------------------------|
  1. | nonseason            1 |
  2. | nonseason    .47104176 |
  3. | nonseason    .22188034 |
```

* 단일변량 시계열에서는 "irf"외 다른 통계량은 의미가 없다.

```
   4. | nonseason    .10451491 |
   5. | nonseason    .04923089 |
      +-----------------------+

. gen upper=irf+1.96*stdirf
. gen lower=irf-1.96*stdirf
. tsset step
        time variable:  step, 0 to 12
                delta:  1 unit

. twoway (tsrline upper lower, recast(rarea)) (tsline irf)
```

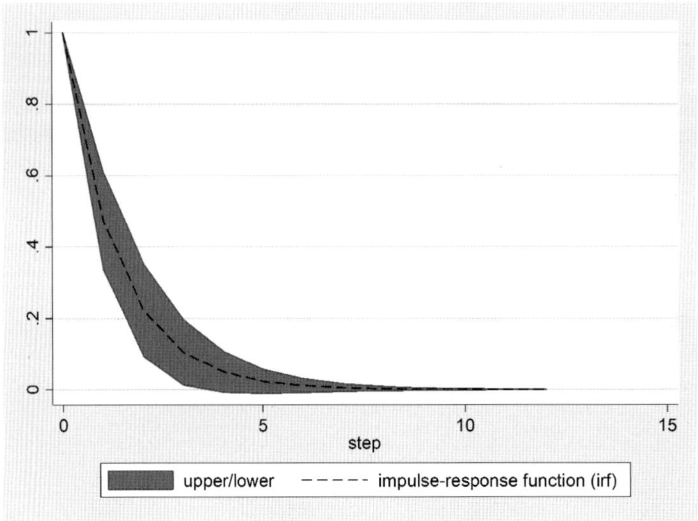

이번에는 식 12.23의 모형 2를 추정한 후 IRF를 계산하여 모형 1의 IRF와 비교해 보자. 모형 1을 추정한 후 irf create로 다시 IRF 변수를 생성한다. 여기서 중요한 것은 replace 옵션이다. m1irf.irf 파일 내에 이미 "nonseason"이라는 이름이 있다면 새로운 결과로 대체한다. 모형 2를 추정한 후 irf create 다음에 "season"이라고 이름을 지정한다. 결과적으로 m1irf.irf 파일 내에 nonseason과 season에 해당하는 이름이 존재한다. 두 IRF 결과를 표로 만들기 위해서는 irf table irf 라고 입력하면 season과 nonseason IRF 결과를 보여준다. noci 옵션은 IRF의 95% 신뢰구간은 보여주지 않게 만든다. irf graph irf 명령문은 각 IRF를 그래프로 그려준다. 모형 2의 경우 4분기마다 IRF 값이 다시 증가하는 패턴이다. 전체적으로는 step이 증가함에 따라 IRF 값이 줄어들고 있다.

| 그림 12-3 |

```
. use T_data12_1, clear
(U.S. money supply (M1) from Enders (2004), 95-99.)
. tsset date
        time variable:  date, 1960q1 to 2008q2
                delta:  1 quarter

. qui arima D.lnm1, ar(1) nolog noconst

. irf create nonseason, step(12) set(m1irf) replace
(file m1irf.irf now active)
(file m1irf.irf updated)

. qui arima D.lnm1, ar(1 4) nolog noconst

. irf create season, step(12) set(m1irf) replace
(file m1irf.irf now active)
(file m1irf.irf updated)

. irf table irf, noci
+--------------------------------+
|        |    (1)    |    (2)    |
| step   |   irf     |   irf     |
|--------+-----------+-----------|
|0       | 1         | 1         |
|1       | .471042   | .18687    |
|2       | .22188    | .03492    |
|3       | .104515   | .006526   |
|4       | .049231   | .69718    |
|5       | .02319    | .260336   |
|6       | .010923   | .072952   |
|7       | .005145   | .018174   |
|8       | .002424   | .488606   |
|9       | .001142   | .272489   |
|10      | .000538   | .101692   |
|11      | .000253   | .031652   |
|12      | .000119   | .345965   |
+--------------------------------+
(1) irfname = nonseason, impulse = D.lnm1, and response = D.lnm1
(2) irfname = season, impulse = D.lnm1, and response = D.lnm1

. irf graph irf
```

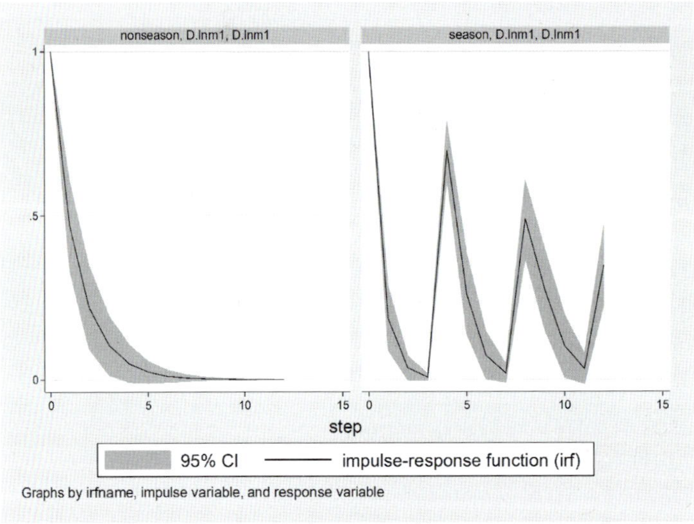

data file: T_data12_2.dta

예제 데이터는 1959년 2월~1995년 4월까지 미국 거시경제변수를 포함하고 있다. 산업생산(IP), 통화량(M1), 그리고 국고채 수익률(TB3) 로그값을 내생변수로 두고 VAR(2) 모형을 추정하자. 11장에서 소개한 var 명령문을 먼저 실행한다. irf create 명령어를 이용하여 IRF 파일을 생성한다. replace 옵션은 새로 지정한 IRF 이름이 기존 IRF 파일 내에 있더라도 이를 지우고 새로 저장하라는 의미이다. 다음에 나오는 그림 12-4 예제에서는 내생변수가 3개이기 때문에 총 9개의 IRF가 얻어진다. 앞서 언급하였듯이 irf table 다음에 "irf" 라고 쓰면 VAR 모형에서 오차항의 동시적 상관관계가 존재하지 않는다고 가정하고 IRF를 계산하게 된다.

| 표 12-1 |

e_{1t}에서 1표준편차 충격이 발생했을 때	$IRF_{11}=\frac{\partial y_{1t+s}}{\partial e_{1t}},\ IRF_{21}=\frac{\partial y_{2t+s}}{\partial e_{1t}},\ IRF_{31}=\frac{\partial y_{3t+s}}{\partial e_{1t}}$
e_{2t}에서 1표준편차 충격이 발생했을 때	$IRF_{12}=\frac{\partial y_{1t+s}}{\partial e_{2t}},\ IRF_{22}=\frac{\partial y_{2t+s}}{\partial e_{2t}},\ IRF_{32}=\frac{\partial y_{3t+s}}{\partial e_{2t}}$
e_{3t}에서 1표준편차 충격이 발생했을 때	$IRF_{13}=\frac{\partial y_{1t+s}}{\partial e_{3t}},\ IRF_{23}=\frac{\partial y_{2t+s}}{\partial e_{3t}},\ IRF_{33}=\frac{\partial y_{3t+s}}{\partial e_{3t}}$

irf table irf 명령문을 실행하면 총 9개의 IRF 열(column)이 도출된다. 그림 12-4에서는 이들 중 3개 열의 결과를 보여준다. impulse(LM1) 옵션은 LM1 방정식 e_{2t}에서 1표준편차

충격이 발생하였을 때 3개 내생변수에 미치는 효과만 표로 제시하라는 뜻이다. 위 식에서 IRF_{12}, IRF_{22}, IRF_{32} 결과만 표의 형태로 보여준다. 그림 12-4의 결과에서 첫 번째 열을 보면 t 시점에서 발생한 통화량(LM1) 충격은 산업생산(LIP)에 양(+)으로 영향을 미친다. 이러한 양의 효과는 4개월 후에 가장 크게 나타나고, 그 이후부터 충격의 효과는 점차 줄어들게 된다. 통화량 충격이 국고채 금리에 미치는 효과 역시 양(+)이고 4개월 후에 가장 크게 나타나고 그 이후부터는 점차 줄어든다.

그림 12-4의 결과에서 맨 뒤에 나와 있는 그래프는 irf table irf 명령문 결과를 표현한 것이다. 특히 byopts(yrescale) 옵션이 중요하다. 이 옵션이 없다면 9개 IRF 그래프를 모두 하나의 y축 척도(scale)로 통일하기 때문에 각 그래프의 경로를 제대로 파악할 수 없다. 이 옵션을 추가하면 각 그래프별로 자신만의 y축 척도를 갖게 만든다. 대각선에 있는 3개의 그래프는 step=0에서 IRF=1이다. 즉 충격이 발생한 t 시점에서 모두 1에서 시작하고 있음에 유의해야 한다. 반면 대각선 이외의 그래프 6개는 step=0에서 모두 0에서 시작하고 있다. 이러한 결과는 내생변수들의 동시적 상관관계를 0으로 가정한 IRF를 계산하고 있기 때문이다. IRF 값 자체에 대한 해석을 하자면 다음과 같다. 충격이 1표준편차, 가령 σ만큼 발생한다. 그래프에서 step=0에서 IRF=1이면, t 시점에서 내생변수 y_t에 미치는 효과는 $1\times\sigma$가 된다. 또한 step=1에서 IRF=0.187이면, y_{t+1}에 미치는 효과는 $0.187\times\sigma$로 해석한다. 결국 irf table 또는 irf graph에서 도출된 IRF 값은 1표준편차 충격의 몇 배인지를 의미한다.

| 그림 12-4 |

```
. use T_data12_2, clear
. tsset month
        time variable:  month, 1959m2 to 1995m4
                delta:  1 month

. qui var LIP LM1 LTB3 , lag(1/2)

. irf create var2, set(varirf) step(12) replace
(file varirf.irf now active)
(file varirf.irf updated)

. irf table irf ,impulse(LM1) noci
+-----------------------------------------------+
|        |    (1)     |    (2)     |    (3)     |
|  step  |   irf      |   irf      |   irf      |
|--------+------------+------------+------------|
|0       | 0          | 1          | 0          |
```

```
|1      | .18744    | 1.34797   | 3.75619   |
|2      | .372779   | 1.40434   | 6.17516   |
|3      | .471053   | 1.38069   | 7.04214   |
|4      | .494699   | 1.35259   | 7.08397   |
|5      | .477801   | 1.33451   | 6.82541   |
|6      | .444778   | 1.3237    | 6.49985   |
|7      | .407596   | 1.31606   | 6.17956   |
|8      | .370709   | 1.30937   | 5.8763    |
|9      | .33532    | 1.30282   | 5.58705   |
|10     | .301571   | 1.29623   | 5.30821   |
|11     | .269376   | 1.28961   | 5.03796   |
|12     | .238648   | 1.28299   | 4.77562   |
+-----------------------------------------+
(1) irfname = var2, impulse = LM1, and response = LIP
(2) irfname = var2, impulse = LM1, and response = LM1
(3) irfname = var2, impulse = LM1, and response = LTB3

. irf graph irf, byopts(yrescale)
```

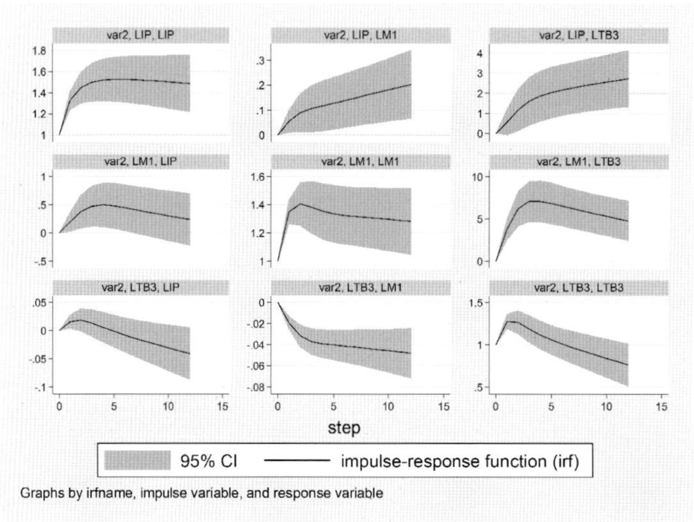

이번에는 IRF가 아니라 FEVD를 도출하는 Stata 명령어를 알아보자. 앞의 그림 12-4에서 irf create 명령문을 실행하여 varirf.irf 파일을 만들면 그 파일 내에는 FEVD 결과도 같이 포함되어 있다. 따라서 그 파일로부터 FEVD 결과만 추출해 내면 된다. irf table 명령문에서 "irf" 대신 "fevd"라고 입력해 준다. 나머지 옵션은 앞의 그림 12-4와 같다. step=2에서 두 번째 행의 FEVD=0.972이다. 이는 $t+2$ 시점의 LM1 예측오차 분산의 97%는 e_{2t}의 분산인 σ_2^2에 기인한다고 해석할 수 있다. irf table과 유사하게 irf graph에서도 "irf" 대신 "fevd"라고 입력하면 FEVD에 대한 그래프 결과를 얻을 수 있다. 대각선 그래프를 제외한 모든 그래프는 95% 신뢰구간이 0을 포함하고 있다.* 통계적으로 특정 내생변수의 예측오차 분산은 여타 내생변수 충격의 분산에 의해 영향을 받지 않는다고 말할 수 있다.

| 그림 12-5 |

```
. irf table fevd, impulse(LM1) noci
+--------------------------------------------+
|        |    (1)     |    (2)     |    (3)     |
|  step  |    fevd    |    fevd    |    fevd    |
|--------+------------+------------+------------|
|0       | 0          | 0          | 0          |
|1       | 0          | .999977    | .00968     |
|2       | .002457    | .972316    | .01031     |
|3       | .007452    | .94267     | .026728    |
|4       | .012117    | .920606    | .041802    |
|5       | .015298    | .904805    | .052291    |
|6       | .017103    | .892849    | .059059    |
|7       | .017961    | .883052    | .063408    |
|8       | .018232    | .874453    | .066257    |
|9       | .018151    | .866539    | .068152    |
|10      | .017859    | .85904     | .069409    |
|11      | .017441    | .851803    | .070217    |
|12      | .016949    | .844739    | .070696    |
+--------------------------------------------+
(1) irfname = var2, impulse = LM1, and response = LIP
(2) irfname = var2, impulse = LM1, and response = LM1
(3) irfname = var2, impulse = LM1, and response = LTB3

. irf graph fevd, byopts(yrescale)
```

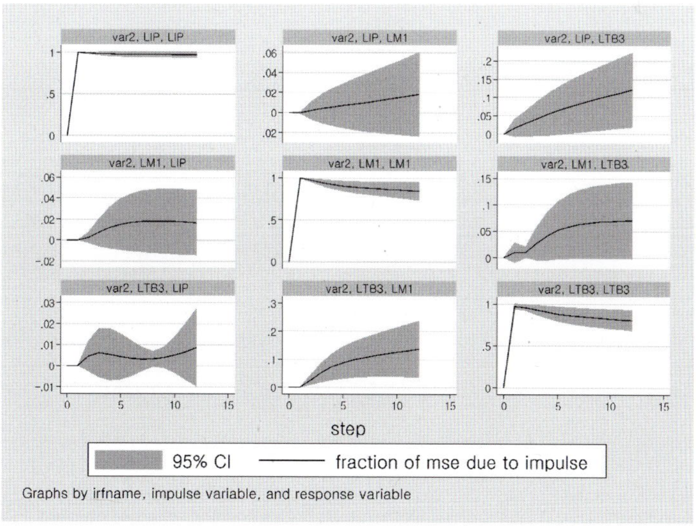

* LM1 충격이 LTB3 예측오차 분산에서 차지하는 비율은 0과 유의하게 다른 것으로 보인다.

동일한 예제 데이터를 이용하여 VAR(2)와 VAR(4)을 추정한 후 각 모형에서 도출된 IRF를 비교하고자 하면 Stata 명령문을 어떻게 작성해야 할까? 그에 대한 답을 아래 그림 12-6에서 제시한다.

| 그림 12-6 |

```
. use T_data12_2, clear
. tsset month
        time variable:  month, 1959m2 to 1995m4
                delta:  1 month
. qui var LIP LM1 LTB3 , lag(1/2)
. irf create var2, set(varirf2) step(12) replace

. qui var LIP LM1 LTB3 , lag(1/4)
. irf create var4, set(varirf2) step(12) replace

. irf ograph (var2 LM1 LIP irf) (var4 LM1 LIP irf)
```

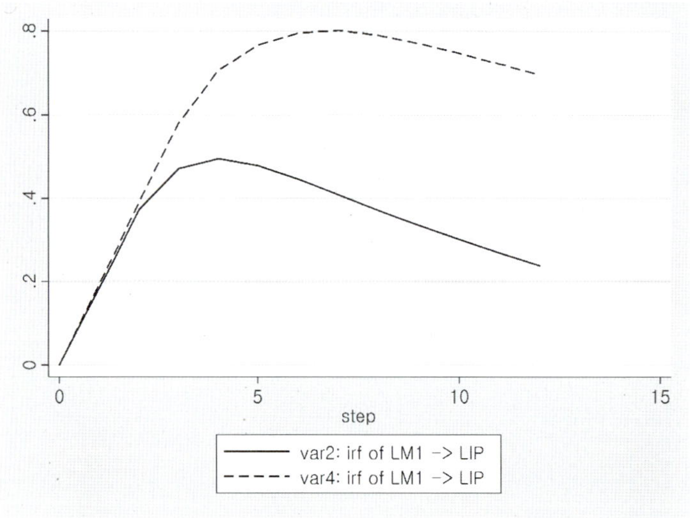

예제 데이터를 불러들인 후 VAR(2) 모형을 추정한다. 그런 후 irf create를 통해 IRF 파일을 생성한다. set( ) 옵션에서 새로운 IRF 파일이름을 "varirf2"라고 지정한다. VAR(4) 모형을 추정한 후 "varirf2" 파일 내에 "var4"라는 이름으로 저장한다. var2와 var4에 각각 9개씩 총 18개의 IRF 결과가 저장된다. 그 많은 결과 중 LM1 변수 충격이 LIP에 미치는 IRF를 동시에 그리고자 하면, irf ograph 명령어를 이용해야 한다. ograph는 overlaid graph의 약자이다. 또한 (var2 LM1 LIP irf)는 IRF 이름이 "var2"에서 LM1이 충격이고 LIP가 반응(response)인 IRF 결과를 가져오라는 의미이다. (var4 LM1 LIP irf)도 유사한 의미로 해석할 수 있다. 그림 12-6 그래프를 보면 VAR(2)에 비해 VAR(4)에서 LM1 충격이 LIP에 미치는 효과가 더 크고 지속적임을 알 수 있다.

지금까지 살펴본 IRF는 오차항끼리 동시적 상관관계가 존재하지 않는다고 가정하고 계산한 결과이다. 그러나 12.1절에서 설명하였듯이 이 가정이 항상 적절한 것은 아니다. 내생변수끼리 동시적 상관관계가 존재하는 경우 IRF를 계산하기 위해 추가적인 식별조건이 필요하다. 동시적 상관관계가 존재함에도 불구하고 앞서 예제로 보여준 IRF를 계산하면 인과관계(causal relationship)로 해석할 수 없는 단점이 있다. 이러한 단점을 보완하기 위해 추가적인 식별조건이 필요하다.

다음과 같이 식별조건을 포함한 이변량 VAR(1) 모형을 설정해보자. 앞서 설명한 VAR 모형과 차이점은 식 12.25에서 LTB_t와 LIP_t가 동시적 상관관계를 가지고 있다. 즉 금리 변수는 산업생산에 대해 같은 시점에서 영향을 미친다. 그러나 식 12.24의 설명변수에는 LIP_t 변수가 포함되어 있지 않다.

$$LTB_t = c_1 + \pi_{11} LTB_{t-1} + \pi_{21} LIP_{t-1} + \epsilon_{1t} \tag{12.24}$$

$$LIP_t - c_2 + \delta_1 LTB_t + \lambda_{11} LTB_{t-1} + \lambda_{21} LIP_{t-1} + \epsilon_{2t} \tag{12.25}$$

위 모형을 행렬로 표현하면 다음과 같다.

$$BY_t = c + \Gamma_1 Y_{t-1} + \Pi_t \tag{12.26}$$

$B = \begin{pmatrix} 1 & 0 \\ -\delta_1 & 1 \end{pmatrix}$, $Y_t = \begin{pmatrix} LTB_t \\ LIP_t \end{pmatrix}$, $c = \begin{pmatrix} c_1 \\ c_2 \end{pmatrix}$, $Y_{t-1} = \begin{pmatrix} LTB_{t-1} \\ LIP_{t-1} \end{pmatrix}$, $\Pi_t = \begin{pmatrix} \epsilon_{1t} \\ \epsilon_{2t} \end{pmatrix}$이다. 여기서 주목해야 할 행렬은 B이다. 대각선은 1이고 대각선 오른쪽 위로는 모두 0이고 대각선 왼쪽 아래에만 모수가 존재한다. 이런 행렬을 아래삼각행렬(lower triangular matrix)이라고 부른다. 또한 오차항 행렬 Π_t는 다음과 같은 공분산행렬을 갖는다.*

$$var(\Pi_t) = \begin{pmatrix} \sigma_{\epsilon 1}^2 & 0 \\ 0 & \sigma_{\epsilon 2}^2 \end{pmatrix}$$

즉, 동시적 상관관계가 없는(uncorrelated) 또는 직교(orthogonal) 오차항이 된다. 따라서

---

* 공분산이 0인 이유는 LTB_t 변수를 식 12.25에서 설명변수로 포함하였기 때문에 오차항끼리는 더 이상 동시적 상관관계가 없게 된다.

IRF를 계산할 때 오차항 충격은 ϵ_{1t}와 ϵ_{2t}에서 발생해야 한다.

식 12.24와 식 12.25의 모형에서는 내생변수 순서에 의해 식별제약을 설정한다. 즉 이론적 근거나 선행연구를 기초로 B 행렬을 아래삼각행렬로 만드는 것이다.* LTB와 LIP 변수 간 순서가 식 12.24와 식 12.25와 같이 정해지면 Y_t는 다음과 같이 Π_t의 모든 과거 값으로 표현할 수 있다.**

$$Y_t = \mu + \Theta_0 \Pi_t + \Theta_1 \Pi_{t-1} + \Theta_2 \Pi_{t-2} + \cdots \tag{12.27}$$

위 식에서 $\Theta_0 = B^{-1}$임을 쉽게 알 수 있다. 위와 같은 식별조건을 가진 VAR 모형에서 IRF는 식 12.28을 통해 계산할 수 있다. $IRF^s_{LIP,\,LTB}$는 LTB 충격이 $t+s$ 시점의 LIP에 미치는 효과이다.

$$IRF^s_{LIP,\,LTB} = \frac{\partial LIP_{t+s}}{\partial \epsilon_{LTB,\,t}} = \theta^s_{LIP,\,LTB} \tag{12.28}$$

여기에서 $\theta^s_{LIP,\,LTB}$는 식 12.27의 Θ_s 행렬 내에 있는 값이 된다. 식 12.28에서 정의한 IRF를 직교화된 IRF(orthogonalized IRF: OIRF)라고 부른다.

실제로 VAR 모형을 추정할 때는 식 12.24와 식 12.25를 추정하는 것이 아니고 앞서 설명한 축약형 VAR(1) 모형을 추정한다. 따라서 마지막 남은 문제는 실증분석에서 추정한 VAR(1) 모형 결과를 이용하여 식 12.28에서 정의한 OIRF를 어떻게 계산할 것인가이다. 첫째, 식 12.3 VAR(1) 모형의 오차항 공분산 행렬 Σ를 다음과 같이 분해할 수 있다.

$$\Sigma = PDP' \tag{12.29}$$

위 식에서 P는 Sims(1980)가 제안한대로 Σ에 대해 콜레스키 분해(Cholesky decomposition)로 구할 수 있다.*** D는 대각선 값이 양수로 구성된 대각행렬(diagonal matrix)이다. 둘째, 행렬 P를 이용하여 $\Pi_t = P^{-1}E_t$를 정의하자. 여기서 $E_t = (e_{1t}, e_{2t})'$이다.****

---

* 순서(ordering)를 어떻게 하느냐에 따라 IRF 결과가 전혀 다르게 도출될 수 있다.

** 본서 8장에서 AR(1) 모형은 MA(∞) 표현으로 쓸 수 있다고 증명하였다.

*** 식 12.29는 정확히 말하면 콜레스키 분해의 변형된 형태인 LDL 분해라고 부른다.

**** $var(\Pi_t) = P^{-1}\Sigma P^{-1\prime} = P^{-1}PP'P^{-1\prime} = D$로서 여기서 D는 양의 원소를 가진 대각행렬이다. 즉 Π_t의 공분산 행렬은 직교화된다(orthogonalized). 식 12.29에서 $\Sigma = PP'$으로 표현하기도 한다. 이런 경우에는 $var(\Pi_t)$이 항등행렬 즉 $var(\epsilon_{1t}) = var(\epsilon_{2t}) = 1$로 바뀌게(rescale) 된다.

셋째, 식 12.3의 VAR(1) 모형을 식 12.26과 유사하게 행렬형태로 표현할 수 있다. 즉,

$$Y_t = a + A\,Y_{t-1} + E_t \tag{12.30}$$

식 12.30 역시 행렬로 표시된 AR(1) 모형이므로 다음과 같이 MA(∞) 형태로 바꾸어 쓸 수 있다.

$$Y_t = a + E_t + \Psi_2 E_{t-1} + \Psi_2 E_{t-2} + \cdots \tag{12.31}$$

여기에 앞서 정의한 $\Pi_t = P^{-1}E_t$를 대입하면 다음을 얻는다.

$$\begin{aligned} Y_t &= a + PP^{-1}E_t + \Psi_1 PP^{-1}E_{t-1} + \Psi_2 PP^{-1}E_{t-2} + \cdots \\ &= a + \Theta_0 \Pi_t + \Theta_1 \Pi_{t-1} + \Theta_2 \Pi_{t-2} + \cdots \end{aligned} \tag{12.32}$$

위 식에서 $\Theta_0 = P$, $\Theta_1 = \Psi_1 P$, $\Theta_2 = \Psi_2 P$임을 알 수 있다. 결국 식 12.3의 VAR(2) 모형을 추정하여 $\hat{\Psi}_j$를 찾아내고 식별조건에 의해 P를 찾아낼 수만 있다면, 식 12.28에서 정의한 OIRF인 $\hat{\Theta}_s$를 얻을 수 있다. 식 12.27과 식 12.32를 비교하면 $B^{-1} = P$가 된다. 콜레스키 분해에 의해 $\hat{P}$을 얻을 수 있다면 $\hat{P}^{-1} = \hat{B}$가 되기 때문에 식 12.26 구조모형 VAR에서 $\hat{\delta}_1$ 추정치를 얻게 된다.

이제 오차항 E_t의 공분산 행렬을 구체적으로 가정하고, B 행렬을 찾아보자.

$$\Sigma = \begin{pmatrix} 1 & 0.5 \\ 0.5 & 1 \end{pmatrix} = PDP'$$

여기에서 다음을 쉽게 보일 수 있다.

$$P = \begin{pmatrix} 1 & 0 \\ 0.5 & 1 \end{pmatrix}, \quad D = \begin{pmatrix} 1 & 0 \\ 0 & 0.75 \end{pmatrix}$$

그런데 $B = P^{-1}$이므로 다음이 된다.

$$B = \begin{pmatrix} 1 & 0 \\ -0.5 & 1 \end{pmatrix}$$

아래 그림 12.7에서는 식 12.24와 식 12.25의 이변량 VAR(1) 모형을 추정한 후 OIRF를 계산하는 과정이 나와 있다. 우선 var 명령문으로 VAR(1) 모형을 추정한 후 irf create 명령어로 IRF 관련된 변수를 담고 있는 파일을 생성한다. OIRF를 표로 만들기 위해서 irf table 다음에 "oirf" 이라고 입력해 준다. 표에서 주목해야 할 숫자는 세 번째 행에서 step0=0이라는 것이다. 세 번째 행은 t 시점의 LIP 충격이 t 시점 LTB 변수에 미치는 효과이다. 식별제약 조건에 근거하여 같은 시점 t에서 LTB → LIP이지만 LIP → LTB는 성립하지 않는다. 따라서 세 번째 행의 step0=0이 됨을 알 수 있다. 그러나 LTB → LIP이기 때문에 두 번째 행에서 step0=0.00204로 0이 아닌 값이 계산된다. irf table 결과를 그래프로 그리기 위해서는 irf graph 명령문 다음에 oirf라고 입력하면 된다. 주목하여 해석할 결과는 3번 그래프이다. 금리(국고채 수익률)변수에서 t 시점에 1표준편차 충격이 발생하면 바로 같은 t 시점에서 산업생산(LIP)이 0.002배 증가한다. 그러나 시간이 흐름에 따라 양의 효과는 사라지고 오히려 음의 효과로 반전하게 된다.*

| 그림 12-7 |

```
. use T_data12_2, clear
. qui var LTB3 LIP, lag(1)

. irf create oirf1, set(varirf4) step(12) replace
. irf table oirf, noci
+--------------------------------------------------------+
|        |    (1)     |    (2)     |    (3)     |    (4)     |
|  step  |   oirf     |   oirf     |   oirf     |   oirf     |
|--------+------------+------------+------------+------------|
|0       | .066412    | .002048    | 0          | .008697    |
|1       | .065245    | .001768    | .000078    | .008702    |
|2       | .064096    | .001492    | .000155    | .008706    |
|3       | .062965    | .001221    | .00023     | .00871     |
|4       | .061852    | .000954    | .000304    | .008714    |
|5       | .060756    | .000692    | .000377    | .008718    |
|6       | .059678    | .000435    | .000448    | .008721    |
|7       | .058616    | .000182    | .000519    | .008724    |
|8       | .057571    | -.000067   | .000588    | .008726    |
|9       | .056543    | -.000311   | .000655    | .008728    |
|10      | .05553     | -.000552   | .000722    | .00873     |
|11      | .054534    | -.000788   | .000787    | .008732    |
|12      | .053553    | -.001019   | .000852    | .008734    |
+--------------------------------------------------------+
(1) irfname = oirf1, impulse = LTB3, and response = LTB3
```

* 다시 말하면 금리 상승의 즉각적 효과는 산업생산을 증가시키지만, 장기적으로 투자 감소로 이어져 산업생산에 음(-)의 효과를 가져 온다고 말할 수 있다.

```
(2) irfname = oirf1, impulse = LTB3, and response = LIP
(3) irfname = oirf1, impulse = LIP, and response = LTB3
(4) irfname = oirf1, impulse = LIP, and response = LIP

. irf graph oirf, byopts(yrescale)
```

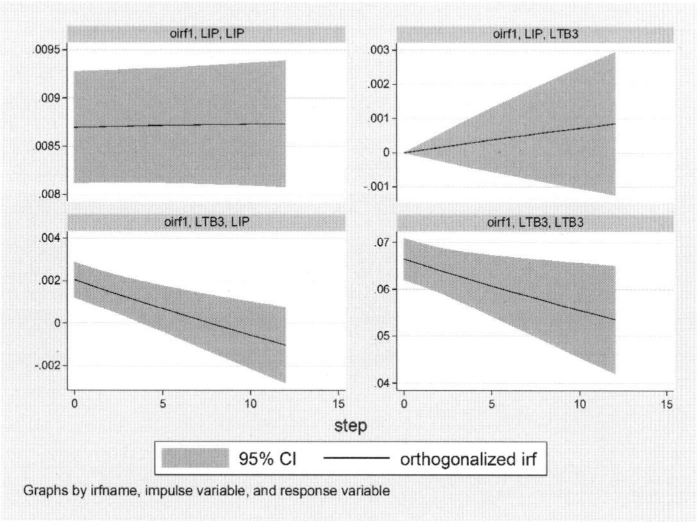

VAR 모형에서는 특정 내생변수의 예측값을 위해 타 내생변수 과거값을 이용하고 있다. 따라서 타 내생변수의 과거값이 예측과정에 얼마나 도움이 되는지 판단할 수 있는 정보를 VAR 모형이 가지고 있다. LIP와 LTB 두 내생변수에 대해 다음과 같이 VAR(2) 모형을 설정해 보자.

$$LIP_t = \beta_0 + \beta_{11} LIP_{t-1} + \beta_{12} LIP_{t-2} + \beta_{21} LTB_{t-1} + \beta_{22} LTB_{t-2} + e_{1t} \qquad (12.33)$$

$$LTB_t = \gamma_0 + \gamma_{11} LIP_{t-1} + \gamma_{12} LIP_{t-2} + \gamma_{21} LTB_{t-1} + \gamma_{22} LTB_{t-2} + e_{2t} \qquad (12.34)$$

12.3절에서 설명한 그랜저 인과(Granger-cause) 검정 귀무가설은 각 모형식에서 설정할 수 있다. 우선 식 12.33으로부터 다음이 된다.

$$H_0 : \beta_{21} = \beta_{22} = 0$$

위 귀무가설을 기각하지 못한다면, LTB 변수 과거값이 LIP 변수를 예측하는데 통계적으로 유의하다고 해석한다. 한편, 식 12.34로부터 다음이 된다.

$$H_0 : \gamma_{11} = \gamma_{12} = 0$$

위 귀무가설을 기각하지 못한다면, *LIP* 변수 과거값이 *LTB* 변수를 예측하는데 통계적으로 유의하다고 해석한다.

Stata에서 그랜저 인과관계 검정은 다음과 같이 실행할 수 있다. 먼저 식 12.33과 식 12.34를 각각 따로 추정한 후 그랜저 인과관계 검정이 가능하다.

| 그림 12-8 |

```
. qui reg LIP L(1/2).LIP L(1/2).LTB3

. test L1.LTB3 L2.LTB3
 ( 1)  L.LTB3 = 0
 ( 2)  L2.LTB3 = 0

       F(  2,   428) =    7.93
            Prob > F =    0.0004

. qui reg LTB L(1/2).LIP L(1/2).LTB3
. test L1.LIP L2.LIP

 ( 1)  L.LIP = 0
 ( 2)  L2.LIP = 0

       F(  2,   428) =    2.29
            Prob > F =    0.1022

. gcause LIP LTB3, lag(2)
Granger causality test                          Sample: 1959m4 to 1995m4
                                                               obs = 433

H0: LTB3 does not Granger-cause LIP

             F( 2, 428) =    7.93
               Prob > F =   0.0004

                chi2(2) =   16.04      (asymptotic)
            Prob > chi2 =  0.0003      (asymptotic)

. gcause LTB3 LIP, lag(2)
Granger causality test                          Sample: 1959m4 to 1995m4
                                                               obs = 433

H0: LIP does not Granger-cause LTB3

             F( 2, 428) =    2.29
               Prob > F =   0.1022

                chi2(2) =    4.64      (asymptotic)
            Prob > chi2 =  0.0983      (asymptotic)
```

reg 명령문으로 식 12.33과 식 12.34를 각각 추정한 후 test 명령어를 이용하여 검정할 수 있다. 이때 F 검정을 사용한다. 첫 번째 귀무가설은 기각된 것을 알 수 있으며, 이는 LTB 변수 과거값이 LIP 변수를 예측하는데 도움이 된다는 것을 의미한다. 즉 LTB 변수는 LIP 변수를 그랜저 인과(Granger-cause) 한다고 해석한다. 두 번째 귀무가설은 통상의 유의수준에서 기각하지 못하기 때문에 LIP 변수를 LTB 변수를 그랜저 인과하지 못한다고 해석한다. Stata에서 gcause 명령어를 이용하면, 추정과 그랜저 인과관계 검정을 동시에 실행한다.* gcasue 명령어 다음에 종속변수를 입력하고 설명변수를 순서대로 입력한다. 옵션에서 lag(2)는 모든 변수들(종속 및 설명)의 $t-1$과 $t-2$기 값을 설명변수로 사용하라는 의미이다. F 검정결과는 앞선 test 명령문 결과와 정확히 일치한다. gcause는 추가적으로 점근적(asymptotic) 검정 결과도 제시한다. 식 12.33과 식 12.34는 종속변수 과거값을 설명변수로 사용하는 래그 종속변수 모형이다. 따라서 그랜저 인과검정을 위한 F 검정은 표본이 큰 경우에만 사용할 수 있다(Hamilton 1994). 표본이 큰 경우에는 F 검정통계량이 아래에서 제시한 카이제곱 검정통계량과 점근적으로 일치한다(asymptotically equivalent).

$$\frac{T\,(SSR_0 - SSR_1)/p}{SSR_1} \sim \chi^2(p)$$

검정통계량에서 SSR_0은 제약된 모형에서 잔차제곱합(sum of squared residual)이고 SSR_1은 제약되지 않은 모형에서 잔차제곱합이다. p는 귀무가설에서 제약조건 수이다.

식 12.33과 식 12.34를 따로 추정하지 않고 VAR(2) 모형으로 추정한 후 그랜저 인과관계 검정을 할 수도 있다. var 명령어로 이변량 VAR(2) 모형을 먼저 추정한다. 사후분석 명령어로 vargranger라고 입력하면 그랜저 검정 결과를 제시해 준다. chi2 검정통계량은 그림 12-8의 gcause에서 도출된 chi2 검정통계량과 정확히 일치한다. 즉 점근적 검정통계량을 이용하여 가설검정 결과를 해석한다.

Tip 12.1 ● 패널데이터에서 그랜저 검정

data file: T_data12_3.dta

패널데이터에서 각 그룹 별로 그랜저 인과검정을 하는 데는 gcause 명령어를 사용할 수 없다. 다음은 이에 대한 구체적인 예를 보여준다. 먼저 데이터를 불러오자.

---

* gcause 명령어는 findit gcause을 실행하여 프로그램을 먼저 다운로드 받아 설치해야 한다.

```
. use T_data12_3, clear
. tsset com year
       panel variable:  company (strongly balanced)
        time variable:  year, 1935 to 1954
                delta:  1 year
```

gcause 명령문을 입력하면 패널데이터에서는 사용할 수 없다는 오류 메시지가 나온다. if를 이용하여 1번 회사만 지정하더라도 여전히 오류 메시지를 얻는다.

```
. gcause invest mvalue, lag(2)
command may not be used with panel data
r(459);

. gcause invest mvalue if com==1, lag(2)
command may not be used with panel data
r(459);
```

gcause 대신 gcause2를 사용하고 if 구문을 추가하면 1번 회사의 그랜저 인과관계 검정결과를 얻을 수 있다. 1번 회사의 경우에는 귀무가설을 기각하지 못한다. 따라서 1번 회사 시계열 데이터에서 mvalue 변수는 invest 변수를 그랜저 인과하지 못한다.

```
. gcause2 invest mvalue if com==1, lag(2)
Granger causality test                                 Sample: 1937 to 1954
                                                                   obs = 18
H0: mvalue does not Granger-cause invest

              F( 2, 13) =    0.91
               Prob > F =   0.4257

                chi2(2) =    2.53       (asymptotic)
            Prob > chi2 =  0.2826       (asymptotic)
```

예제 데이터에는 회사가 모두 10개이기 때문에 그랜저 인과관계 검정을 10번 실행해야 한다. 다음과 같이 forvalues 루프를 이용하면 쉽게 그 결과들을 얻을 수 있다.

```
forvalues i=1/10 {
        di _n
        di "회사번호 = " `i'
        gcause2 invest mvalue if com==`i', lag(2)
}
```

12.5 Stata do file

```
use T_data12_1,clear
tsset date
arima D.lnm1, ar(1) nolog noconst
irf create nonseason, step(12) set(m1irf)
irf table irf
irf graph irf

use m1irf.irf, clear
list irfname irf in 1/5
gen upper=irf+1.96*stdirf
gen lower=irf-1.96*stdirf
tsset step
twoway (tsrline upper lower, recast(rarea)) (tsline irf)

use T_data12_1, clear
tsset date
qui arima D.lnm1, ar(1) nolog noconst
irf create nonseason, step(12) set(m1irf) replace
qui arima D.lnm1, ar(1 4) nolog noconst
irf create season, step(12) set(m1irf) replace
Irf table Irf, nocl
irf graph irf

use T_data12_2,clear
tsset month
qui var LIP LM1 LTB3 , lag(1/2)
irf create var2, set(varirf) step(12) replace
irf table irf,  noci impulse(LM1)
irf graph irf, byopts(yrescale)

irf table fevd, impulse(LM1) noci
irf graph fevd, byopts(yrescale)

use T_data12_2, clear
tsset month
qui var LIP LM1 LTB3 , lag(1/2)
irf create var2, set(varirf2) step(12) replace
qui var LIP LM1 LTB3 , lag(1/4)
irf create var4, set(varirf2) step(12) replace
irf ograph (var2 LM1 LIP irf) (var4 LM1 LIP irf)

use T_data12_2, clear
qui var LTB3 LIP, lag(1)
irf create oirf1, set(varirf4) step(12) replace
```

```
irf table oirf, noci
irf graph oirf, byopts(yrescale)

qui reg LIP L(1/2).LIP L(1/2).LTB3
test L1.LTB3 L2.LTB3
qui reg LTB L(1/2).LIP L(1/2).LTB3
test L1.LIP L2.LIP

findit gcause
gcause LIP LTB3, lag(2)
gcause LTB3 LIP, lag(2)

use T_data12_3, clear
tsset com year
* gcause invest mvalue, lag(2) // error message
* gcause invest mvalue if com==1, lag(2)  // error message
gcause2 invest mvalue if com==1, lag(2)

forvalues i=1/10 {
        di _n
        di "회사번호 = " `i'
        gcause2 invest mvalue if com==`i', lag(2)
}
```

CHAPTER 13 VEC 모형

13.1 VEC 모형설정

7장 단일변량 시계열 모형에서 이미 두 시계열의 공적분 관계에 대해 설명하였다. 이런 경우 공적분 벡터를 포함한 오차수정 모형(error correction model)을 추정할 수 있다. 본 장에서는 다변량 모형에서 공적분 관계에 대해 알아보고 VAR 모형에서 공적분 관계를 고려한 모형설정이 어떻게 바뀌는지 설명하고자 한다.

단일변량 시계열 모형에서 2개의 시계열 변수가 I(1)이고 두 변수가 공적분 관계가 존재한다는 것은 1개의 공적분 벡터(vector)가 있다는 의미이다. 다변량 모형에서 k개 내생변수가 I(1)이라고 가정하자. 또한 최대 $k-1$개의 서로 독립인 선형관계가 존재할 수 있다.* 공적분 관계에 있는 변수들의 선형결합은 I(0)이 된다. 다변량 모형에서는 개별 공적분 벡터로 구성된 공적분 공간(cointegration space)이 식별될 수 있다. 공적분 공간은 k개 내생변수 간 장기균형이 1개 이상 존재할 수 있다는 것을 의미한다.

Engle and Granger(1987)는 1개 이상 공적분 관계가 존재하는 VAR 모형에서 벡터오차수정(Vector Error Correction: 이하 VEC) 모형을 제시하였다. 다음과 같이 VAR(2) 모형을 가정하자.

$$\begin{aligned} y_{1t} &= \beta_{11}y_{1t-1}+\beta_{21}y_{2t-1}+e_{1t} \\ y_{2t} &= \gamma_{11}y_{1t-1}+\gamma_{21}y_{2t-1}+e_{2t} \end{aligned} \tag{13.1}$$

식 13.1을 행렬로 표현하면

$$\begin{pmatrix} y_{1t} \\ y_{2t} \end{pmatrix} = \begin{pmatrix} \beta_{11} & \beta_{21} \\ \gamma_{11} & \gamma_{21} \end{pmatrix} \begin{pmatrix} y_{1t-1} \\ y_{2t-1} \end{pmatrix} + \begin{pmatrix} e_{1t} \\ e_{2t} \end{pmatrix}$$

$$Y_t = BY_{t-1}+E_t \tag{13.2}$$

식 13.2를 1차 차분 모형으로 바꾸어 쓰면 다음과 같다.

---

* 가령 3개의 내생변수(A, B, C)가 있다면 서로 독립적인 선형관계는 AB와 AC이면 충분하다. BC와 ABC의 선형관계는 AB와 AC의 선형관계가 주어지면 식별가능하다.

$$\Delta Y_t = (B - I_2) Y_{t-1} + E_t \tag{13.3}$$

위 식에서 I_2는 2×2 항등행렬이다. $\Pi \equiv -(I_2 - B)$로 정의하자. 위 식을 추정하기 위해서는 ΔY_t와 E_t가 모두 정상시계열이므로 ΠY_{t-1}도 정상시계열이어야 한다. 다음 2가지 경우를 고려해 보자. 첫째, $\Pi = 0$이면 식 13.3은 Y_t에 대한 무작위 보행(random walk) 표현이 된다. 둘째, Π 행렬의 계수(rank) r이 $0 < r < k$라고 가정하자.* 위 예제에서 $k = 2$이므로 Π의 계수는 $r = 1$이라고 가정할 수 있다. 따라서 ΠY_{t-1}, 즉 y_{1t-1}과 y_{2t-1}의 선형결합은 I(0)이 된다. 앞선 가정에서 y_{1t}와 y_{2t}가 모두 I(1)이라고 하였기 때문에 Π는 공적분 벡터가 된다. 따라서 일반적인 경우로 확장하면 Π는 $k \times k$행렬이 되고, Π행렬이 완전계수(full rank)가 아니고 축소계수(reduced rank) $r \le k-1$을 갖게 되면 k개 내생변수로 구성된 Y_t에서 r개의 서로 독립인 선형결합을 찾을 수 있게 된다. 결국 r개 공적분 관계를 갖는다고 해석할 수 있다.

Π가 축소계수 r을 가진다면 Π는 다음과 같이 $k \times r$ 행렬(λ 과 δ)의 곱으로 표현할 수 있다.

$$\Pi = \lambda \delta' \tag{13.4}$$

식 13.4를 식 13.3에 대입하면 다음이 된다.

$$\Delta Y_t = \lambda \delta' Y_{t-1} + E_t \tag{13.5}$$

$\delta' Y_{t-1}$은 내생변수들의 공적분 관계를 나타내고, λ는 두 내생변수가 장기적 균형관계로 접근해가는 조정속도(adjustment speed)를 의미한다. 식 13.5는 VAR(1)에서 시작해서 도출한 VEC 모형이 된다. 일반적인 VAR(p)에서 시작하면 $\Delta Y_{t-1}, \Delta Y_{t-2}, \cdots, \Delta Y_{t-p+1}$를 포함한 VEC 모형으로 쓸 수 있다.

다시 이변량 모형인 식 13.3으로 돌아가서 Π가 rank=1이기 위해서는 다음이 성립해야 한다.

$$(\beta_{11} - 1)(\gamma_{21} - 1) - \beta_{21}\gamma_{11} = 0 \tag{13.6}$$

---

* 행렬의 rank는 선형 독립인 행(또는 열)의 최대 수를 정의한다.

식 13.6을 이용하면 다음 식 13.7을 쉽게 보일 수 있다.*

$$\Pi = \begin{pmatrix} \beta_{11}-1 & \beta_{21} \\ \gamma_{11} & \gamma_{21}-1 \end{pmatrix} = \lambda\delta' = \begin{pmatrix} 1 \\ \gamma_{11}/(\beta_{11}-1) \end{pmatrix} (\beta_{11}-1 \quad \beta_{21}) \tag{13.7}$$

식 13.7을 이용하여 식 13.5를 다시 쓰면

$$\begin{pmatrix} \Delta y_{1t} \\ \Delta y_{2t} \end{pmatrix} = \begin{pmatrix} 1 \\ \gamma_{11}/(\beta_{11}-1) \end{pmatrix} ((\beta_{11}-1)y_{1t-1} + \beta_{21}y_{2t-1}) + \begin{pmatrix} e_{1t} \\ e_{2t} \end{pmatrix} \tag{13.8}$$

위 식에서 $(\beta_{11}-1)y_{1t-1} + \beta_{21}y_{2t-1}$은 I(1) 변수들의 선형결합이고 I(0)가 된다. 즉 두 내생변수의 공적분 관계를 표현하게 된다.

13.2 다변량 모형에서 공적분 검정

단일변량 시계열 모형에서 공적분 검정은 7장에서 설명한 Engle-Granger 2단계 추정법을 사용할 수 있다. 다변량 시계열 모형에서 공적분 검정은 Johansen(1988) 방법을 사용한다. Johansen 검정통계량의 자세한 도출과정은 이 책의 범위를 넘어서기 때문에 생략한다. 다만 독자의 이해를 돕기 위해서 Johansen 검정의 아이디어만 설명하고자 한다.

Johansen 검정의 기본 아이디어는 VEC 모형 추정에서 시작한다. 다음과 같이 k개 내생변수를 가진 VEC 모형을 설정하자.

$$\Delta Y_t = \alpha + \Gamma_1 \Delta Y_{t-1} + \Gamma_2 \Delta Y_{t-2} + \cdots + \Pi Y_{t-p} + E_t \tag{13.9}$$

위 식에서 E_t는 다변량 정규분포(multivariate normal distribution)를 따른다고 가정하기 때문에 모수추정은 최우추정법을 사용한다. 또한 앞서 설명하였듯이 $\Pi \equiv \lambda\delta'$로 정의한다. Johansen 검정의 핵심은 Π 행렬의 계수(rank)에 관한 검정이다. 이 값은 최소 1에서 최대 $k-1$이 될 수 있다. $r=r_0$로 가정하고, 식 13.9의 최우추정치를 구한다. Hamilton(1994)의 증명에 따르면 r개의 공적분 관계가 존재하면(즉, Π의 rank=r이면) $j=r+1, r+2, \cdots, k$일 때 $\log(1-v_j)=0$이 되어야 한다. 이때 v_j는 $\hat{\Pi}_{ML}$ 행렬의 고유값(eigenvalue)이 된다. 따라서 추정된 고유치 $\hat{v}$을 이용하여 Johansen 검정통계량을 도

---

* 식 13.6으로부터 $(\gamma_{21}-1) = \beta_{21}\gamma_{11}/(\beta_{11}-1)$을 얻을 수 있다.

출할 수 있다. Johansen 검정의 귀무가설과 대립가설은 다음과 같다.

$$H_0 : r \le r_0 \qquad \text{vs.} \qquad H_1 : r_0 < r \le k-1$$

검정통계량은 다음이 된다.

$$J_{trace}(r_0) = -T \sum_{j=r_0+1}^{k} \log(1-\hat{v}_j) \tag{13.10}$$

위와 같이 도출한 검정통계량을 대각합(trace) 검정이라고 부른다. 귀무가설을 받아들인다면 식 13.10은 0에 가까워 질 것이다. 이번에는 귀무가설을 다음과 같이 설정해 보자.

$$H_0 : r \le r_0 \qquad \text{vs.} \qquad H_1 : r = r_0 + 1$$

위 가설에 대한 검정통계량은 다음과 같다.

$$J_{\max}(r_0) = -T\log(1-\hat{v}_{r_0+1}) \tag{13.11}$$

위와 같이 도출한 검정통계량을 최대고유값(maximum eigenvalue) 검정이라고 부른다. 식 13.10과 식 13.11 검정통계량은 대략 카이제곱 분포를 따르지만 일반적인 카이제곱 분포와는 차이가 있다. Pearson, Shin and Smith(2000)에서는 Johansen 우도비(LR: Likelihood Ratio) 검정에 대한 임계치(critical values)를 제시하고 있다.*

13.3 STATA 실습

data file: T_data13_1.dta**

예제 데이터는 1990년 1분기~2011년 1분기까지 미국의 Washington DC, Maryland(MD), 그리고 Virginia(VA) 지역의 건설업 임금 시계열을 포함하고 있다. 세 지역은 서로 인접해 있는 지역이기 때문에 각 지역의 임금변수가 서로 영향을 주고받으면서 균형에 접근하게 될 것으로 예상한다.

우선 금액으로 측정된 임금변수를 1990년 1분기 임금수준(100)을 기준으로 지수로 변

* 식 13.10과 식 13.11의 검정통계량은 모두 표본이 큰 경우에만 적용할 수 있다. 따라서 표본이 작은 경우에는 소표본 수정인수(small sample correction factor)가 필요하다(Ahn and Reinsel 1990).

** 예제 데이터는 Becketti(2012) 10장에서 인용하였다.

환하였다. 아래 그림 13-1은 지수로 변환한 세 변수에 대한 선그래프 결과가 나와 있다. 여기에서 알 수 있듯이 세 변수는 같은 패턴으로 움직이고 있고 시간이 흐름에 따라 계속 증가하는 패턴이다. 즉 비정상적 시계열이고 공적분 관계가 있을 수 있다.

| 그림 13-1 |

```
. use T_data13_1, clear
(Construction wages in DC-MD-VA)

. tsset date
        time variable:  date, 1990:1 to 2011:1
                delta:  1 quarter

. gen dcwage=100*(conwgdc/conwgdc[1])
. gen mdwage=100*(conwgmd/conwgmd[1])
. gen vawage=100*(conwgva/conwgva[1])

. tsline *wage
```

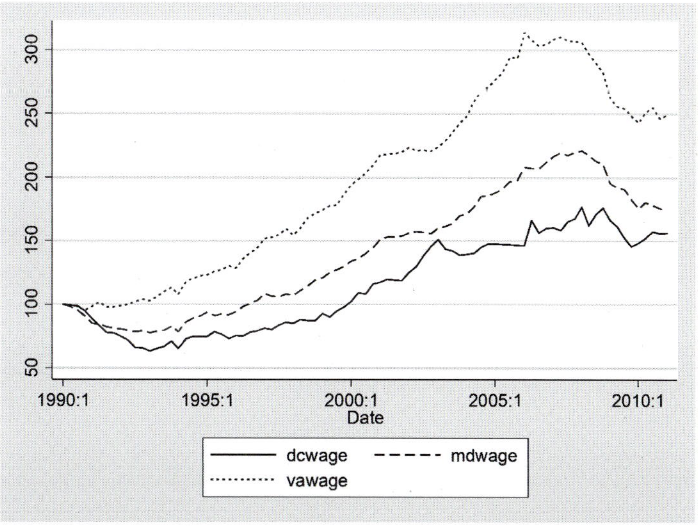

먼저 3개 내생변수가 I(1) 변수인지 확인하기 위해 단위근 검정을 실행한다. **dfuller** 명령문을 이용하여 ADF 검정을 실행한다. 세 변수 모두에서 p값이 0.05보다 크다. 따라서 단위근이 있다는 귀무가설을 기각할 수 없다.

| 그림 13-2 |

```
. dfuller dcwage, lag(1)
Augmented Dickey-Fuller test for unit root          Number of obs   =        83

                              ---------- Interpolated Dickey-Fuller ---------
                  Test         1% Critical       5% Critical      10% Critical
               Statistic           Value             Value             Value
------------------------------------------------------------------------------
 Z(t)             -0.127            -3.534            -2.904            -2.587
------------------------------------------------------------------------------
MacKinnon approximate p-value for Z(t) = 0.9467

. dfuller mdwage, lag(1)
Augmented Dickey-Fuller test for unit root          Number of obs   =        83

                              ---------- Interpolated Dickey-Fuller ---------
                  Test         1% Critical       5% Critical      10% Critical
               Statistic           Value             Value             Value
------------------------------------------------------------------------------
 Z(t)             -0.710            -3.534            -2.904            -2.587
------------------------------------------------------------------------------
MacKinnon approximate p-value for Z(t) = 0.8442

. dfuller vawage, lag(1)
Augmented Dickey-Fuller test for unit root          Number of obs   =        83

                              ---------- Interpolated Dickey-Fuller ---------
                  Test         1% Critical       5% Critical      10% Critical
               Statistic           Value             Value             Value
------------------------------------------------------------------------------
 Z(t)             -1.231            -3.534            -2.904            -2.587
------------------------------------------------------------------------------
MacKinnon approximate p-value for Z(t) = 0.6602
```

VEC 모형에서 내생변수의 과거값 차수 결정은 VAR 모형에서 결정한 p값을 사용한다. 따라서 11장에서 소개한 varsoc 명령어를 이용하여 3개 내생변수에 대한 VAR(p) 모형의 p차수를 결정해 보자. 그림 13-3 SBIC에 따르면 p=1이고 AIC에 따르면 p=3이 된다.

| 그림 13-3 |

```
. varsoc dcwage mdwage vawage, maxlag(8)

   Selection-order criteria
   Sample:  1992:1 - 2011:1                         Number of obs      =        77
  +---------------------------------------------------------------------------+
  |lag |    LL      LR      df    p      FPE       AIC      HQIC      SBIC    |
```

```
|----+---------------------------------------------------------------------|
|  0 | -928.691                          6.5e+06   24.1998   24.2363   24.2911  |
|  1 | -606.477  644.43     9  0.000  1902.62   16.0643   16.2104*  16.4296* |
|  2 | -600.322   12.31     9  0.196  2051.05   16.1382   16.3939   16.7774  |
|  3 | -587.863  24.917     9  0.003   1880.3*  16.0484*  16.4137   16.9616  |
|  4 | -583.116  9.4937     9  0.393  2111.23   16.1589   16.6337    17.346  |
|  5 | -580.694   4.844     9  0.848  2526.31   16.3297   16.9141   17.7908  |
|  6 | -574.279  12.831     9  0.170  2736.44   16.3968   17.0908   18.1319  |
|  7 | -568.734  11.089     9  0.270   3047.4   16.4866   17.2902   18.4956  |
|  8 | -558.028  21.412*    9  0.011  2986.33   16.4423   17.3554   18.7252  |
+---------------------------------------------------------------------------+
 Endogenous:  dcwage mdwage vawage
  Exogenous:  _cons
```

그 다음 단계는 3개 내생변수 간 공적분 관계가 존재하는지 Johansen 검정을 해야 한다 내생변수가 3개이므로 공적분 관계가 있다면 $r = 1, 2$ 중 하나가 된다. 13.2절에서 설명하였듯이 대각합(trace) 검정 또는 최대고유값(max eigenvalue) 검정을 적용할 수 있다. Stata 에서는 vecrank 명령어를 이용한다.

| 그림 13-4 |

```
. vecrank dcwage mdwage vawage, lags(1)
                       Johansen tests for cointegration
Trend: constant                                        Number of obs =      84
Sample:  1990:2 - 2011:1                                        Lags =       1
-------------------------------------------------------------------------------
                                                         5%
maximum                                      trace    critical
  rank    parms      LL       eigenvalue  statistic     value
    0       3    -695.95551        .       68.0618      29.68
    1       8    -671.66527    0.43917     19.4813      15.41
    2      11    -664.05858    0.16566      4.2679       3.76
    3      12    -661.92463    0.04954
-------------------------------------------------------------------------------

. vecrank dcwage mdwage vawage, lags(3)

                      Johansen tests for cointegration
Trend: constant                                        Number of obs =      82
Sample:  1990:4 - 2011:1                                        Lags =       3
-------------------------------------------------------------------------------
                                                         5%
maximum                                      trace    critical
  rank    parms      LL       eigenvalue  statistic     value
    0      21    -661.77587        .       60.4462      29.68
    1      26    -640.94105    0.39840     18.7766      15.41
```

```
    2      29      -632.10389      0.19389       1.1022*     3.76
    3      30      -631.55277      0.01335
--------------------------------------------------------------------------------
```

vecrank 명령어 다음에 3개 내생변수 이름을 입력한다. 13.2절에서 설명하였듯이 다변량 모형에서 공적분 검정을 위해서는 VEC 모형을 설정한 후 추정을 해야 한다. 따라서 lags( ) 옵션에서 VEC 모형을 추정할 때 사용할 과거값 차수를 지정한다. 주의해야 할 점은 lags( ) 옵션에서 지정한 차수는 VAR 모형에서의 차수이다. 따라서 VEC 모형에서 차수는 $p-1$이 된다. VAR 모형의 차수는 이미 그림 13-3에 그 결과가 나와 있다. SBIC에 따라 p=1이므로 VAR(1) 모형이 선택되면 VEC 모형에서 차수는 $p-1=0$이 된다. 즉, VEC 모형설정은 다음과 같다.

$$\Delta Y_t = \alpha + \Pi Y_{t-1} + E_t \tag{13.12}$$

AIC에 따라 p=3을 선택하면 VEC 모형에서 차수는 $p-1=2$가 된다. 이 경우 VEC 모형설정은 다음과 같다.

$$\Delta Y_t = \alpha + \Pi Y_{t-1} + \Gamma_1 \Delta Y_{t-1} + \Gamma_2 \Delta Y_{t-2} + E_t \tag{13.13}$$

vecrank 명령문에서 옵션 lags(1)을 추가하면 식 13.12에 대해 최우추정법을 적용하여 $\hat{\Pi}_{ML}$ 추정치를 얻는다. 그 결과를 이용하여 식 13.10의 검정통계량을 계산한다. lags(3)이라고 입력하면 식 13.13 모형을 추정하여 대각합 검정통계량을 계산하게 된다. 그림 13-4 첫 번째 결과에서 $r=0$일 때 검정통계량은 5% 임계치보다 훨씬 크다. 따라서 귀무가설을 기각한다. 즉 공적분 관계가 0개라는 귀무가설을 기각한다. 1개 또는 2개의 공적분 관계가 있을 수 있다고 예상할 수 있다. $r=1$인 경우 역시 귀무가설을 기각한다. 따라서 공적분 관계가 $r \le 1$이라는 귀무가설 역시 기각한다. 따라서 공적분 관계가 있다면 2개가 될 것이라고 예상할 수 있다. 그러나 $r=2$일 때도 귀무가설을 기각한다. 즉 $r \le 2$라는 귀무가설을 기각한다. 이런 경우에는 공적분 관계를 결정하기 어려운 상황이다. 이런 상황이 벌어진 이유는 앞서 언급하였듯이 대각합 검정통계량은 표본이 큰 경우에만 적용할 수 있는데, 현재 표본이 90개 미만이기 때문이다. lags(1) 대신 lags(3) 옵션을 입력하면 $r=2$일 때 귀무가설을 기각할 수 없다. 따라서 2개의 공적분 관계가 존재한다고 결론을 내린다. 표본 수가 작기 때문에 VEC 모형설정이 검정결과에 크게 영향을 미친다고 말할 수 있다.

그림 13-5에서는 max와 notrace 옵션을 동시에 사용한다. max 옵션은 식 13.11에서 설명한 최대고유값 검정 결과를 제시한다. notrace 옵션은 대각합 검정을 실행하지 말라는 의미이다. $r=0$과 $r=1$일 때 최대고유값 검정통계량은 그림 13.4의 대각합 검정통계량과 다르다. 그러나 $r=k-1=2$일 때는 대각합 검정과 최대고유값 검정결과는 항상 일치한다.* 최대고유값 검정은 대각합 검정과 마찬가지로 $r=2$ 공적분 관계가 있다고 결론내릴 수 있다.

| 그림 13-5 |

```
. vecrank dcwage mdwage vawage, lags(3) max notrace
                         Johansen tests for cointegration
Trend: constant                                          Number of obs =      82
Sample:   1990:4 - 2011:1                                         Lags =       3
-------------------------------------------------------------------------------
                                                                 5%
maximum                                           max       critical
  rank     parms        LL          eigenvalue  statistic     value
    0        21     -661.77587           .       41.6696      20.97
    1        26     -640.94105      0.39840      17.6743      14.07
    2        29     -632.10389      0.19389       1.1022       3.76
    3        30     -631.55277      0.01335
-------------------------------------------------------------------------------
```

그림 13-6에서는 식 13.12 VEC 모형 추정결과를 구체적으로 보여준다. 그림 13-4 결과에 따라 공적분 관계를 2개를 지정한다. vec 명령어 다음에 내생변수를 그대로 입력한다(차분된 변수를 입력해서는 안 된다). 옵션으로는 lags( )를 지정하고 rank( ) 옵션에서는 공적분 관계에 해당하는 숫자를 입력한다. L1._ce1과 L1._ce2에 해당하는 추정계수는 식 13.4에서 설명한 $\hat{\lambda}$ 추정치이다. 즉 장기적 균형관계로 접근해가는 조정속도(adjustment speed)이다.

| 그림 13-6 |

```
. vec dcwage mdwage vawage, lags(3) rank(2)
Vector error-correction model
Sample:   1990:4 - 2011:1                          No. of obs        =        82
                                                   AIC               =  16.12449
Log likelihood = -632.1039                         HQIC              =  16.46621
Det(Sigma_ml)  =   995.7904                        SBIC              =  16.97564
```

* $r=k-1$이면 대각합 검정의 가설설정과 최대고유값 검정의 가설설정이 정확히 같아지기 때문이다.

```
Equation           Parms      RMSE     R-sq      chi2     P>chi2
----------------------------------------------------------------
D_dcwage               9   4.50061   0.3154   33.62801   0.0001
D_mdwage               9   2.92394   0.5155   77.68106   0.0000
D_vawage               9   4.85127   0.4018   49.03901   0.0000
----------------------------------------------------------------

------------------------------------------------------------------------------
             |      Coef.   Std. Err.      z    P>|z|     [95% Conf. Interval]
-------------+----------------------------------------------------------------
D_dcwage     |
        _ce1 |
         L1. |  -.2348401    .082845    -2.83   0.005    -.3972133   -.0724669
             |
        _ce2 |
         L1. |   .0309208   .1810307     0.17   0.864    -.3238929    .3857344
             |
      dcwage |
         LD. |   -.064572   .1174899    -0.55   0.583     -.294848     .165704
        L2D. |   .1566788   .1149334     1.36   0.173    -.0685865    .3819442
             |
     ---------------------------- 중략--------------------------------------
             |
       _cons |   .1142135   .5712562     0.20   0.842    -1.005428    1.233855
-------------+----------------------------------------------------------------
D_mdwage     |
        _ce1 |
         L1. |    .114765   .0538224     2.13   0.033     .0092751     .220255
             |
        _ce2 |
         L1. |  -.6714628   .1176112    -5.71   0.000    -.9019765    -.440949
             |
      dcwage |
         LD. |  -.1418978   .0763303    -1.86   0.063    -.2915025    .0077069
        L2D. |  -.1481038   .0746694    -1.98   0.047    -.2944532   -.0017544
             |
   ---------------------------- 중략--------------------------------------
             |
       _cons |  -.3422727   .3711312    -0.92   0.356    -1.069677    .3851311
-------------+----------------------------------------------------------------
D_vawage     |
        _ce1 |
         L1. |    .234999   .0892998     2.63   0.008     .0599747    .4100233
             |
        _ce2 |
         L1. |  -.8295887   .1951355    -4.25   0.000    -1.212047   -.4471303
             |
      dcwage |
         LD. |  -.3553392    .126644    -2.81   0.005    -.6035568   -.1071216
        L2D. |  -.3061054   .1238883    -2.47   0.013     -.548922   -.0632888
             |
     ---------------------------- 중략--------------------------------------
```

```
             |
       _cons |   .2812899   .6157649     0.46   0.648    -.9255871    1.488167
------------------------------------------------------------------------------

Cointegrating equations
Equation           Parms    chi2     P>chi2
-------------------------------------------
_ce1                 1   387.0889   0.0000
_ce2                 1   5405.022   0.0000
-------------------------------------------

Identification:  beta is exactly identified
                 Johansen normalization restrictions imposed
------------------------------------------------------------------------------
        beta |      Coef.   Std. Err.      z    P>|z|     [95% Conf. Interval]
-------------+----------------------------------------------------------------
_ce1         |
      dcwage |          1          .        .       .            .           .
      mdwage |          0  (omitted)
      vawage |  -.5452927   .0277156   -19.67   0.000    -.5996143   -.4909711
       _cons |  -9.228408          .        .       .            .           .
-------------+----------------------------------------------------------------
_ce2         |
      dcwage |          0  (omitted)
      mdwage |          1          .        .       .            .           .
      vawage |  -.6720692   .0091415   -73.52   0.000    -.6899861   -.6541522
       _cons |   -11.3031          .        .       .            .           .
------------------------------------------------------------------------------
```

그림 13.6의 마지막 부분에서 제시한 결과는 공적분 방정식에 대한 추정결과이다. _ce1에 해당하는 공적분 방정식은 다음과 같다.

$$z_1 = dcwage_t - 9.22 - 0.54vawage_t \tag{13.14}$$

또한 _ce2에 해당하는 공적분 방정식은 다음과 같다.

$$z_2 = mdwage_t - 11.30 - 0.67vawage_t \tag{13.15}$$

공적분 방정식은 세 지역 임금지수의 장기적 균형관계를 나타낸다. 따라서 DC와 VA 지역 임금의 장기적 균형관계는 다음과 같다.

$$dcwage_t = 9.2 + 0.54vawage_t \tag{13.16}$$

식 13.16는 VA 임금지수가 1단위 증가할 때 DC 임금지수는 0.54만큼 증가하는 장기적 균형관계를 가지고 있다고 해석한다. 식 13.15를 다시 쓰면, MD와 VA 지역의 임금지수의 장기적 균형관계는 다음과 같다.

$$mdwage_t = 11.30 + 0.67vawage_t \tag{13.17}$$

VA 지역 임금지수가 1단위 증가할 때 MD 지역의 임금지수는 0.67 단위 증가한다. 식 13.16과 식 13.17을 이용하면 MD 지역과 DC 지역 임금의 장기적 균형관계를 쉽게 찾을 수 있다.

$$mdwage_t = 5.14 + 1.24dcwage_t \tag{13.18}$$

11장에서 VAR 모형 추정 후 오차항이 백색잡음인지, 또는 정규분포를 따르는지 varlmar과 varnorm 명령어를 이용하여 검정했다. VEC 모형 추정에도 유사한 명령어를 사용할 수 있다. 그림 13-7에서 그 예를 보여준다. 먼저 veclmar 명령문 결과를 살펴보면 1계와 2계 자기상관이 없다는 것을 알 수 있다. 앞서 설명하였듯이 VEC 모형은 오차항의 정규분포를 가정하고 최대우도(ML) 추정을 하기 때문에 vecnorm 명령문 결과가 중요하다. Jarque-Bera, Skewness, Kurtosis 검정 모두 귀무가설을 기각하지 못한다. 즉 정규분포를 따른다고 해석한다.

| 그림 13-7 |

```
. veclmar
  Lagrange-multiplier test
 +--------------------------------------+
 | lag  |      chi2    df   Prob > chi2 |
 |------+-------------------------------|
 |   1  |    3.4929     9     0.94152   |
 |   2  |    6.6926     9     0.66909   |
 +--------------------------------------+
  H0: no autocorrelation at lag order

. vecnorm
  Jarque-Bera test
 +--------------------------------------------------------+
 |            Equation |          chi2   df  Prob > chi2 |
 |---------------------+----------------------------------|
 |            D_dcwage |          0.778   2   0.67783    |
 |            D_mdwage |          1.969   2   0.37366    |
 |            D_vawage |          0.752   2   0.68653    |
 |                 ALL |          3.499   6   0.74414    |
 +--------------------------------------------------------+

  Skewness test
```

```
+-------------------------------------------------------+
|          Equation | Skewness   chi2   df  Prob > chi2 |
|--------------------+----------------------------------|
|          D_dcwage | -.06614    0.060   1     0.80683  |
|          D_mdwage | -.29452    1.185   1     0.27625  |
|          D_vawage |    .226    0.698   1     0.40344  |
|               ALL |            1.943   3     0.58426  |
+-------------------------------------------------------+

 Kurtosis test
+-------------------------------------------------------+
|          Equation | Kurtosis   chi2   df  Prob > chi2 |
|--------------------+----------------------------------|
|          D_dcwage |  3.4584    0.718   1     0.39682  |
|          D_mdwage |  3.4788    0.783   1     0.37611  |
|          D_vawage |  2.8741    0.054   1     0.81596  |
|               ALL |            1.555   3     0.66953  |
+-------------------------------------------------------+
```

다음으로 vec 명령문을 실행한 후, predict 명령어를 이용해 표본내 예측 결과를 얻을 수 있다. 아래 그림 13-8을 보면, 먼저 공적분 관계에 대한 1기 앞(one-step ahead) 예측을 도출하여 두 지역 임금의 균형관계에 대해 살펴본다. predict 명령어 다음에 변수이름을 지정한다. ce 옵션은 공적분 방정식에서 예측 결과를 계산하라는 의미이고 equation( ) 옵션이 반드시 필요하다. 그 이유는 현재 추정결과에서는 공적분 방정식이 _ce1과 _ce2이기 때문에 어떤 결과를 이용하여 ce1 변수를 생성할 것인지를 결정해야 하기 때문이다. ce1 변수는 정확히 식 13.14에 의해 계산된다. 따라서 ce1 변수는 장기적 균형관계에서 어느 정도 벗어나는지를 보여준다. ce2 변수도 유사하게 생성할 수 있다. tsline 명령어로 z_1과 z_2의 그래프를 보여준다. z_1변수(ce1 변수)는 DC와 VA 지역의 임금의 불균형 정도이다. 이 값이 양(+)이면 두 임금변수의 장기적 균형관계에 비해 DC 지역의 임금이 상대적으로 높다는 의미이고 음(-)이면 장기적 균형관계에 비해 DC 지역의 임금이 상대적으로 낮다는 의미이다. 0에 가깝다면 그 시점의 DC와 VA 지역의 임금은 장기적 균형상태에 있다고 해석한다. z_2에 해당하는 ce2 변수도 유사하게 해석할 수 있다.

| 그림 13-8 |

```
. predict ce1 , ce equation(_ce1)
. predict ce2 , ce equation(_ce2)
. label var ce1 "DC/VA long-run"
. label var ce2 "MD/VA long-run"
```

```
. tsline ce*, yline(0)
```

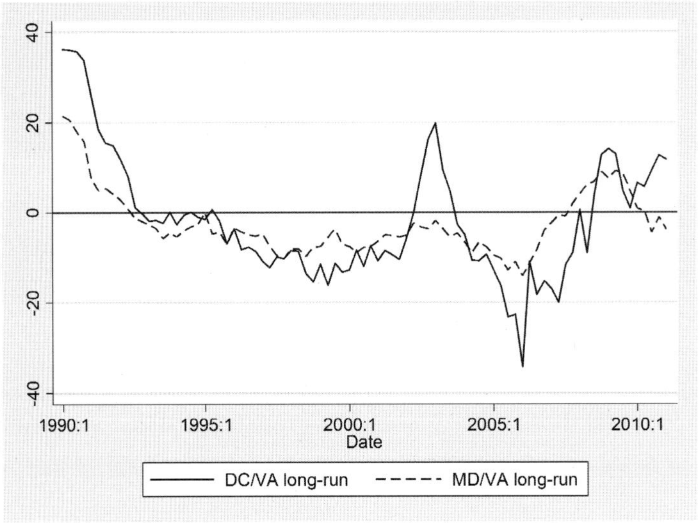


```
. predict dchat, levels equation(D_dcwage)
. predict mdhat, levels equation(D_mdwage)
. predict vahat, levels equation(D_vawage)

. label var dchat "one-step ahead forecast for DC"
. label var mdhat "one-step ahead forecast for MD"
. label var vahat "one-step ahead forecast for VA"


. tsline dcwage dchat
```

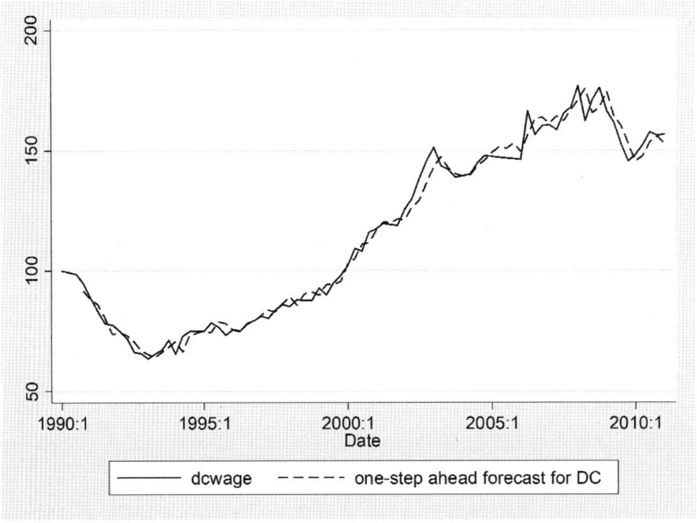

위 결과에서 두 번째 선그래프 부분을 보면, predict 명령어 다음에 levels 옵션을 사용하였다. 이는 내생변수의 레벨 값에 대한 1기 앞 예측을 계산한다. 공적분 예측과 마찬가지로 equation 옵션을 반드시 써주어야 한다. equation(D_dcwage)는 VEC 모형에서 첫 번째 방정식인 dcwage의 1차 차분 방정식 결과를 이용하여 예측하라는 의미이다. 이를 통해 만들어진 변수는 $\hat{y}_{t,DC}$가 된다. 차분 값이 아니고 레벨 값이 계산됨에 주의해야 한다. equation(D_mdwage)와 equation(D_vawage)도 유사한 의미의 옵션이다. 마지막에서 보여주는 시계열 선그래프는 실제 관찰된 dcwage 변수와 1기 앞 예측인 dchat 변수를 보여준다. 표본내 예측이기 때문에 두 선그래프는 거의 일치한다.

표본외 예측 결과를 얻기 위해서는 11장에서 소개했던 fcast compute 명령어와 fcast graph 명령어를 그대로 사용할 수 있다. 데이터 표본에서 마지막 8개 분기(2009년 2분기~2011년 1분기)를 예측하고, 그 결과를 실제 관측치와 비교하고자 한다. 따라서 vec 명령문에서 if 조건문을 지정한다. fcast compute 명령문 옵션에서 dynamic(tq(2009q2))을 꼭 지정해야 한다. 아래 그림 13-9 첫 번째 선그래프에서 dcwage 변수의 마지막 8분기에 대해 실제 임금지수와 예측된 임금지수를 동시에 보여준다. 2009년 3분기~2010년 1분기에 발생한 급격한 임금지수 하락을 모형이 예측하지 못한다는 것을 알 수 있다. fcast compute와 fcast graph를 이용하여 2011년 2분기~2013년 1분기까지 표본외 예측도 가능하다. vec 명령문에서 if 조건문을 사용하지 않고 추정한다. fcast compute 명령문에서 step(8) 옵션은 마지막 시점인 2011년 1분기 이후 8개 분기 예측값을 생성하라는 의미이다. 표본외 예측 결과를 그래프 작성하고자 하면 fcast graph 명령문을 이용한다. fcast graph 다음에 올 수 있는 변수는 fcast compute 명령문에 의해 생성된 변수들만 위치할 수 있음에 주의해야 한다. fcast compute에 의해 생성된 out_dcwage, out_mdwage, out_vawage 변수를 선택한다. 8분기에 대한 예측치와 95% 신뢰구간이 그려짐을 알 수 있다.

| 그림 13-9 |

```
. qui vec dcwage mdwage vawage if date<=yq(2009,1), lags(3) rank(2)

. fcast compute out_, step(8) dynamic(tq(2009q2))
. tsline dcwage out_dcwage if date>=yq(2005,1)
```

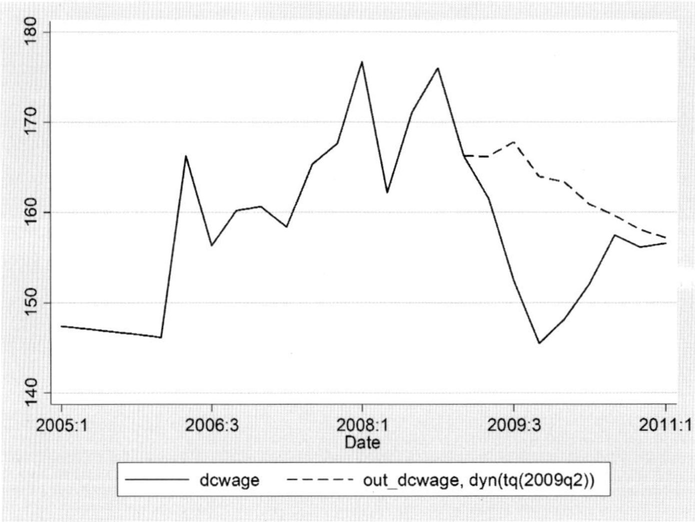


```
. qui vec dcwage mdwage vawage , lags(3) rank(2)
. capture drop out*

. fcast compute out_ , step(8)
. fcast graph out_dcwage out_mdwage out_vawage
```

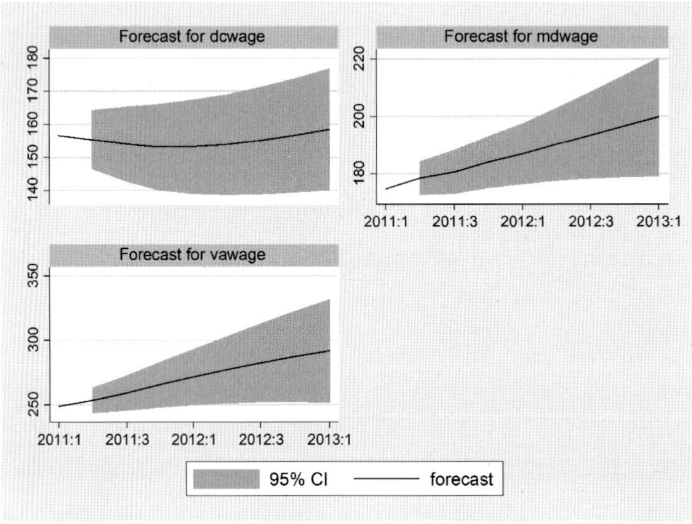

12장에서 VAR 모형을 추정한 후 특정 시점의 충격 발생을 가정하고 IRF와 FEVD를 도출하는 명령문에 대해 설명하였다. **vec** 명령문 다음에도 여전히 IRF, OIRF, FEVD 도출이 가능하다. 아래 그림 13-10에서는 예제 데이터를 새로 불러온 후 **vec** 모형을 추정한다. **irf create** 명령문으로 myirf.irf 파일을 생성한다. IRF 이름은 vec3로 정한다. **irf table** 명령어로 IRF 결과를 표로 만들 수 있다. 그림 13-10 예제에서는 IRF 결과 대신 OIRF 결과를 표로 만들었다. irf table 다음에 "oirf"라고 입력한다. IRF 이름이 여러 개인 경우, irf( ) 옵션은 사용하여 연구자가 원하는 IRF 또는 OIRF 결과만 가져올 수 있다. impulse(dcwage) 옵션은 dcwage 변수에서 충격이 발생하였을 때 dcwage, mdwage, vawage 변수에 미치는 OIRF 결과만 표로 만들고자 함이다. irf graph 명령문을 이용하면 OIRF를 그래프로 그릴 수 있다. irf graph 다음에 "oirf"라고 입력하고 옵션으로는 byopts(yrescale)를 선택한다. 모두 9개의 그래프가 제시된다. VEC 모형의 OIRF 또는 IRF 그래프에서는 95% 신뢰구간이 그려지지 않는다. 그 이유는 오차수정 항이 모형 내 존재하므로 IRF에 대해 표준오차를 계산할 수 없기 때문이다.* VAR 모형과 달리 VEC 모형의 IRF/OIRF는 0으로 수렴하지 않은 패턴을 보인다.** mdwage에서 충격이 발생한 경우를 제외하고 나머지 그래프에서는 지속적으로 내생변수의 값이 커지고 있다. 즉 dcwage 또는 vawage에서 발생한 충격이 일시적(transitory)이지 않고 영구적(permanent)이라는 의미이다. 특히 vawage에서 발생한 충격은 mdwage와 dcwage에서 즉각적이고 지속적인 양(+)의 영향을 미치고 있음을 알 수 있다.

| 그림 13-10 |

```
. qui vec dcwage mdwage vawage, lags(3) rank(2)

. irf create vec3, set(myirf) step(8) replace
(file myirf.irf created)
(file myirf.irf now active)
irfname vec3 not found in myirf.irf
(file myirf.irf updated)

. irf table oirf , noci impulse(dcwage)
               Results from vec3
+--------------------------------------------+
|        |    (1)    |    (2)    |    (3)    |
| step   |   oirf    |   oirf    |   oirf    |
|--------+-----------+-----------+-----------|
|0       | 4.50061   | .551564   | .765345   |
|1       | 3.31051   | .333113   | .165067   |
|2       | 3.1144    | .122778   | -.075798  |
|3       | 2.26148   | .610526   | .866667   |
|4       | 2.03283   | .873825   | 1.58904   |
|5       | 1.6249    | 1.20428   | 2.4078    |
```

* 분석적(analytical) 표준오차 대신 부트스트랩(bootstrap) 표준오차를 계산할 수 있다.
** 내생변수 사이에 장기적 균형관계가 존재하기 때문이다.

```
|6         | 1.57661   | 1.49612   | 3.05289   |
|7         | 1.51596   | 1.83377   | 3.68504   |
|8         | 1.60523   | 2.15775   | 4.20178   |
+-----------------------------------------------+
(1) irfname = vec3, impulse = dcwage, and response = dcwage
(2) irfname = vec3, impulse = dcwage, and response = mdwage
(3) irfname = vec3, impulse = dcwage, and response = vawage

. irf graph oirf, byopts(yrescale)
```

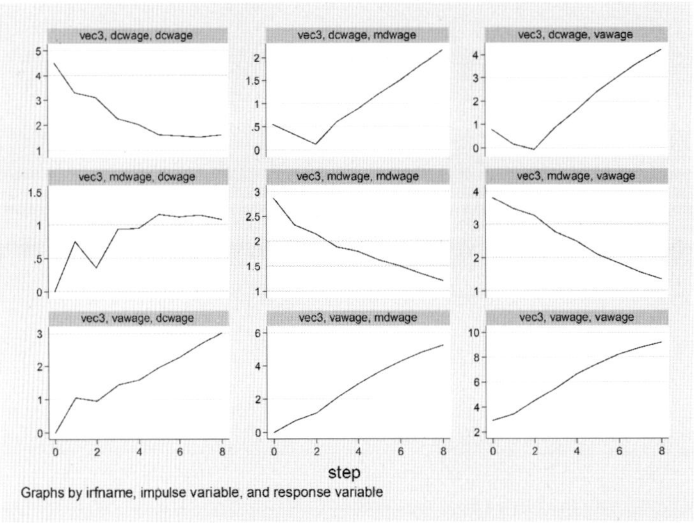

마지막 예제로 공적분 관계를 포함한 VEC 모형과 공적분 관계를 포함하지 않은 VAR 모형을 각각 추정한 후 OIRF 결과를 비교해 보자. 먼저 모형 1은 공적분 관계를 포함한 VEC 모형이고, 모형 2는 공적분 관계를 포함하지 않은 차분-VAR 모형이다. 3개 내생변수가 모두 I(1)이므로 차분된 변수로 VAR 모형을 추정해야 한다.

$$\text{모형 1: } \Delta Y_t = \alpha + \Pi Y_{t-1} + \Gamma_1 \Delta Y_{t-1} + \Gamma_2 \Delta Y_{t-2} + E_t \tag{13.19}$$

$$\text{모형 2: } \Delta Y_t = \alpha + \Lambda_1 \Delta Y_{t-1} + \Lambda_2 \Delta Y_{t-2} + E_t \tag{13.20}$$

아래 그림 13-11에서 Stata 명령문과 모형 1과 모형 2에서 도출된 OIRF를 그래프로 제시한다.

| 그림 13-11 |

```
. qui vec dcwage mdwage vawage, lags(3) rank(2)
. irf create vec_co, set(myirf) step(8) replace
(file myirf.irf now active)
(file myirf.irf updated)

. qui vec dcwage mdwage vawage, lags(3) rank(0)
rank() invalid -- invalid number, outside of allowed range
r(125);

. qui var D.dcwage D.mdwage D.vawage, lag(2)
. irf create var_no, set(myirf) replace step(8)
(file myirf.irf now active)
(file myirf.irf updated)

. irf ograph (vec_co vawage dcwage oirf) (var_no D.vawage D.dcwage oirf)
```

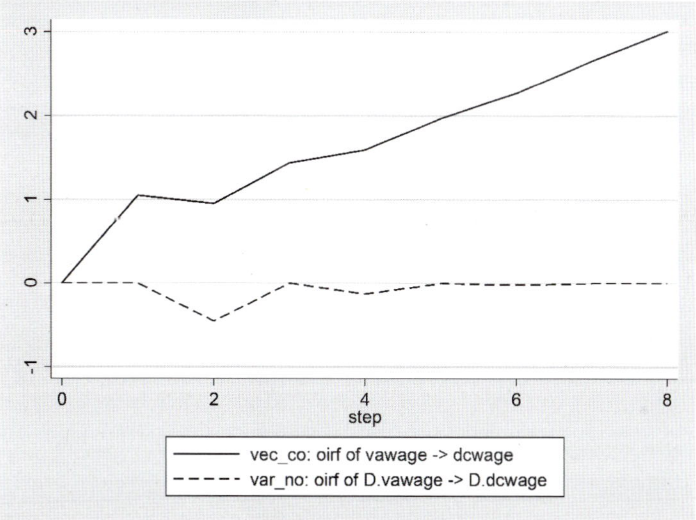

위 명령문을 보면, 예제 데이터를 새로 불러들인 후 먼저 모형 1을 추정한다. 그림 13-10에서 이미 설명하였듯이 irf create 명령문으로 vec_co라는 이름으로 결과를 저장한다. 모형 2를 추정하기 위해서 vec 명령문에서 rank(0)을 입력하였지만 에러 메시지를 얻는다. rank( ) 옵션은 반드시 1 이상 정수를 입력해야 하기 때문이다. 따라서 11장과 12장에서 설명한 var 명령문을 사용해 모형 2를 추정한다. 그러나 내생변수가 I(1)이므로 D.dcwage처럼 차분된 변수이름을 써주어야 한다. IRF 또는 OIRF 결과를 생성하기 위해 다시 irf create 명령문을 이용한다. 이름을 var_no라고 지정한다. 두 모형에서 얻는 OIRF를 그래프로 그린 후 비교하기 위해서는 12장 예제에서 소개한 irf ograph 명령문을 이용한다. 충격(impulse)이 vawage이고, 반응(response)이 dcwage인 경우의 OIRF를 그래프로 그리는 명령문을 보여주고 있다.

그래프를 해석할 때 주의할 점은 모형 1에서는 레벨변수 vawage에서 충격이 발생하였을 때 레벨변수 dcwage에 미치는 충격반응을 계산한 것이고, 모형 2에서는 차분변수 D.vawage에서 충격이 발생하였을 때 차분변수 D.dcwage에 미치는 충격반응을 계산한 것이다. 모형 1의 OIRF 해석은 이미 그림 13-10에서 설명하였기 때문에 생략한다. 모형 2에서는 두 변수의 장기적 균형관계를 고려하지 않았기 때문에 D.vawage의 충격이 다른 내생변수에 미치는 효과는 장기적으로 사리지는 패턴으로 나타나는 것을 알 수 있다.

13.4 Stata do file

```
use T_data13_1,clear
tsset date
gen dcwage=100*(conwgdc/conwgdc[1])
gen mdwage=100*(conwgmd/conwgmd[1])
gen vawage=100*(conwgva/conwgva[1])
tsline *wage

dfuller dcwage, lag(1)
dfuller mdwage, lag(1)
dfuller vawage, lag(1)

varsoc dcwage mdwage vawage, maxlag(8)
vecrank dcwage mdwage vawage, lags(1)
vecrank dcwage mdwage vawage, lags(3)
vecrank dcwage mdwage vawage, lags(3) max notrace
vec dcwage mdwage vawage, lags(3) rank(2)

veclmar
vecnorm

predict ce1 , ce equation(_ce1)
predict ce2 , ce equation(_ce2)
label var ce1 "DC/VA long-run"
label var ce2 "MD/VA long-run"
tsline ce*, yline(0)

predict dchat, levels equation(D_dcwage)
predict mdhat, levels equation(D_mdwage)
predict vahat, levels equation(D_vawage)
label var dchat "one-step ahead forecast for DC"
label var mdhat "one-step ahead forecast for MD"
label var vahat "one-step ahead forecast for VA"
```

```
tsline dcwage dchat

qui vec dcwage mdwage vawage if date<=yq(2009,1), lags(3) rank(2)
fcast compute out_, step(8) dynamic(tq(2009q2))
tsline dcwage out_dcwage if date>=yq(2005,1)


qui vec dcwage mdwage vawage , lags(3) rank(2)
capture drop out*

fcast compute out_ , step(8)
fcast graph out_dcwage out_mdwage out_vawage

qui vec dcwage mdwage vawage, lags(3) rank(2)

irf create vec3, set(myirf) step(8) replace
irf table oirf , noci impulse(dcwage)
irf graph oirf, byopts(yrescale)

qui vec dcwage mdwage vawage, lags(3) rank(2)
irf create vec_co, set(myirf) step(8) replace
* qui vec dcwage mdwage vawage, lags(3) rank(0) // error message


qui var D.dcwage D.mdwage D.vawage, lag(2)
irf create var_no, set(myirf) replace step(8)

irf ograph (vec_co vawage dcwage oirf) (var_no D.vawage D.dcwage oirf)
```

CHAPTER 14 | 패널모형에서 단위근과 공적분 검정

14.1 패널 단위근 검정

최근 패널데이터를 실증분석에서 많이 사용하는 연구경향이 있다. 패널모형에서 시계열 분석기법 역시 다양하게 활용되고 있다. 특정 국가의 시계열 데이터에서 얻은 추정치보다 여러 국가 시계열 데이터를 통합한(pooling) 패널 데이터에서 얻은 추정치가 통계적으로 더 의미가 있을 수 있다. 특정 국가의 시계열 표본은 상대적으로 패널데이터보다 표본 수가 적기 때문에 시계열 관련 검정에서 약점이 있을 수 있다. 대부분의 시계열 검정은 검정통계량의 점근적 분포(asymptotic distribution)를 이용하기 때문이다.

패널모형에서 사용되는 거시변수들의 비정상(nonstationarity) 역시 분석에서 중요한 문제가 되고 있다. 이와 관련하여 패널모형에서 단위근(unit root) 검정통계량이 많이 연구되고 있다. 그러나 패널모형에서 자주 나타나는 문제는 이질적 패널(heterogenous panel) 문제가 존재한다. 즉, 특정 국가 시계열에서는 단위근이 나타나지만 다른 국가 시계열에서는 단위근이 나타나지 않는 경우가 그 예가 될 수 있다. 또는 모든 국가의 y_{it}와 x_{it}가 I(1)이라고 하더라도 두 변수의 공적분 벡터는 β_i로 국가마다 서로 다르게 추정될 수 있다. 모든 국가에 적용될 수 하나의 공적분 벡터 β가 존재하는지 또는 추정할 수 있는지 여전히 문제가 된다.

먼저 패널 단위근 검정을 설명하기 위해 시계열 모형과 유사하게 AR(1) 모형을 설정하자.

$$y_{it} = \alpha_i + \rho_i y_{it-1} + e_{it} \tag{14.1}$$

위 식을 단위근 검정을 위한 모형으로 다시 쓰면 다음과 같다.

$$\Delta y_{it} = \alpha_i + (\rho_i - 1) y_{it-1} + e_{it} \tag{14.2}$$

패널 단위근 검정의 귀무가설은 다음과 같이 패널그룹 i에 대한 결합검정(joint test)에 기초한다.

$H_0 : \rho_i - 1 = \gamma_i = 0$ 모든 i에 대해

위 귀무가설을 기각하지 못하면 패널 단위근이 있다고 판단한다. 대립가설을 어떻게 설정하느냐에 따라 패널 단위근 검정통계량이 달라진다. Levin, Lin and Chu(2002; 이하 LLC)와 Harris and Tzavalis(1999; 이하 HT)에서는 다음과 같이 대립가설을 설정한다.

$$H_1 : \rho_i - 1 = \gamma < 0 \quad \text{모든 } i \text{ 에 대해} \tag{14.3}$$

귀무가설을 기각하면 모든 i에서 y_{it}는 정상적 시계열이고, 동일한 모수(common parameter) γ를 갖는다.

먼저 LLC 검정에 대해 알아보자. 귀무가설 하에서 다음과 같은 패널모형을 추정한다.

$$\triangle y_{it} = \gamma y_{it-1} + \sum_{j=1}^{p} \phi_{ij} \triangle y_{i,t-j} + \beta_i Z_{it} + \epsilon_{it} \tag{14.4}$$

7장에서 설명한 ADF 검정모형과 유사함을 알 수 있다. 위 식에서 Z_{it}는 개별 국가 고정효과 변수를 포함할 수 있다. 귀무가설 하에서 y_{it}는 비정상적이기 때문에 γ에 대한 가설검정에서 t 검정을 사용할 수 없다. LLC는 특정한 조건에서 $\hat{\gamma}$에 대한 t 검정통계량이 점근적으로 표준정규분포(standard normal distribution)를 따르는 것을 증명하였다.

LLC 검정 통계량은 $T \rightarrow \infty$ 인 경우에만 점근적 분포를 따르게 된다. HT 검정에서는 이런 문제점을 고려하여 T가 고정되어 있는 경우에 검정통계량을 도출한다. HT는 먼저 식 14.1과 유사한 모형을 설정한다.

$$y_{it} = \rho y_{it-1} + \beta_i Z_{it} + \epsilon_{it} \tag{14.5}$$

HT는 귀무가설 $H_0 : \rho = 1$ 하에서 시뮬레이션을 통해 $\hat{\rho}$의 평균과 표준오차를 도출한다. HT 검정통계량의 점근적 분포는 패널그룹 수가 $n \rightarrow \infty$ 일 때만 성립함에 주의해야 한다.

식 14.3보다 일반화된 대립가설은 Choi(2001)과 Im, Pesaran and Shin(2003; 이하 IPS)에서 제시되었다.

$$H_1 : \rho_i - 1 = \gamma_i < 0 \quad \text{몇몇 패널그룹 } i \text{ 에 대해} \tag{14.6}$$

식 14.3과 식 14.6의 대립가설 차이점은 γ_i 모수가 모든 i에 대해 서로 같은지, 아니면 서로 다른 것을 허용하는가의 차이이다. 주목해야 할 점은 귀무가설이 맞다면 모든 i가 비정상적 시계열이라는 것이다.

먼저 IPS 검정통계량에 대해 설명한다. 이는 Dickey-Fuller 검정에서 사용한 다음의 회귀모형에서 시작한다.*

$$\Delta y_{it} = \gamma_i y_{it-1} + \beta_i Z_{it} + \epsilon_{it} \tag{14.7}$$

식 14.4와 차이점은 γ_i 모수에서 i를 허용하고 있다는 것이다. 귀무가설 하에서 모든 i에 대해 $\gamma_i = 0$이 된다. IPS 검정통계량의 기본적인 아이디어는 식 14.7을 각 i 별로 추정한 후 $\hat{\gamma}$에 대한 t_i 검정통계량을 평균한 $\bar{t}$를 계산하는 것이다. 시뮬레이션을 통해 $\bar{t}$ 검정통계량의 평균과 분산을 얻은 후 임계치를 도출한다. $n \rightarrow \infty$인 경우에 IPS 검정통계량이 정규분포를 따르는 것을 증명하였다.

개별 패널그룹 모형을 추정한 후 병합하는 아이디어는 Choi(2001) 검정에서도 사용된다. Choi 검정에서는 식 14.5를 추정한 후 $\hat{\gamma}_i$에 대한 p값인 p_i를 다음과 같이 병합한다.**

$$P = -2\sum_{i=1}^{n} \log p_i \tag{14.8}$$

위 식에서 n은 패널그룹의 수이다. n이 고정되어 있고 $T \rightarrow \infty$인 경우에 식 14.8 검정통계량은 $\chi^2(2n)$ 분포를 따른다. P값이 커질수록 귀무가설을 기각하며, 패널 단위근이 존재하지 않는다고 판단한다.

14.2 패널 공적분 검정***

패널모형에서 사용되는 변수들이 I(1)이면, 변수들의 공적분 관계를 확인할 필요가 있다. 공적분 관계가 있다면 패널 동적 모형에서 오차수정항(error correction term)을 포함해야 한다. 이러한 과정을 위해서는 먼저 변수간 공적분 관계를 검정해야 한다. 패널 공적분 검정에서 가장 중요한 이슈는 14.1절에서도 잠깐 언급하였듯이 공적분 벡터가 패널그룹 i별로 다를 수 있다는 것이다. 또한 공적분 벡터를 추정할 때 n과 T의 조합에 따라 다양한 추정량을 적용할 수 있다.

---

* ADF 검정 모형으로 설정해도 된다.

** $\hat{\gamma}_i$에 대한 개별 p_i는 시뮬레이션에 의해 도출된다.

*** 패널공적분에 대해 더 자세한 설명은 민인식 · 최필선(2021) 8장을 참고할 수 있다.

패널모형에서 공적분 검정의 시작을 위해 다음과 같이 두 변수의 공적분 회귀모형을 설정하자.

$$y_{it} = \alpha_i + \beta_i x_{it} + \epsilon_{it} \tag{14.9}$$

위 모형에서 y_{it}와 x_{it} 모두 $I(1)$이라고 가정하자. 공적분 관계가 있다면 ϵ_{it}는 각 i에서 정상적 시계열이 된다. 공적분 벡터가 모든 i에서 서로 같다면 식 14.9은 다음과 같이 쓸 수 있다.

$$y_{it} = \alpha_i + \beta x_{it} + \left[(\beta_i - \beta) x_{it} + \epsilon_{it}\right] \tag{14.10}$$

위 식에서 새로운 오차항을 $\left[(\beta_i - \beta) x_{it} + \epsilon_{it}\right]$으로 간주하면 이는 비정상적 시계열이 된다.* 따라서 식 14.10에 대한 추정은 가성회귀(spurious regression)가 될 가능성이 크다. 공적분 검정은 식 14.10을 통합(pooling)해서 추정할 수도 있고 개별 i에 대해 추정할 수도 있다. 그러나 이질적(heterogenous) 공적분 벡터가 존재한다면 통합해서 추정하는 것보다 개별 i에 대해 추정하는 것이 적절하다고 지적한다(Pesaran and Smith, 1995).

공적분 검정의 구체적인 아이디어는 식 14.10을 추정한 후 그 잔차에 대해 패널 단위근 검정을 적용하는 것이다. Kao(1999)는 잔차에 대해 다음 모형을 설정한다.

$$\hat{e}_{it} = \theta \hat{e}_{it-1} + v_{it} \tag{14.11}$$

공적분 관계가 존재하지 않는다는 귀무가설은 다음과 같다.

$$H_0 : \theta = 1 \tag{14.12}$$

$\hat{\theta}_{OLS}$ 추정량을 구한 후 가설검정을 위한 검정통계량을 도출하였다. Kao가 제시한 검정통계량은 점근적으로 표준정규분포를 따른다.

Westerlund(2007)는 오차수정 모형에 기초한 공적분 검정을 제시한다. 먼저 다음과 같이 오차수정항이 포함된 ARDL(p,q) 모형을 설정하자.

---

* 비정상적 시계열과 정상적 시계열의 합은 비정상적 시계열이 된다.

$$\Delta y_{it} = \alpha_i + \sum_{j=1}^{p} \pi_{ij} \Delta y_{it-j} + \sum_{k=1}^{q} \delta_{ij} \Delta x_{it-k} + \psi_i (y_{it-1} - \beta_i x_{it-1}) + \epsilon_{it} \tag{14.13}$$

식 (14.13)을 다시 쓰면 다음과 같다.

$$\Delta y_{it} = \alpha_i + \sum_{j=1}^{p} \pi_j \Delta y_{it-j} + \sum_{k=1}^{q} \delta_j \Delta x_{it-k} + \psi_i y_{it-1} - \psi_i \beta_i x_{it-1} + \epsilon_{it} \tag{14.14}$$

Westerlund 공적분 검정의 귀무가설과 대립가설은 다음과 같다.

$H_0: \ \psi_i = 0$ 모든 i에 대해
$H_1: \psi_i < 0$ 적어도 하나의 i에 대해

검정통계량을 계산하기 위해 먼저 개별 i 시계열 표본에서 식 14.12를 추정하여 $\hat{\psi}_i$와 이에 대응하는 t_i를 얻는다. 최종 검정통계량은 이에 대한 가중평균(weighted average)을 계산한다. 검정통계량이 귀무가설을 기각하면 적어도 하나의 패널그룹에서 공적분 관계가 있다고 해석할 수 있다. Westerlund는 다음과 같은 귀무가설과 대립가설에 대한 검정통계량도 제시하고 있다.

$H_0: \ \psi_i = 0$ 모든 i에 대해
$H_1: \psi_i < 0$ 모든 i에 대해

위 대립가설은 모든 패널그룹에 공적분 관계가 존재한다고 해석한다.

14.3 STATA 실습

data file: T_data14_1.dta*

예제 데이터는 1970년~2003년까지 151개 국가의 34개년 데이터를 포함하고 있다. 패널 단위근 검정을 설명할 때 가장 많이 사용되는 예제가 Purchasing Power Parity(PPP)이다. PPP 가설은 교역재(tradable goods)의 가격은 어디서나 같아야 한다는 것이 기본 내용이다. 두 국가의 실질환율 R은 다음과 같이 쓸 수 있다.

* 예제 데이터는 Stata 17버전 매뉴얼 [XT]에서 인용하였다.

$$R = \frac{E \times P^*}{P} \quad (14.15)$$

위 식에서 E는 두 국가의 명목환율이고, P^*는 어떤 재화의 외국에서의 가격이고, P는 해당 재화의 본국에서의 가격이다. 단기적으로 R은 여러 가지 이유로 인해 항상 1이 되는 것은 아니다. 식 14.13에 로그를 취하면

$$y \equiv \ln R = \log E + \log P^* - \log P \quad (14.16)$$

R이 장기적으로 균형으로 접근한다면 PPP 가설이 성립한다고 판단할 수 있다. PPP가 장기적으로 성립한다면 단기적으로는 $(\log E + \log P^* - \log P) \neq 0$이 가능하지만, 균형에서 멀리 벗어나지는 않을 것이다. 즉 y_t가 정상적 시계열이 될 것으로 예상한다. 따라서 y_t 시계열이 단위근을 가지고 있다면 PPP 가설이 성립하지 않고 단위근 귀무가설을 기각하면 PPP 가설이 성립한다고 판단할 수 있다.

다음 예제는 식 14.16의 y_t에 해당하는 (로그) 실질환율에 대한 단위근 검정을 패널모형에서 실행하는 예제를 보여준다. 먼저 LLC 검정을 실행하는 Stata 명령문을 제시한다. xtunitroot llc 명령어 다음에 y_{it}에 해당하는 변수이름을 입력한다.

| 그림 14-1 |

```
. use T_data14_1, clear
. tsset id year
       panel variable:  id (strongly balanced)
        time variable:  year, 1970 to 2003
                delta:  1 unit
. xtunitroot llc lnrxrate , lags(aic 10)
Levin-Lin-Chu unit-root test for lnrxrate
----------------------------------------
Ho: Panels contain unit roots              Number of panels  =    151
Ha: Panels are stationary                  Number of periods =     34

AR parameter: Common                       Asymptotics: N/T -> 0
Panel means:  Included
Time trend:   Not included

ADF regressions: 1.82 lags average (chosen by AIC)
LR variance:     Bartlett kernel, 10.00 lags average (chosen by LLC)
------------------------------------------------------------------------------
                     Statistic      p-value
------------------------------------------------------------------------------
```

```
 Unadjusted t        -28.3502
 Adjusted t*          -8.1550        0.0000
------------------------------------------------------------------------------

. xtunitroot llc lnrxrate if g7==1, lags(aic 10)
Levin-Lin-Chu unit-root test for lnrxrate
------------------------------------------
Ho: Panels contain unit roots                 Number of panels  =      6
Ha: Panels are stationary                     Number of periods =     34

AR parameter: Common                          Asymptotics: N/T -> 0
Panel means:  Included
Time trend:   Not included

ADF regressions: 1.00 lags average (chosen by AIC)
LR variance:     Bartlett kernel, 10.00 lags average (chosen by LLC)
------------------------------------------------------------------------------
                    Statistic      p-value
------------------------------------------------------------------------------
 Unadjusted t        -6.7538
 Adjusted t*         -4.0277        0.0000
------------------------------------------------------------------------------
```

LLC 검정은 식 14.4에서 제시한 ADF 타입 모형을 추정한다. lags(aic 10)은 AIC에 근거하여 $\triangle y_{it-p}$ 변수를 최대 $p=10$까지 포함한 후 적정 시차를 선택하라는 의미이다. noconstant 옵션이 없기 때문에 식 14.4에서 각 국가에 특정한 상수항 α_i를 포함하고 있다. 모든 국가를 패널그룹으로 포함한 LLC 검정에서는 $\hat{\gamma}$에 대한 t 값이 검정통계량이 된다. 위 결과에서 Unadjusted t는 식 14.4에서 바로 얻을 수 있는 t 값이고, 이에 대해 유한표본(finite sample)에서 발생하는 편의(bias)를 적용한 통계량이 조정된 t^*(Adjusted t^*)이다. 이 값을 이용하여 가설검정 결과를 얻는다. p값이 0.05보다 작기 때문에 귀무가설(패널 단위근 존재)을 기각한다. 즉 단위근이 존재하지 않고 모든 국가들이 같은 γ를 갖는 정상시계열이라고 판단한다. 즉 PPP 가설을 지지하게 된다. 조정된 t^*가 표준 정규분포를 따르기 위해서는 표본의 수가 $n/T \to 0$ 조건을 만족해야 한다. 즉 n의 증가보다 T의 증가가 더 빨라야 한다. 그림 14-1의 첫 번째 검정에서는 이 조건이 만족되기 어렵다. $n=151$이고, $T=34$이기 때문이다. 그러나 일반적인 거시경제 변수들에서는 성립 가능한 조건이다. 위 결과에서 두 번째 단위근 결과는 G7국가에 해당하는 7개 패널만 가지고 LLC 검정한 결과이다. AIC에 의해 $p=1$을 선택하고 있음을 알 수 있다. 조정된 t^* 검정통계량에 따르면 역시 단위근 귀무가설을 기각한다.

O'Connell(1998)은 y_{it} 변수에 동시적 상관관계(contemporaneous correlation)가 존재하면 LLC 검정에 문제가 있을 수 있다고 지적한다. 이에 대해 Levin, Lin and Chu(2002)는 $y_{it} - \Sigma_{i-1}^{n} y_{it}$ 와 같이 횡단면 평균을 빼준 변수를 사용하여 O'Connell의 지적을 해결한다. Stata에서는 다음 그림 14-2와 같이 명령문에 **demean** 옵션을 추가한다. 특히 G7 국가 패널만 가지고 추정할 때에는 동시적 상관관계가 존재할 가능성이 크기 때문에 **demean** 옵션을 추가하는 것이 중요한 문제일 수 있다. 아래 결과를 보면 1% 유의수준에서 단위근 귀무가설을 기각할 수 없다.

| 그림 14-2 |

```
. xtunitroot llc lnrxrate if g7==1, lags(aic 10) demean

Levin-Lin-Chu unit-root test for lnrxrate
-----------------------------------------
Ho: Panels contain unit roots              Number of panels  =     6
Ha: Panels are stationary                  Number of periods =    34

AR parameter: Common                       Asymptotics: N/T -> 0
Panel means:  Included
Time trend:   Not included                 Cross-sectional means removed

ADF regressions: 1.50 lags average (chosen by AIC)
LR variance:     Bartlett kernel, 10.00 lags average (chosen by LLC)
------------------------------------------------------------------------------
                     Statistic      p-value
------------------------------------------------------------------------------
 Unadjusted t         -5.5473
 Adjusted t*          -2.0813        0.0187
------------------------------------------------------------------------------
```

Harris-Tsavalis(1999) 단위근 검정은 식 14.5를 추정한다. ρ에 대한 OLS 추정량을 구한 후 $H_0 : \rho = 1$에 대해 검정하게 된다. Stata에서는 **xtunitroot ht** 명령문을 사용한다. 식 14.5에서 확인할 수 있듯이 래그변수를 포함하지 않는다. 따라서 **lag( )** 옵션을 사용할 수 없다. "Statistic" 값이 검정통계량 $\hat{\rho}$이 된다. T가 고정되어 있고 $n \to \infty$ 인 경우에는 정규분포를 따른다. p값에 따르면 귀무가설을 기각하게 된다. $n = 151$로 매우 크고 상대적으로 T는 작기 때문에 점근적 분포 조건을 만족한다고 볼 수 있다.

| 그림 14-3 |

```
. xtunitroot ht lnrxrate

Harris-Tzavalis unit-root test for lnrxrate
--------------------------------------------
Ho: Panels contain unit roots              Number of panels  =    151
Ha: Panels are stationary                  Number of periods =     34

AR parameter: Common                       Asymptotics: N -> Infinity
Panel means:  Included                                  T Fixed
Time trend:   Not included
------------------------------------------------------------------------------
                      Statistic          z          p-value
------------------------------------------------------------------------------
 rho                    0.7534      -22.0272        0.0000
------------------------------------------------------------------------------
```

앞선 두 검정은 모든 패널 그룹이 하나의 모수에 의해 단위근이 결정된다고 가정한다. 각 패널그룹 별로 γ_i를 허용하는 IPS 검정에서는 식 14.5를 추정한다. Stata에서는 **xtunitroot ips** 명령어를 이용한다. 아래 그림 14-4에서 첫 번째 명령문에서는 **lag( )** 옵션을 사용하지 않았다. 식 14.7에서 Δy_{it-p}를 설명변수로 사용하지 않는다는 의미이다. 검정통계량 t-bar=-3.33은 개별 $\hat{\gamma}_i$에 대한 t_i값의 평균이 된다. 1% 임계치가 -1.730이므로 t-bar는 임계치보다 왼쪽에 있다. 따라서 귀무가설을 기각한다. Z-t-tilde-bar는 IPS 검정통계량의 표준화된 버전으로 점근적으로 표준 정규분포를 따른다. 이 검정통계량에 대해서도 p값이 0.000이므로 귀무가설을 기각한다. 두 번째 명령문에서는 **lag(aic 8)** 옵션을 추가하였다. AIC에 의해 Δy_{it-p}의 차수 p를 결정하라는 의미이다. 이 경우는 W-t-bar 검정통계량을 제시하고 T와 n이 모두 매우 큰 경우에는 점근적으로 표준 정규분포를 따른다. p값이 0.000이므로 역시 귀무가설을 기각한다.

| 그림 14-4 |

```
. xtunitroot ips lnrxrate
Im-Pesaran-Shin unit-root test for lnrxrate
--------------------------------------------
Ho: All panels contain unit roots          Number of panels  =    151
Ha: Some panels are stationary             Number of periods =     34

AR parameter: Panel-specific               Asymptotics: T,N -> Infinity
Panel means:  Included                                  sequentially
Time trend:   Not included
```

```
ADF regressions: No lags included
------------------------------------------------------------------------------
                                            Fixed-N exact critical values
                    Statistic      p-value        1%        5%       10%
------------------------------------------------------------------------------
 t-bar               -3.3369                    -1.730    -1.670    -1.640
 t-tilde-bar         -2.6922
 Z-t-tilde-bar      -19.2620        0.0000
------------------------------------------------------------------------------

. xtunitroot ips lnrxrate, lag(aic 8)

Im-Pesaran-Shin unit-root test for lnrxrate
-------------------------------------------
Ho: All panels contain unit roots           Number of panels  =    151
Ha: Some panels are stationary              Number of periods =     34

AR parameter: Panel-specific                Asymptotics: T,N -> Infinity
Panel means:  Included                                         sequentially
Time trend:   Not included

ADF regressions: 1.38 lags average (chosen by AIC)
------------------------------------------------------------------------------
                    Statistic      p-value
------------------------------------------------------------------------------
 W-t-bar            -16.0206        0.0000
------------------------------------------------------------------------------
```

마지막으로 Fisher타입 단위근 검정 명령문을 보여준다. Fisher타입 단위근 검정은 14.1절에서 설명한 Choi(2001) 단위근 검정이 그 예이다. **xtunitroot fisher** 명령어 다음에 단위근 검정 대상 변수이름을 입력한다. **dfuller** 또는 **pperron** 옵션 중 둘 중 하나를 반드시 지정해야 한다. 14.1절에서 이미 설명하였듯이 Choi 검정은 패널그룹 별로 회귀모형을 추정한다. **dfuller**를 입력하면 일반적인 ADF 모형 하에서 단위근 검정 결과를 얻는다. **pperron** 옵션을 사용하면 Phillips-Perron 단위근 검정 결과를 이용한다. **demean** 옵션은 앞서 설명하였듯이 동시적 상관관계를 제거하기 위해 추가할 수 있다. **lag(1)**은 ADF 모형에서 Δy_{it-1}까지 포함하라는 의미이다. Choi(2001) 논문에서는 역(inverse) 카이제곱 검정통계량을 선택하라고 추천한다. 그 결과에 따르면 p값이 0.000이므로 귀무가설을 기각한다. 나머지 3개 검정통계량 역시 귀무가설을 기각한다.

| 그림 14-5 |

```
. xtunitroot fisher lnrxrate, dfuller lags(1) demean

Fisher-type unit-root test for lnrxrate
Based on augmented Dickey-Fuller tests
--------------------------------------
Ho: All panels contain unit roots           Number of panels  =    151
Ha: At least one panel is stationary        Number of periods =     34

AR parameter: Panel-specific                Asymptotics: T -> Infinity
Panel means:  Included
Time trend:   Not included                  Cross-sectional means removed
Drift term:   Not included                  ADF regressions: 1 lag
------------------------------------------------------------------------------
                                  Statistic      p-value
------------------------------------------------------------------------------
 Inverse chi-squared(302)  P       511.4256       0.0000
 Inverse normal            Z        -4.7245       0.0000
 Inverse logit t(759)      L*       -5.7359       0.0000
 Modified inv. chi-squared Pm        8.5214       0.0000
------------------------------------------------------------------------------
 P statistic requires number of panels to be finite.
 Other statistics are suitable for finite or infinite number of panels.
------------------------------------------------------------------------------
```

data file: T_data14_2.dta*

Stata에서 패널 공적분 검정은 Westerlund의 공적분 검정을 실행할 수 있다. 이를 위해 xtwest 명령어를 먼저 다운로드 받는다.** 예제 데이터는 OECD 20개 국가의 32개년 데이터를 포함하고 있다. y_{it}는 1인당 의료비 지출액이고, x_{it}는 1인당 GDP이다. 각 변수에 로그를 취한 값을 공적분 검정에 사용한다.

먼저 그림 14-6에서는 각 변수에 대해 패널 단위근 검정을 실시한다. Fisher타입 Choi 검정을 이용하여 분석한다. lag(2) 옵션을 주고 demean 옵션을 추가한 결과 loggdp 변수와 loghex 변수 모두 단위근이 있다는 귀무가설을 기각하지 못한다.***

---

* 예제 데이터는 Persyn and Westerlund(2008)에서 인용하였다.

** Stata 1/버전에서는 xtwest 명령어 대신 xtcointtest westerlund 명령어를 사용할 수 있지만 옵션 제약이 있기 때문에 xtwest를 이용하여 설명한다.

*** IPS 검정을 하더라도 같은 결과이다.

| 그림 14-6 |

```
. use T_data14_2, clear

. tsset ct year
       panel variable:  ctr (strongly balanced)
        time variable:  year, 1 to 32
                delta:  1 unit

. xtunitroot fisher loghex, lag(2) demean dfuller

Fisher-type unit-root test for loghex
Based on augmented Dickey-Fuller tests
--------------------------------------
Ho: All panels contain unit roots            Number of panels  =     20
Ha: At least one panel is stationary         Number of periods =     32

AR parameter: Panel-specific                 Asymptotics: T -> Infinity
Panel means:  Included
Time trend:   Not included                   Cross-sectional means removed
Drift term:   Not included                   ADF regressions: 2 lags
------------------------------------------------------------------------------
                                   Statistic      p-value
------------------------------------------------------------------------------
 Inverse chi-squared(40)    P        50.6458       0.1207
 Inverse normal             Z        -0.7597       0.2237
 Inverse logit t(104)       L*       -0.9879       0.1627
 Modified inv. chi-squared Pm         1.1902       0.1170
------------------------------------------------------------------------------
 P statistic requires number of panels to be finite.
 Other statistics are suitable for finite or infinite number of panels.
------------------------------------------------------------------------------

. xtunitroot fisher loggdp, lag(2) demean dfuller

Fisher-type unit-root test for loggdp
Based on augmented Dickey-Fuller tests
--------------------------------------
Ho: All panels contain unit roots            Number of panels  =     20
Ha: At least one panel is stationary         Number of periods =     32

AR parameter: Panel-specific                 Asymptotics: T -> Infinity
Panel means:  Included
Time trend:   Not included                   Cross-sectional means removed
Drift term:   Not included                   ADF regressions: 2 lags
------------------------------------------------------------------------------
                                   Statistic      p-value
------------------------------------------------------------------------------
 Inverse chi-squared(40)    P        37.5965       0.5790
 Inverse normal             Z         0.6986       0.7576
```

```
Inverse logit t(104)      L*        0.9229       0.8209
Modified inv. chi-squared Pm       -0.2687       0.6059
-------------------------------------------------------------------------------
P statistic requires number of panels to be finite.
Other statistics are suitable for finite or infinite number of panels.
-------------------------------------------------------------------------------
```

한편, Westerlund 공적분 검정을 위한 오차수정 모형은 식 14.13을 다음과 같이 변형하여 설정한다.

$$\begin{aligned}\triangle y_{it} = \delta_i d_t + \alpha_i (y_{it-1} - \beta_i x_{it-1}) + \sum_{j=1}^{p} \alpha_{ij} \triangle y_{it-j} \\ + \sum_{j=1}^{p} \gamma_{ij} \triangle x_{it-j} + \sum_{k=0}^{q} \theta_{ik} \triangle x_{it+k} + \epsilon_{it}\end{aligned} \tag{14.17}$$

위 식에서 d_t는 확정적 요소(deterministic components)를 포함할 수 있다. 가령 추세변수 또는 상수항이 포함될 수 있다. 식 14.17에서 특이한 점은 $\triangle x_{it+k}$와 같이 선행(lead)항을 포함할 수 있다는 것이다.[*] 공적분 벡터 β_i는 국가별로 달리질 수 있다. 조정속도(adjustment speed)에 해당하는 $\hat{\alpha}_i$이 0보다 작으면 공적분 관계가 있는 것이고, $\hat{\alpha}_i = 0$이면 공적분 관계가 없는 것으로 판단한다.

14.2절에서 설명하였듯이 Westerlund는 2가지 종류의 검정통계량을 제시한다. 첫 번째 공적분 검정은 그룹평균(group-mean) 검정이라고 부른다. 귀무가설과 대립가설은 다음과 같다.

$H_0 : \alpha_i = 0$ 모든 i에 대해
$H_1 : \alpha_i < 0$ 적어도 하나의 i에 대해

그룹평균 검정을 위해서는 식 14.15를 각 국가별 표본을 이용하여 추정한다. 그런 다음 추정된 $\hat{\alpha}_i$를 이용하여 검정통계량을 구축한다. 검정통계량 도출의 자세한 과정은 Westerlund(2007)을 참고하라. 그룹평균 검정에서는 개별 $\hat{\alpha}_i$를 가중평균하는 아이디어를 활용하여 검정통계량을 계산한다.

Westerlund의 두 번째 공적분 검정의 귀무가설과 대립가설은 다음과 같으며, 이를 위한

[*] $\triangle x_{it}$에 대한 선행 항을 꼭 포함해야 하는 것은 아니다.

검정통계량을 패널검정(panel test)이라고 부른다.

$$H_0 : \alpha_i = 0 \text{ 모든 } i\text{에 대해}$$
$$H_1 : \alpha_i < 0 \text{ 모든 } i\text{에 대해}$$

Stata에서 **xtwest** 명령어를 이용하여 $\log(H)$변수와 $\log(G)$ 변수간 장기적 균형관계가 존재하는지 검정한다.

| 그림 14-7 |

```
. xtwest loghex loggdp, lags(1 3) leads(0 3) lrwindow(3) constant

Calculating Westerlund ECM panel cointegration tests..........

Results for H0: no cointegration
With 20 series and 1 covariate
Average AIC selected lag length: 1.2
Average AIC selected lead length: .25

--------------------------------------------+
 Statistic |   Value   |  Z-value  |  P-value  |
-----------+-----------+-----------+-----------|
     Gt    |  -3.015   |  -6.160   |  0.000    |
     Ga    | -17.245   |  -8.300   |  0.000    |
     Pt    | -11.037   |  -4.589   |  0.000    |
     Pa    | -14.521   | -10.367   |  0.000    |
--------------------------------------------+

. xtwest loghex loggdp, lags(1 3) leads(0 3) lrwindow(3) constant bootstrap(100)
Bootstrapping critical values under H0..........
Calculating Westerlund ECM panel cointegration tests..........

Results for H0: no cointegration
With 20 series and 1 covariate
Average AIC selected lag length: 1.2
Average AIC selected lead length: .25

--------------------------------------------------------------+
 Statistic |   Value   |  Z-value  |  P-value  | Robust P-value |
-----------+-----------+-----------+-----------+----------------|
     Gt    |  -3.015   |  -6.160   |  0.000    |     0.000      |
     Ga    | -17.245   |  -8.300   |  0.000    |     0.000      |
     Pt    | -11.037   |  -4.589   |  0.000    |     0.000      |
     Pa    | -14.521   | -10.367   |  0.000    |     0.000      |
--------------------------------------------------------------+
```

위 실행과정에서 보듯이 xtwest 명령어 다음에 y_{it}와 x_{it}에 해당하는 변수 이름을 입력한다. lags(1 3) 옵션은 Δy_{it-j}와 Δx_{it-j} 차수 p를 결정하기 위한 것이다. $p=1$부터 시작해서 $p=3$까지 포함한 후 AIC에 따라 최적 시차를 결정하라는 의미이다. 만약 lags(1)이라고 쓰면 $p=1$을 그대로 사용한다. leads(0 3)은 Δx_{it+k}의 차수 q를 결정하는 것이다. $q=0$부터 $q=3$까지 시작하여 AIC에 따라 최적 차수 q를 결정하게 된다. leads(0)이라고 옵션을 쓰면 Δx_{it}만 추정모형에 포함하게 된다. lrwindows(3) 옵션은 검정통계량을 계산할 때 사용하는 Bartlett kernel window를 3으로 하라는 의미이다. 위 결과에서 보듯이 모두 4가지 검정통계량이 제시되어 있다. Gt와 Ga는 그룹평균 검정이고, Pt와 Pa는 패널검정이다. 모든 검정에서 귀무가설을 기각한다. 따라서 공적분 관계가 있다고 결론 내릴 수 있다. 위 그림 후반부의 두 번째 Stata 명령문에서는 bootstrap(100) 옵션을 추가하였다. Westerlund 검정통계량은 점근적으로 정규분포를 따른다. 그러나 점근성 조건을 만족하지 못하면 정규분포를 따른다고 말할 수 없다. 이런 경우 p값을 계산하기 위해 부트스트랩(bootstrapping) 방법을 이용한다. 두 번째 명령문 결과에서는 "Robust p-value" 행이 추가된다. 여기에서 제시된 p값이 부트스트랩 방법에 의해 얻은 p값이다.

Westerlund 공적분 검정의 시작은 패널 그룹 i에 대해 식 14.15를 추정한 후 $\hat{\alpha}_i$를 얻는 것이다. 독자들의 이해를 돕기 위해 $p=q=1$로 정하고 각 국가별로 $\hat{\alpha}_i$를 얻는 Stata 명령문을 그림 14-8에서 제시한다. statsby 접두어를 통해 L.loghex 변수의 추정계수를 국가별로 저장한다. westerlund.dta 파일에 저장된 결과를 살펴보면, 20개 모든 국가에서 $\hat{\alpha}_i < 0$으로 추정됨을 확인할 수 있다. 따라서 직관적으로도 귀무가설이 기각될 가능성이 크다는 것을 예상할 수 있다.

| 그림 14-8 |

```
statsby alpha_i=_b[L.loghex], by(ctr) saving(westerlund, replace) :  reg
D.loghex L.loghex L.loggdp LD.loghex LD.loggdp D.loggdp FD.loggdp
(running regress on estimation sample)

      command:  regress D.loghex L.loghex L.loggdp LD.loghex LD.loggdp D.loggdp
FD.loggdp
      alpha_i:  _b[L.loghex]
           by:  ctr
(note: file westerlund.dta not found)

Statsby groups
----+--- 1 ---+--- 2 ---+--- 3 ---+--- 4 ---+--- 5
```

```
.....................

. use westerlund, clear
(statsby: regress)

. list in 1/10
     +-----------------+
     | ctr     alpha_i |
     |-----------------|
  1. |   1   -.2836067 |
  2. |   2   -.3242553 |
  3. |   3   -.2964814 |
  4. |   4   -.1899093 |
  5. |   5   -.3344038 |
     |-----------------|
  6. |   6   -.3286164 |
  7. |   7   -.0697951 |
  8. |   8   -.3790503 |
  9. |   9   -.3132005 |
 10. |  10   -.1241566 |
     +-----------------+
```

이번에는 $\log(H)$와 $\log(G)$ 변수 간 공적분 관계가 존재하지 않는다는 귀무가설을 기각했을 때, 오차수정 모형을 추정하는 방법에 대해 알아보자. 다음과 같이 래그(lag)가 1인 오차수정 모형을 설정해 보자.

$$\begin{aligned}\Delta \log H_{it} &= \mu_i + \alpha_i(\log H_{it-1} - \theta_i - \beta_i \log G_{it-1}) \\ &\quad + \lambda_i \Delta \log H_{it-1} + \gamma_i \Delta \log G_{it-1} + \epsilon_{it}\end{aligned} \tag{14.18}$$

식 14.18을 추정하기 위해 2가지 추정량을 적용할 수 있다. 첫째, 동적 고정효과 추정량(Dynamic Fixed Effects Estimator: DFE)이다. DFE에서는 단기와 장기적 관계를 나타내는 모수들의 동질성이 모든 패널 그룹에서 서로 같다고 가정한다. 즉, 다음과 같은 제약조건을 식 14.18에 부여한다.

$$\alpha_i = \alpha,\ \beta_i = \beta,\ \lambda_i = \lambda,\ \gamma_i = \gamma \quad \text{모든 } i\text{에 대해} \tag{14.19}$$

Stata에서는 아래 그림 14-9와 같이 명령문을 작성할 수 있다. 단기 조정속도는 $\hat{\lambda} = 0.127$이고, 장기 조정속도는 $\hat{\alpha} = -0.128 < 0$로 예상과 일치한다. 공적분 벡터 $\hat{\beta}$은 다음과 같이 구할 수 있다. 먼저 $-\hat{\alpha}\hat{\beta} = \hat{\delta} = 0.163$이 된다. 따라서 $\hat{\beta} = -\hat{\delta}/\hat{\alpha}$이 된다.

Stata에서 nlcom 명령어를 이용하여 계산한다. 공적분 관계에서 모수 추정치는 $\hat{\beta} = 1.275$ 이다. DFE의 단점은 종속변수 $\Delta \log H_{it}$의 과거값인 $\Delta \log H_{it-1}$이 설명변수에 포함되어 있기 때문에 고정효과 모형에서 일치추정량이 되지 못할 수 있다.*

| 그림 14-9 |

```
. xtreg D.loghex LD.loghex LD.loggdp L.loghex L.loggdp, fe
Fixed-effects (within) regression               Number of obs      =       600
Group variable: ctr                             Number of groups   =        20

R-sq:  within  = 0.2094                         Obs per group: min =        30
       between = 0.0025                                        avg =      30.0
       overall = 0.0213                                        max =        30

                                                F(4,576)           =     38.14
corr(u_i, Xb)  = -0.9371                        Prob > F           =    0.0000
------------------------------------------------------------------------------
    D.loghex |      Coef.   Std. Err.      t    P>|t|     [95% Conf. Interval]
-------------+----------------------------------------------------------------
      loghex |
         LD. |   .1272998   .0373939     3.40   0.001     .0538548    .2007448
             |
      loggdp |
         LD. |   .1030366    .065654     1.57   0.117    -.0259138     .231987
             |
      loghex |
         L1. |  -.1282971   .0144308    -8.89   0.000    -.1566405   -.0999538
             |
      loggdp |
         L1. |   .1636673   .0238397     6.87   0.000     .1168441    .2104906
             |
       _cons |  -.6821439   .1492117    -4.57   0.000    -.9752093   -.3890786
-------------+----------------------------------------------------------------
     sigma_u |  .06114266
     sigma_e |  .03720047
         rho |  .72983327   (fraction of variance due to u_i)
------------------------------------------------------------------------------
F test that all u_i=0:     F(19, 576) =     3.01             Prob > F = 0.0000

. nlcom -_b[L.loggdp]/_b[L.loghex]

       _nl_1:  -_b[L.loggdp]/_b[L.loghex]

------------------------------------------------------------------------------
    D.loghex |      Coef.   Std. Err.      z    P>|z|     [95% Conf. Interval]
-------------+----------------------------------------------------------------
```

* 이에 대한 자세한 논의는 민인식 · 최필선(2022b)의 14장을 참고하라.

```
        _nl_1 |    1.27569   .0705079    18.09   0.000     1.137497    1.413883
------------------------------------------------------------------------------
```

두 번째 추정방법은 각 그룹 i 별로 추정한 후 추정치의 산술평균을 계산하는 것이다. 그룹평균(Mean Group: MG) 추정량이라고 한다. MG 추정량은 식 14.19와 같이 제약조건을 부여하지 않는다. 그림 14-8과 유사하게 statsby 접두어를 이용하여 개별 국가별로 식 14.18을 추정한다. 장기 조정속도에 해당하는 $\hat{\alpha}_i$는 "long1" 변수이고, 단기 조정속도에 해당하는 $\hat{\lambda}_i$는 "short1" 변수가 된다. 평균 결과를 살펴보면 $\overline{\alpha}=-0.245$이고, $\overline{\lambda}=0.124$로 추정된다.*

| 그림 14-10 |

```
. statsby long1=_b[L.loghex] short1=_b[LD.loghex] ,by(ctr) saving(coint1,
replace) : reg D.loghex LD.loghex LD.loggdp L.loghex L.loggdp
(running regress on estimation sample)

      command:  regress D.loghex LD.loghex LD.loggdp L.loghex L.loggdp
        long1:  _b[L.loghex]
       short1:  _b[LD.loghex]
           by:  ctr
(note: file coint1.dta not found)

Statsby groups
----+--- 1 ---+--- 2 ---+--- 3 ---+--- 4 ---+--- 5
....................

. use coint1, clear
(statsby: regress)

. su long1 short1

    Variable |       Obs        Mean    Std. Dev.       Min        Max
-------------+--------------------------------------------------------
       long1 |        20     -.24507    .1292326  -.5063397  -.0624323
      short1 |        20    .1249033    .2432512  -.3109908   .5951226
```

* $\overline{\alpha}$ 추정치의 유의성 검정을 위해서는 $var(\overline{\alpha})$를 알아야 한다. 이는 다음과 같다.
$var(\overline{\alpha})=\frac{1}{n^2}var(\hat{\alpha}_1+\hat{\alpha}_2+\cdots+\hat{\alpha}_n)=\frac{1}{n^2}\left[var(\hat{\alpha}_1)+var(\hat{\alpha}_2)+\cdots+var(\hat{\alpha}_n)\right].$

14.4 Stata do file

```
use T_data14_1,clear
tsset id year
xtunitroot llc lnrxrate , lags(aic 10)
xtunitroot llc lnrxrate if g7==1, lags(aic 10)
xtunitroot llc lnrxrate if g7==1, lags(aic 10) demean
xtunitroot ht lnrxrate

xtunitroot ips lnrxrate
xtunitroot ips lnrxrate, lag(aic 8)
xtunitroot fisher lnrxrate, dfuller lags(1) demean

use T_data14_2,clear
tsset ct year
xtunitroot fisher loghex, lag(2) demean dfuller
xtunitroot fisher loggdp, lag(2) demean dfuller

xtwest loghex loggdp, lags(1 3) leads(0 3) lrwindow(3) constant
xtwest loghex loggdp, lags(1 3) leads(0 3) lrwindow(3) ///
constant bootstrap(100)

statsby alpha_i=_b[L.loghex], by(ctr) saving(westerlund, replace) : ///
reg D.loghex L.loghex L.loggdp LD.loghex LD.loggdp D.loggdp FD.loggdp

use westerlund, clear
list in 1/10


xtreg D.loghex LD.loghex LD.loggdp L.loghex L.loggdp, fe
nlcom -_b[L.loggdp]/_b[L.loghex]

statsby long1=_b[L.loghex] short1=_b[LD.loghex], ///
by(ctr) saving(coint1, replace) : reg D.loghex LD.loghex ///
LD.loggdp L.loghex L.loggdp

use coint1, clear
su long1 short1
```

CHAPTER 15 패널 VAR 모형

15.1 패널 VAR 모형 설정과 추정

시계열 VAR 모형을 패널 데이터 VAR 모형으로 확장할 수 있다. 특히 패널 VAR 모형에서는 개별 그룹 이질성(group heterogeneity)을 포함하는 장점이 있다. Chamberlain(1983)에 따르면 VAR 모형에서 그룹 이질성을 포함하면 시계열의 정상성 제약조건을 완화시킬 수 있다. 다음과 같이 이변량 패널 VAR 모형을 설정해 보자. 각 패널그룹 i는 내생변수에 대해 동일한 과정(process)을 따른다고 가정한다.

$$\begin{aligned} y_{it} &= \beta_t + \beta_{11} y_{it-1} + \beta_{21} x_{it-1} + \mu_{1i} + \epsilon_{1it}, \text{ 모든 } i \text{ 에 대해} \\ x_{it} &= \gamma_t + \gamma_{11} y_{it-1} + \gamma_{21} x_{it-1} + \mu_{2i} + \epsilon_{2it}, \text{ 모든 } i \text{ 에 대해} \end{aligned} \tag{15.1}$$

위 식에서 μ_{1i}와 μ_{2i}는 그룹 이질성(group heterogeneity)을 의미하고 β_t와 γ_t는 시간 이질성(time heterogeneity)을 포함한다. 그룹 이질성을 포함하면 각 패널그룹이 같은 과정을 따른다는 제약을 어느 정도 완화시킨다고 볼 수 있다.

식 15.1과 같이 종속변수의 과거값을 설명변수로 포함하는 모형에서 μ_i를 직접 추정해야할 모수로 간주하면 일치추정량을 얻을 수 없다.* 그렇다면 패널 고정효과 추정과 유사하게 within 변환(transformation)을 식 15.1에 적용할 수는 없을까?** within 변환을 통해 μ_i를 제거하고 추정할 수는 있지만 각 방정식은 여전히 내생변수의 과거값을 포함하고 있기 때문에 도구변수 추정을 해야 한다. 그러나 적절한 도구변수를 찾을 수 없는 단점이 있다(Nickell 1981).

Arellano and Bover(1995)은 일반적인 평균차분(mean-difference) 대신 전진 평균차분(forward mean-difference)을 적용하여 식 15.1에서 그룹 이질성을 제거한다.*** 전진 평균차분은 Helmert 과정이라고도 부른다. Helmert 과정은 시점 t에서 사용할 수 있는 미래 시점 값들의 평균을 빼주는 것이다. Helmert 과정을 통해 μ_i를 제거할 수 있을 뿐만 아니라 Helmert 변환 변수와 내생변수의 과거값들이 서로 독립을 유지하기 때문에 도구변수 추

* 이에 대한 자세한 설명은 민인식 · 최필선(2022b) 14장을 참고하라.

** within 변환을 평균차분(time-demean) 접근이라고도 부른다.

*** Holtz et al.(1988)에서도 Helmert 변환을 소개하고 있다.

정량을 구하는 것이 가능하다. 변환된 모형에 시스템 GMM 추정량을 적용해 식 15.1에 대한 일치추정량을 얻을 수 있다.* 식 15.1에 대한 Helmert 변환은 다음과 같이 쓸 수 있다.

$$\begin{aligned}(y_{it}-\bar{y}_{i,F(t)}) &= \beta_t+\beta_{11}(y_{it-1}-\bar{y}_{i,F(t-1)})\\ &\quad+\beta_{21}(x_{it-1}-\bar{x}_{i,F(t-1)})+(\epsilon_{1it}-\bar{\epsilon}_{1i,F(t)})\\ (x_{it}-\bar{x}_{i,F(t)}) &= \gamma_t+\gamma_{11}(y_{it-1}-\bar{y}_{i,F(t-1)})\\ &\quad+\gamma_{21}(x_{it-1}-\bar{x}_{i,F(t-1)})+(\epsilon_{2it}-\bar{\epsilon}_{2i,F(t)})\end{aligned} \tag{15.2}$$

여기에서 다음으로 정의된다.

$$\begin{aligned}\bar{y}_{i,F(t)} &= \frac{1}{T_i-t}\sum_{s=1}^{T_i} y_{it+s},\\ \bar{x}_{i,F(t)} &= \frac{1}{T_i-t}\sum_{s=1}^{T_i} x_{it+s},\\ \bar{y}_{i,F(t-1)} &= \frac{1}{T_i-(t-1)}\sum_{s=1}^{T_i} y_{it+s-1},\\ \bar{x}_{i,F(t-1)} &= \frac{1}{T_i-(t-1)}\sum_{s=1}^{T_i} x_{it+s-1}\end{aligned}$$

식 15.2 첫 번째 방정식에서 $y^H_{it-1}\equiv y_{it-1}-\bar{y}_{i,F(t-1)}$ 변수는 오차항과 상관관계를 가진다. 따라서 도구변수 추정법이 필요하고 도구변수로서 y_{it-1}, 즉 내생변수 과거값을 선택할 수 있다. 이와 유사하게 $x^H_{it-1}\equiv x_{it-1}-\bar{x}_{i,F(t-1)}$ 역시 오차항과 상관관계를 가지고 도구변수로서 x_{it-1}을 선택한다. 식 15.2의 두 번째 방정식에 대해서도 같은 아이디어를 적용할 수 있다.

VAR 모형 추정의 주요한 목적은 특정 내생변수에서 발생한 충격이 다른 내생변수에 어떤 영향을 미치는지 충격반응함수를 구하는 것이다. 패널 VAR 모형에서도 충격반응 함수는 식 15.2 계수 추정치를 이용한다. 충격반응 함수에 대한 95% 신뢰구간을 얻기 위해 Love and Zicchino(2006)가 제시한 몬테카를로 시뮬레이션을 적용할 수 있다.

* 시스템 GMM에 대한 자세한 설명은 민인식 · 최필선(2019c) 6장을 참고하라.

15.2 STATA 실습

data file: T_data15_1.dta*

예제 데이터는 전국(제주와 세종 제외) 15개 시도 아파트 매매거래량과 아파트 매매가격 지수를 포함하고 있다. 2008년 1월~2014년 1월까지 월별 주기 데이터이다. 따라서 $n=15$, $T=73$이고, 총 표본 수는 1,095개이다. 실습 예제에서는 아파트 거래량과 아파트 가격의 동적관계를 패널모형으로 추정하고자 한다.

VAR 모형의 차수를 p=3으로 두고 설정한 패널 VAR 모형은 다음과 같다.

$$\begin{aligned} hp_{it} &= \beta_0 + \sum_{j=1}^{3}\beta_{1j}hp_{it-j} + \sum_{j=1}^{3}\beta_{2j}hq_{it-j} + \mu_{1i} + \epsilon_{1it} \\ hq_{it} &= \gamma_0 + \sum_{j=1}^{3}\gamma_{1j}hp_{it-j} + \sum_{j=1}^{3}\gamma_{2j}hq_{it-j} + \mu_{2i} + \epsilon_{2it} \end{aligned} \tag{15.3}$$

식 15.3의 방정식 순서에서 예상할 수 있듯이 $\epsilon_{1it} \rightarrow \epsilon_{2it}$, 즉 같은 시점 t에서 가격 충격은 거래량 충격에 영향을 줄 수 있지만 반대 방향의 영향은 없다고 식별조건을 준다.**

먼저 아파트 가격지수와 아파트 거래량 변수에 대해 로그를 취한 후 패널 단위근 검정을 실시한다.*** 아래 그림의 결과에서 알 수 있듯이 거래량 변수는 단위근이 없고 가격 변수는 단위근이 확실히 있다는 것을 알 수 있다. 그러나 가격변수가 비정상적 시계열일지라도 여전히 차분을 적용하지는 않는다. 이 장의 1절에서 설명하였듯이 패널 VAR 모형에서 개별 그룹의 이질성을 모형에 포함하면 정상성 제약조건을 완화할 수 있다.****

| 그림 15-1 |

```
. use T_data15_1, clear
. tsset region month
       panel variable:  region (strongly balanced)
        time variable:  month, 2008m1 to 2014m1
                delta:  1 month
```

---

* 예제 데이터는 온나라 부동산포털(http://www.onnara.go.kr)에서 다운로드 받을 수 있다.

** VAR 모형에서 식별조건에 대한 자세한 설명은 본서 12장을 참고하라.

*** 아파트 가격지수는 소비자 물가지수로 나눈 후 실질 가격지수를 사용한다.

**** 단위근은 일반적으로 가성회귀(spurious regression) 문제를 발생시킬 수 있다. 식 15.3의 hp_{it} 방정식에서 hq_{it} 변수는 I(0)이고 그룹 이질성(μ_{1i})이 포함되어 있기 때문에 가성회귀 문제가 발생할 가능성이 적다. 따라서 차분모형 대신 레벨변수를 그대로 사용하고자 한다.

```
. gen rhprice=100*(hprice/cpi)
. gen lhq=log(quantity)
. gen lhp=log(rhprice)

. xtunitroot fisher lhq , lag(2) demean dfuller

------------------------------------------------------------------------------
                                  Statistic      p-value
------------------------------------------------------------------------------
 Inverse chi-squared(30)   P        96.2896       0.0000
 Inverse normal            Z        -6.2309       0.0000
 Inverse logit t(79)       L*       -6.6138       0.0000
 Modified inv. chi-squared Pm        8.5579       0.0000
------------------------------------------------------------------------------
 P statistic requires number of panels to be finite.
 Other statistics are suitable for finite or infinite number of panels.
------------------------------------------------------------------------------

. xtunitroot fisher lhp , lag(2) demean dfuller
------------------------------------------------------------------------------
                                  Statistic      p-value
------------------------------------------------------------------------------
 Inverse chi-squared(30)   P        18.3569       0.9525
 Inverse normal            Z         1.7918       0.9634
 Inverse logit t(79)       L*        1.7955       0.9618
 Modified inv. chi-squared Pm       -1.5031       0.9336
------------------------------------------------------------------------------
 P statistic requires number of panels to be finite.
 Other statistics are suitable for finite or infinite number of panels.
------------------------------------------------------------------------------
```

Stata에서 패널 VAR 모형을 추정하기 위해서는 Arbigo and Lové(2016)에서 사용된 사용자작성(user-written) 프로그램을 설치해야 한다.* 앞서 설명하였듯이 pvar에서는 hp_{it}와 hq_{it} 변수를 Helmert 변환한 후 GMM 추정을 진행한다.** Helmert 변환을 이해하기 위해 helm 명령어를 실행해 보자. 먼저 패널그룹 변수 이름은 id로 바꾸고 시간 변수이름은 year로 바꾸어 주는 것이다. 따라서 아래 그림에서 보듯이 region과 month 변수를 rename 명령어를 이용하여 id와 year로 변경한다. helm 명령어가 해당 변수를 Helmert 변환시켜 준다. helm 명령문 실행 결과를 보면 h_lhp와 h_lhq 변수가 생성되었음을 확인할 수 있다. 그림 15-2에서는 helm 명령문이 어떻게 실행되는지 그 과정을 구체적으로 확

* findit pvar 명령어를 실행하여 pvar 관련 명령어를 먼저 다운로드 받는다.

** Love and Ziccino (2006)에서는 Helmert 변환 전에 각 그룹 내에서 within 변환을 먼저 실행할 수도 있다고 설명한다.

인할 수 있다. 마지막 list 명령문 결과에서 확인할 수 있듯이 helm 명령문에서 의해서 생성된 h_lhp 변수와 저자가 직접 생성한 h_lhp1 변수는 정확히 같은 변수임을 확인할 수 있다.*

| 그림 15-2 |

```
. ren (region month) (id year)
. helm lhq lhp

. gsort id -year
. gen one=1 if lhq~=.
. by id: gen one1=sum(lhq)-lhq
. by id: gen one2=sum(one)-1

. gen one3=one1/one2
(15 missing values generated)
. gen one4=sqrt(one2/(one2+1))
. gen h_lhq1=one4*(lhq-one3)
(15 missing values generated)

.
. capture drop one*
. list h_lhq* in 1/10

     +-----------------------+
     |     h_lhq      h_lhq1 |
     |-----------------------|
  1. |         .           . |
  2. |  .4976794    .4976794 |
  3. | -.0288525   -.0288525 |
  4. |  .1570712    .1570712 |
  5. | -.3243354   -.3243354 |
     |-----------------------|
  6. | -.4063984   -.4063984 |
  7. |  -.448705    -.448705 |
  8. |  .8708888    .8708888 |
  9. |  .5657299    .5657299 |
 10. |   .022361     .022361 |
     +-----------------------+
```

pvar 명령어 다음에 lhp 변수와 lhq 변수를 순서대로 입력한다. 변수 변환 옵션을 쓰지 않으면 자동으로 각 변수를 Helmert 변환하여 추정하게 된다. 직교화된 IRF(orthogonalized IRF: OIRF)를 계산하기 때문에 변수의 순서는 매우 중요하다. 앞서 설명하였듯이 Helmert

* h_lhp1 변수를 생성할 때 "one4"의 가중치를 곱해 준다. $one4 = \sqrt{n_F/(n_F+1)}$ 으로 정의되며, 여기에서 n_F는 전진 평균(forward mean)을 계산할 때 사용된 표본의 크기이다.

변환된 변수를 사용하여 시스템 GMM 추정량을 계산한다. lag(3) 옵션은 패널 VAR 모형에서 차수를 p=3으로 지정한다.

| 그림 15-3 |

```
. tsset region month
Panel variable: region (strongly balanced)
 Time variable: month, 2008m1 to 2014m1
         Delta: 1 month

. pvar lhp lhq, lags(3)
Panel vector autoregresssion
GMM Estimation
Final GMM Criterion Q(b) =  8.82e-30
Initial weight matrix: Identity
GMM weight matrix:      Robust
                                                No. of obs        =      1035
                                                No. of panels     =        15
                                                Ave. no. of T     =    69.000
------------------------------------------------------------------------------
             | Coefficient  Std. err.      z    P>|z|     [95% conf. interval]
-------------+----------------------------------------------------------------
lhp          |
         lhp |
         L1. |    1.36703   .0701368    19.49   0.000     1.229564    1.504495
         L2. |  -.2314302   .1009018    -2.29   0.022    -.4291941   -.0336662
         L3. |  -.1320884   .0753031    -1.75   0.079    -.2796797     .015503
             |
         lhq |
         L1. |   .0032878    .001767     1.86   0.063    -.0001754     .006751
         L2. |  -.0034378   .0010699    -3.21   0.001    -.0055348   -.0013408
         L3. |   .0009226   .0012067     0.76   0.445    -.0014424    .0032877
-------------+----------------------------------------------------------------
lhq          |
         lhp |
         L1. |   12.56397   1.510504     8.32   0.000      9.60344    15.52451
         L2. |  -4.236975   2.271857    -1.86   0.062    -8.689733     .215783
         L3. |  -9.234216   2.153842    -4.29   0.000    -13.45567   -5.012763
             |
         lhq |
         L1. |   .2033481   .0723645     2.81   0.005     .0615163    .3451799
         L2. |   .0196699   .0336993     0.58   0.559    -.0463794    .0857193
         L3. |  -.0830185   .0457463    -1.81   0.070    -.1726797    .0066427
------------------------------------------------------------------------------
Instruments : l(1/3).(lhp lhq)
```

위 결과를 보면, 시스템 GMM 추정결과가 나와 있다. 도구변수로 lhp와 lhq 변수의 과거값을 사용한다. 맨 마지막에 “Instruments : l(1/3).(lhp lhq)” 표현에서도 알 수 있듯이 도구변수로 $lhp_{it-1} \sim lhp_{it-3}$과 $lhq_{it-1} \sim lhq_{it-3}$ 변수를 사용한다. 물론 lhp와 lhq 변수 자체가 아니라 Helmert 변환된 변수를 도구변수로 선택한다. lag(3)을 지정하였기 때문에 도구변수는 최소 $lag1 \sim lag3$ 까지 사용해야 한다. 도구변수 lag 지정은 다음과 같이 instlag( ) 옵션을 활용할 수 있다. instlag(1/4)라고 추가하면 $lhp_{it-1} \sim lhp_{it-4}$과 $lhq_{it-1} \sim lhq_{it-4}$를 도구변수로 사용한다. overid 옵션을 사용하면 Hansen's overidentification test 결과를 추가로 보여준다. overidentification test의 귀무가설은 "H_0 : 과다식별에 사용된 도구변수가 적절하다"이다. 따라서 과다식별(overidentified) 모형에서만 검정결과가 제시된다. 과다식별 모형을 위해 instlag(1/4) 옵션을 사용한다. 검정결과는 귀무가설을 기각하지 못하기 때문에 overidentifying restriction이 적절하다고 해석한다.

```
. pvar lhp lhq, lags(3) instlag(1/4)

========================== 결과 중략 ==========================================
Instruments : l(1/4).(lhp lhq)

. pvar lhp lhq, lags(3) instlag(1/4) overid

========================== 결과 중략 ==========================================
Instruments : l(1/4).(lhp lhq)

Test of overidentifying restriction:
  Hansen's J chi2(4) = 3.2904303 (p = 0.510)
```

PVAR 모형 추정 후 사후분석으로 IRF 그래프를 작성하고자 한다. OIRF 결과를 그래프를 얻기 위해서 pvarirf 명령문에서 oirf 옵션을 사용하고 porder 옵션에서 변수의 순서를 lhp와 lhq로 입력해야 한다. step 옵션을 사용하지 않으면 step(10)이 자동으로 지정된다. 본 예제에서는 최대 10개까지 IRF 결과를 보여준다. step(12)을 사용하면 최대 1년(12개월) IRF 그래프를 작성하게 된다.

```
. qui pvar lhp lhq, lags(3)

. pvarirf, oirf byoption(yrescale) porder(lhp lhq)
```

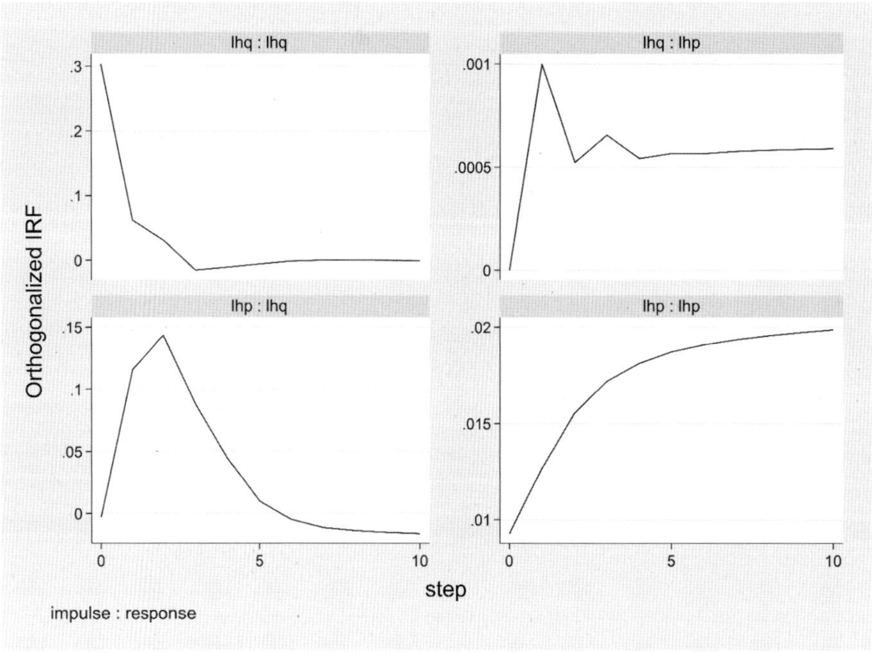

OIRF 그래프 중 주목해야 할 그래프는 2번(위 오른쪽)과 3번(아래 왼쪽) 그래프이다. 먼저 2번 그래프는 아파트 거래량 충격이 발생하였을 때 주택가격에 미치는 효과를 $t+10$까지 계산한다. 앞서 설명하였듯이 OIRF가 0에서 시작하는 이유는 식 15.3에서 내생변수의 순서를 lhp, 그리고 lhq 순서로 두었기 때문이다. 즉 t 시점에서 발생한 lhq 변수 충격은 lhp 변수에 동 시점에서는 영향을 미치지 않는다. 그러나 거래량 충격은 $t+1$ 시점부터 아파트 가격에 양(+)의 영향을 미치고 있다. 3번 그래프는 lhp 충격이 lhq 변수에 미치는 OIRF이다. t 시점의 아파트 가격 충격은 t 시점의 아파트 거래량에 양(+)의 효과를 주는 것을 확인할 수 있다. 즉, 아파트 가격상승 충격은 아파트 거래량을 증가시킨다. 이러한 양의 효과는 3개월 정도 지속되고, 그 이후부터 가격 충격의 효과는 점차 사라지는 것을 알 수 있다.

IRF 그래프의 95% 신뢰구간을 같이 그리기 위해서는 몬테카를로 시뮬레이션을 이용하게 된다. 옵션으로 mc(100)이라고 입력한다. 시뮬레이션 100회를 실시하여 IRF값의 신뢰구간을 얻는다. 그림 15-4에서는 신뢰구간이 포함된 IRF 그래프를 제시한다. 신뢰구간이 0을 포함한다면 IRF는 0과 유의하게 다르지 않다고 해석할 수 있다.

| 그림 15-4 |

```
. pvarirf, oirf byoption(yrescale) porder(lhp lhq) mc(100)
```

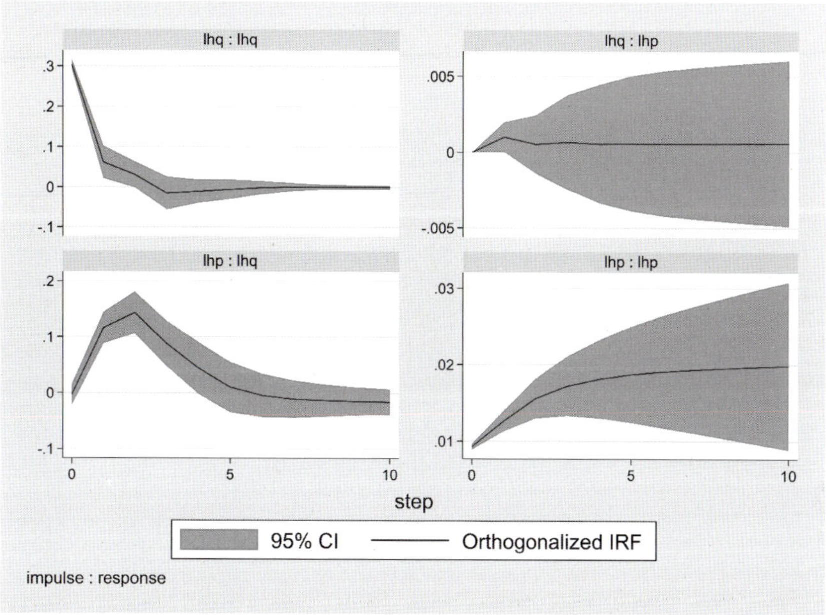

그림 15-5에서는 save 옵션을 이용하여 OIRF 결과를 데이터로 만들 수 있다. 데이터 파일로 만드는 장점은 IRF 그래프를 연구자 원하는대로 편집하고자 할 때 유용하다. irf1.dta 파일에는 95% 신뢰구간에 해당하는 수치도 같이 저장된다.

| 그림 15-5 |

```
. pvarirf, oirf byoption(yrescale) porder(lhp lhq) mc(100) save(irf1,replace )
(file irf1.dta not found)

. use irf1, clear
(Confidence intervals are based on 100 Monte Carlo simulations)

. list if  impres==3

     +-------------------------------------------------------------------+
     | _step      impres          irf           ll          ul        se |
     |-------------------------------------------------------------------|
  3. |     0   lhq : lhp            0            0           0         0 |
  7. |     1   lhq : lhp    .0009984     .0000402    .0019567   .0004889 |
 11. |     2   lhq : lhp    .0005230    -.001314    .0023010   .0009377 |
 15. |     3   lhq : lhp    .0006552   -.0024258    .0037363    .001572 |
```

```
19. |     4   lhq : lhp   .0005423   -.0033291   .0044138   .0019753 |
    |-----------------------------------------------------------------|
23. |     5   lhq : lhp   .0005663   -.0038177   .0049502   .0022368 |
27. |     6   lhq : lhp   .0005658   -.0040816   .0052132   .0023712 |
31. |     7   lhq : lhp   .0005765   -.0042202   .0053733   .0024474 |
35. |     8   lhq : lhp   .0005823    -.004312   .0054766   .0024971 |
39. |     9   lhq : lhp   .0005863   -.0043884   .0055611   .0025382 |
    |-----------------------------------------------------------------|
43. |    10   lhq : lhp   .0005897    -.004462   .0056414   .0025774 |
    +-----------------------------------------------------------------+
```

한편, pvar 명령어는 OIRF 뿐 아니라 예측오차 분산분해(FEVD) 결과도 계산해 준다.* $t+10$ 시점에서 lhp 변수 예측오차의 99.8%는 자기 자신 오차항 분산에 기인하고, 나머지 0.2%만 거래량 변수(lhq) 오차항 분산에 기인한다. 그러나 s=10에서 거래량 변수(lhq)의 예측오차 변동성은 31% 정도 가격변수 오차항 분산에 의존함을 알 수 있다. 즉 아파트 거래량을 예측함에 있어서 가격변수의 변동성이 상대적으로 중요한 영향을 미친다.

| 그림 15-6 |

```
. use T_data15_1,clear
. tsset region month
Panel variable: region (strongly balanced)
 Time variable: month, 2008m1 to 2014m1
         Delta: 1 month

. gen rhprice=100*(hprice/cpi)
. gen lhq=log(quantity)
. gen lhp=log(rhprice)
. qui pvar lhp lhq, lags(3)

. pvarfevd, porder(lhp lhq)

Forecast-error variance decomposition


------------------------------
Response   |
variable   |
and        |
Forecast   |  Impulse variable
horizon    |       lhp       lhq
-----------+------------------
lhp        |
         0 |         0         0
```

* 정확히 말하면 직교화된(orthogonalized) FEVD이다.

```
         1 |          1          0
         2 |   .9959713   .0040287
         3 |   .9974048   .0025953
         4 |   .9978355   .0021646
         5 |     .99821     .00179
         6 |   .9984196   .0015804
         7 |   .9985595   .0014405
         8 |   .9986537   .0013463
         9 |   .9987219   .0012781
        10 |   .9987736   .0012264
-----------+--------------------
lhq        |
         0 |          0          0
         1 |   .0001076   .9998924
         2 |   .1227396   .8772604
         3 |   .2594695   .7405306
         4 |    .300213    .699787
         5 |   .3096175   .6903825
         6 |   .3100287   .6899713
         7 |    .310134   .6898659
         8 |   .3107581   .6892419
         9 |   .3116789   .6883211
        10 |   .3127925   .6872075
--------------------------------
```

15.3 Stata do file

```
use T_data15_1,clear
tsset region month
gen rhprice=100*(hprice/cpi)
gen lhq=log(quantity)
gen lhp=log(rhprice)

xtunitroot fisher lhq , lag(2) demean dfuller
xtunitroot fisher lhp , lag(2) demean dfuller

ren (region month) (id year)
helm lhq lhp

gsort id -year
gen one=1 if lhq~=.
by id: gen one1=sum(lhq)-lhq
by id: gen one2=sum(one)-1

gen one3=one1/one2
gen one4=sqrt(one2/(one2+1))
gen h_lhq1=one4*(lhq-one3)
```

```
capture drop one*
list h_lhq* in 1/10

tsset region month
pvar lhp lhq, lags(3)
pvar lhp lhq, lags(3) instlag(1/4)
pvar lhp lhq, lags(3) instlag(1/4) overid

qui pvar lhp lhq, lags(3)
pvarirf, oirf byoption(yrescale) porder(lhp lhq)
pvarirf, oirf byoption(yrescale) porder(lhp lhq) mc(100)

pvarirf, oirf byoption(yrescale) porder(lhp lhq) mc(100) save(irf1,replace )
use irf1, clear
list if  impres==3

use T_data15_1,clear
tsset region month
gen rhprice=100*(hprice/cpi)
gen lhq=log(quantity)
gen lhp=log(rhprice)
qui pvar lhp lhq, lags(3)
pvarfevd,  porder(lhp lhq)
```

CHAPTER 16 | 거시 연립방정식 모형과 예측

16.1 단일 방정식 모형의 예측

시계열 데이터에서 내생변수가 1개인 단일 방정식 모형을 추정한다고 가정하자.

$$y_t = \alpha + \gamma y_{t-1} + \beta x_t + e_t \tag{16.1}$$

위 식에서 내생변수(endogenous variable)는 y_t이고 외생변수(exogenous variable)는 x_t가 된다. 위와 같은 시계열 모형은 Stata에서 여러 명령어로 모수 추정이 가능하다. 가령 arima 또는 reg 명령어 등을 사용할 수 있다. 시계열 모형의 주요한 관심은 모수 추정자체보다는 추정결과를 이용한 내생변수의 예측(forecast)에 있다. Stata에서는 모형을 추정한 후 다양한 사후분석 명령어를 통해 정적(static) 또는 동적(dynamic) 예측결과를 얻을 수 있다.*

정적예측(static forecast)은 1기 앞(one-step ahead) 예측이라고도 부른다. 위 식 16.1의 경우 우변의 y_{t-1}과 x_t의 실제 관찰된 값을 이용하여 y_t의 예측값을 구한다.**

$$\hat{y}_{T+s} = \hat{\alpha} + \hat{\gamma} y_{T+s-1} + \hat{\beta} x_{T+s} \tag{16.2}$$

동적예측(dynamic forecast)은 표본외 예측이라고 부르기도 하며, 우측 변수의 관찰된 값 대신 예측된 값을 사용한다.

$$\hat{y}_{T+s} = \hat{\alpha} + \hat{\gamma} \hat{y}_{T+s-1} + \hat{\beta} x_{T+s} \tag{16.3}$$

내생변수 y_t가 레벨값이 아니고 변화율, 즉 y_t에 대한 로그 차분 값이라고 가정하자. 즉, 다음과 같다.

$$D\ln y_t = \alpha + \gamma D\ln y_{t-1} + \beta x_t + e_t \tag{16.4}$$

---

* 이에 대한 구체적인 예는 본서 8장을 참고하라.

** $T+s$ 시점에서 외생변수 값은 모두 주어진다고 가정한다.

위 식에서 $D\ln y_t \equiv \ln y_t - \ln y_{t-1}$으로 정의하자. 여기에서 예측의 목적이 y_t, 즉 레벨값에 대한 예측이라면 다음과 같은 식으로 가능하다.

$$\widehat{D\ln y}_{T+s} = \hat{\alpha} + \hat{\gamma}\widehat{D\ln y}_{T+s-1} + \hat{\beta}x_{T+s}$$
$$\widehat{\ln y}_{T+s} \equiv \widehat{\ln y}_{T+s-1} + \widehat{D\ln y}_{T+s}$$
$$\hat{y}_{T+s} \equiv \exp(\widehat{\ln y}_{T+s})$$

거시 시계열 모형에서는 특정 시나리오 하에서 내생변수 예측값이 중요한 문제일 수 있다. $T+1 \sim T+5$ 시점까지 표본외 예측을 계산하는 경우를 가정하자. 예를 들어 $T+3$ 시점에서는 y_t의 평균보다 10% 증가한 값으로 충격이 주어졌다고 하자. 식 16.2 예측모형을 이용하면 $T+1$과 $T+2$ 시점에서는 여전히 모형 내에서 예측된 값을 이용한다.

$$\hat{y}_{T+1} = \hat{\alpha} + \hat{\gamma}y_T + \hat{\beta}x_{T+1}$$
$$\hat{y}_{T+2} = \hat{\alpha} + \hat{\gamma}\hat{y}_{T+1} + \hat{\beta}x_{T+2}$$

그러나 $T+3$ 시점에서는 주어진 시나리오 값으로 대체된다. 즉 y_{T+4} 예측값은 다음과 같이 $\hat{y}^{shock}_{T+3}$을 이용하여 예측하게 된다.

$$\hat{y}^{shock}_{T+3} = (1+0.1)\overline{y}$$
$$\hat{y}_{T+4} = \hat{\alpha} + \hat{\gamma}\hat{y}^{shock}_{T+3} + \hat{\beta}x_{T+4}$$
$$\hat{y}_{T+5} = \hat{\alpha} + \hat{\gamma}\hat{y}_{T+4} + \hat{\beta}x_{T+5}$$

16.2 연립방정식 모형의 예측: 시계열 데이터

거시경제 분석에서는 내생변수가 1개 이상이고 여러 항등식을 포함한 연립방정식 모형을 설정하는 경우가 많다. Klein(1950)이 제시한 미국 거시경제 모형을 약간 변형하여 고려해 보자.

$$c_t = \beta_0 + \beta_1 p_t + \beta_2 p_{t-1} + \beta_3 wp_t + \epsilon_{1t} \quad (16.5)$$
$$i_t = \beta_4 + \beta_5 p_t + \beta_6 p_{t-1} + \beta_7 k_{t-1} + \epsilon_{2t} \quad (16.6)$$
$$y_t \equiv c_t + i_t + g_t \quad (16.7)$$
$$p_t \equiv y_t - t_t - wp_t \quad (16.8)$$

$$k_t \equiv k_{t-1} + i_t \tag{16.9}$$

식 16.5~16.9 거시모형 시스템은 2개의 방정식과 3개의 항등식으로 구성되어 있다. 내생변수는 c_t, i_t, y_t, p_t, k_t 5개이고 외생변수는 g_t, t_t, wp_t 3개임을 알 수 있다. 식 16.5와 식 16.6 설명변수에는 내생변수들이 포함되어 있기 때문에 모수 추정을 위해서는 도구변수 추정법을 적용해야 한다.

식 16.5와 식 16.6에 대한 추정치를 얻은 후 내생변수 예측은 다음과 같이 진행된다.

$$\begin{aligned}\hat{c}_{T+s} &= \hat{\beta}_0 + \hat{\beta}_1(\hat{c}_{T+s} + \hat{i}_{T+s} + g_{T+s} - t_{T+s} - wp_{T+s}) \\ &\quad + \hat{\beta}_2(\hat{c}_{T+s-1} + \hat{i}_{T+s-1} + g_{T+s-1} - t_{T+s-1} - wp_{T+s-1}) + \hat{\beta}_3 wp_{T+s}\end{aligned} \tag{16.10}$$

$$\begin{aligned}\hat{i}_{T+s} &= \hat{\beta}_4 + \hat{\beta}_5(\hat{c}_{T+s} + \hat{i}_{T+s} + g_{T+s} - t_{T+s} - wp_{T+s}) \\ &\quad + \hat{\beta}_6(\hat{c}_{T+s-1} + \hat{i}_{T+s-1} + g_{T+s-1} - t_{T+s-1} - wp_{T+s-1}) + \hat{\beta}_7 \hat{k}_{T+s-1}\end{aligned} \tag{16.11}$$

$\hat{c}_{T+s}$와 $\hat{i}_{T+s}$가 미지수이고, 방정식이 2개이므로 결국 미지수에 대한 해를 구할 수 있다. $\hat{c}_{T+s}$와 $\hat{i}_{T+s}$를 얻을 수 있다면, 이 값을 식 16.7에 대입하여 $\hat{y}_{T+s}$를 구할 수 있다. 또한 $\hat{y}_{T+s}$를 식 16.8에 대입하면 $\hat{p}_{T+s}$ 예측값을 얻는다. 마지막으로 $\hat{i}_{T+s}$를 식 16.9에 대입하면 $\hat{k}_{T+s}$를 구한다. 이렇게 5개 내생변수에 대한 모든 예측값을 찾을 수 있다.*

단일변량 시계열 모형에서와 같이 시스템 내의 내생변수가 변화율(로그 차분)로 주어지면 추가적인 항등식을 설정하여 레벨값에 대한 예측결과를 얻을 수 있다. 또한 특정 내생변수에 대한 충격을 가정한 시나리오 하에서 동적예측 결과를 계산할 수도 있다.

16.3 연립방정식 모형의 예측: 패널 데이터

패널 모형도 시계열 특성을 포함하고 있기 때문에 동적 예측과정을 적용할 수 있다. 다만 패널 모형에서는 관찰되지 않은 그룹 이질성(group heterogeneity)을 어떻게 다룰 것인지의 문제가 남아 있다. 다음과 같이 3개의 방정식으로 구성된 모형을 가정하자.**

$$\begin{aligned}D\ln\dim_{it} &= \beta_{10} + \beta_{11}\ln start_{it} + \beta_{12} rgspgrowth_{it} \\ &\quad + \beta_{13} unrate_{it} + u_{1i} + \epsilon_{1it}\end{aligned} \tag{16.12}$$

---

* $T+s$ 시점에서 외생변수 값은 모두 주어진다고 가정한다.

** Stata 매뉴얼 [forecast]에서 인용하였다.

$$
\begin{aligned}
sheet_{it} = \beta_{20} + \beta_{21} dim_{it} + \beta_{22} rgspgrowth_{it} \\
+ \beta_{23} unrate_{it} + u_{2i} + \epsilon_{2it}
\end{aligned} \tag{16.13}
$$

$$
\begin{aligned}
misc_{it} = \beta_{30} + \beta_{31} dim_{it} + \beta_{32} rgspgrowth_{it} \\
+ \beta_{33} unrate_{it} + u_{3i} + \epsilon_{3it}
\end{aligned} \tag{16.14}
$$

$$\ln dim_{it} \equiv \ln dim_{it-1} + D\ln dim_{it} \tag{16.15}$$

$$dim_{it} \equiv \exp(\ln dim_{it}) \tag{16.16}$$

위 식에서 $D\ln dim_{it} = \ln dim_{it} - \ln dim_{it-1}$로 정의한다. 3개의 방정식과 2개의 항등식으로 구성된 시스템이다. 또한 위 시스템에서 내생변수는 3개이고, 외생변수 역시 3개임을 찾을 수 있다. 또한 그룹 이질성 변수인 u_i를 모두 포함하고 있다. 따라서 예측값을 계산할 때 $\hat{u}_i$를 포함해야 한다.

모수 추정치와 $\hat{u}_i$를 얻기 위해 식 16.12~식 16.14에 패널 고정효과 추정을 적용한다. 이 경우 동적 예측은 다음 과정을 따라 이루어진다.

$$
\begin{aligned}
\widehat{D\ln \dim}_{iT+s} = \hat{\beta}_{10} + \hat{\beta}_{11} \ln start_{iT+s} \\
+ \hat{\beta}_{12} rgspgrowth_{iT+s} + \hat{\beta}_{13} unrate_{iT+s} + \hat{u}_{1i}
\end{aligned} \tag{16.17}
$$

$$
\begin{aligned}
\widehat{sheet}_{iT+s} = \hat{\beta}_{20} + \hat{\beta}_{21} \widehat{dim}_{iT+s} \\
+ \hat{\beta}_{22} rgspgrowth_{iT+s} + \hat{\beta}_{23} unrate_{iT+s} + \hat{u}_{2i}
\end{aligned} \tag{16.18}
$$

$$
\begin{aligned}
\widehat{misc}_{iT+s} = \hat{\beta}_{30} + \hat{\beta}_{31} \widehat{dim}_{iT+s} \\
+ \hat{\beta}_{32} rgspgrowth_{iT+s} + \hat{\beta}_{33} unrate_{iT+s} + \hat{u}_{3i}
\end{aligned} \tag{16.19}
$$

먼저 식 16.17에서 $\widehat{D\ln \dim}_{iT+s}$를 구하고 식 16.15~식 16.16 항등식에 대입하여 $\widehat{dim}_{it}$를 계산한다. 이 값을 식 16.18과 식 16.19에 대입하면 $\widehat{sheet}_{iT+s}$와 $\widehat{misc}_{iT+s}$ 예측값을 구한다. 따라서 패널그룹 i에 대해 예측값을 계산할 수 있다. 위 식에서 $\hat{u}_{1i}, \hat{u}_{2i}, \hat{u}_{3i}$의 값을 알아야 한다. 이 값은 시간과 상관없이 일정하다고 가정했기 때문에 식 16.12~식 16.14 고정효과 추정 후 패널그룹 별로 $\hat{u}_i$를 구할 수 있다. 이 값을 $T+s$ 시점에도 대입하여 내생변수 예측치를 구한다.

16.4 STATA 실습

data file: T_data16_1.dta

예제 데이터에서 wpi 변수는 1960년 1분기~1990년 4분기까지 미국 도매물가지수이다.

단일 방정식 모형을 다음과 같이 설정하자.

$$D\ln wpi_{it} = \alpha + \gamma D\ln wpi_{it-1} + \beta t + \epsilon_t \tag{16.20}$$

$\ln wpi_t$ 변수가 단위근을 가지고 있기 때문에 차분변수를 이용하여 위 식을 추정한다. t는 추세(trend) 변수이다.

아래 그림 16-1에서 보듯이 Stata에서 **reg** 명령어를 이용하여 추정할 수 있다. **reg** 명령문 추정결과를 "reg_model"로 저장한다.

| 그림 16-1 |

```
. use T_data16_1, clear
. tsset t
        time variable:  t, 1960q1 to 1990q4
                delta:  1 quarter

. gen trend=_n-1
. reg D.ln_wpi LD.ln_wpi trend

      Source |       SS       df       MS              Number of obs -     122
-------------+------------------------------           F(  2,    119) =   36.76
       Model |  .009608291     2  .004804145           Prob > F      =  0.0000
    Residual |  .015551028   119  .000130681           R-squared     =  0.3819
-------------+------------------------------           Adj R-squared =  0.3715
       Total |  .025159319   121  .000207928           Root MSE      =  .01143

------------------------------------------------------------------------------
    D.ln_wpi |      Coef.   Std. Err.      t    P>|t|     [95% Conf. Interval]
-------------+----------------------------------------------------------------
      ln_wpi |
         LD. |    .611102   .0730963     8.36   0.000     .4663641    .7558399
             |
       trend |   .0000246   .0000296     0.83   0.408    -.0000341    .0000833
       _cons |   .0028284   .0021775     1.30   0.196    -.0014834    .0071401
------------------------------------------------------------------------------

. estimates store reg_model
```

그림 16-2에서는 "reg_model"로 저장된 추정결과를 이용하여 예측결과를 얻기 위한 Stata 명령문들이 나와 있다.* **forecast**로 시작하는 일련의 명령문을 이용하여 정적 예측 또는 동적 예측결과를 얻을 수 있다. 명령문의 순서를 정리하면 다음 표와 같다.

* forecast 명령어는 Stata 13.0 버전 이상에서 사용할 수 있다.

| 표 16-1 |

단계	내 용
1	forecast create 명령어로 예측과정의 이름을 정해준다. 그 이름 하에서 모든 예측 결과가 저장한다. forecast create reg1 명령문은 식 16.20 예측결과를 "reg1" 이름으로 저장하라는 의미이다. replace 옵션은 기존에 "reg1"로 저장된 이름이 있으면 그 내용을 지우고 새로 저장하라는 의미이다.
2	forecast estimates 명령어로 식 16.23 추정결과에서 내생변수를 가져온다. 그림 16-1에서 저장한 "reg_model"에서 종속변수를 자동으로 내생변수로 가져온다. 그러나 여기서 주의해야 할 점은 name(dlnwpi) 옵션이다. 그림 16-1 reg 명령문에서 종속변수가 D.ln_wpi로 시계열 연산자(time series operator) D.을 사용하고 있다. 이런 경우에는 반드시 name( ) 옵션을 이용하여 D.ln_wpi에 대해 새로운 변수 이름을 만들어 주어야 한다. 그림 16-2 예제에서는 새로운 내생변수 이름은 dlnwpi로 지정한다.
3	forecast identity 명령어를 이용하여 항등식을 설정한다. 항등식은 반드시 내생변수에 대해서만 설정할 수 있다. 제2단계에서 내생변수가 $\ln wpi$ 변수 차분이기 때문에 연구자가 $\ln wpi$ 변수 자체에 대한 관심이 있다면 $\ln wpi_t = \ln wpi_{t-1} + D\ln wpi_t$ 항등식을 추가해야 한다. 결과적으로 식 16.20 예제에서 내생변수는 $\ln wpi_t$와 $D\ln wpi_t$ 2개가 된다.
4	외생변수가 있다면 forecast exogenous 명령어로 지정해 준다. 여기 예제에서는 trend 변수를 외생변수로 간주한다. 외생변수는 예측시점에서 결측치일 수 없고 반드시 일정한 값이 주어져 있어야 한다.
5	가장 핵심적인 명령어인 forecast solve를 이용하여 예측결과를 변수로 생성한다. prefix(s_) 옵션은 내생변수 예측치를 변수로 생성할 때 "s_"로 시작하라는 뜻이다. begin(tq(1960q3))은 1960년 3분기부터 예측치를 구하라는 의미이다.* 마지막 static 옵션은 16.1절에서 설명한 정적예측(static forecast)을 실행하라는 의미이다.
6	모형에서 예측된 내생변수와 실제 관찰된 내생변수 값을 비교하기 위해 시계열 선 그래프를 그린다.

| 그림 16-2 |

```
. forecast create reg1, replace
  (Forecast model reg1 ended.)
  Forecast model reg1 started.

. forecast estimates reg_model ,name(dlnwpi)
  Added estimation results from regress.
  Forecast model reg1 now contains 1 endogenous variable.

. forecast identity ln_wpi=L.ln_wpi+dlnwpi
  Forecast model reg1 now contains 2 endogenous variables.

. forecast exogenous trend
```

* 식 16.20 모형에서 $D\ln wpi_{t-1}$을 사용하기 때문에 begin(tq(1960q2))라고 입력하면 forecast solve 명령문이 실행되지 않는다.

```
  Forecast model reg1 now contains 1 declared exogenous variable.

. forecast solve , prefix(s_) begin(tq(1960q3)) static
Computing static forecasts for model reg1.
-------------------------------------------

Starting period:  1960q3
Ending period:    1990q4
Forecast prefix:  s_

1960q3:  ...........
----------------------------------- 결과 중략 -------------------------------

Forecast 2 variables spanning 122 periods.
-------------------------------------------

. tsline ln_wpi s_ln_wpi if t>=yq(1976,1)
```

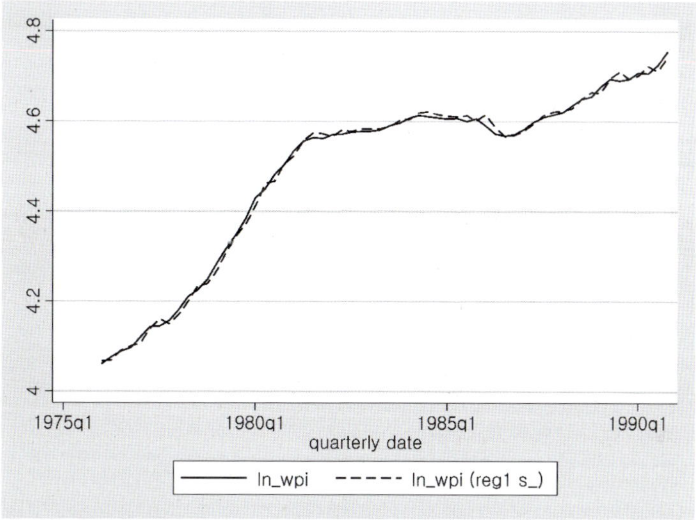

위 결과를 보면, s_ln_wpi 변수와 ln_wpi 변수의 선그래프가 거의 일치함을 알 수 있다.*

시계열 분석에서는 정적예측보다는 동적예측(dynamic forecast)이 의미가 있기 때문에 아래 그림 16-3에서는 동적예측 결과를 실제 관찰된 값과 비교하고 있다.

| 그림 16-3 |

```
. qui reg D.ln_wpi LD.ln_wpi trend if t<=yq(1988,4)
. estimates store reg_model

. capture drop dlnwpi
. forecast create reg1, replace
```

* 식 16.20 모형에서 종속변수의 $t-1$ 시점을 설명변수로 사용하고 정적예측을 하였기 때문이다.

```
  (Forecast model reg1 ended.)
  Forecast model reg1 started.

. forecast estimates reg_model ,name(dlnwpi)
  Added estimation results from regress.
  Forecast model reg1 now contains 1 endogenous variable.

. forecast identity ln_wpi=L.ln_wpi+dlnwpi
  Forecast model reg1 now contains 2 endogenous variables.

. forecast exogenous trend
  Forecast model reg1 now contains 1 declared exogenous variable.

. forecast solve , prefix(d_) begin(tq(1989q1))
Computing dynamic forecasts for model reg1.
--------------------------------------------

Starting period:  1989q1
Ending period:    1990q4
Forecast prefix:  d_

1989q1:  ............
------------------------------------ 결과 중략 ------------------------------------
Forecast 2 variables spanning 8 periods.
----------------------------------------


. tsline ln_wpi d_ln_wpi if t>=yq(1986,1)
```

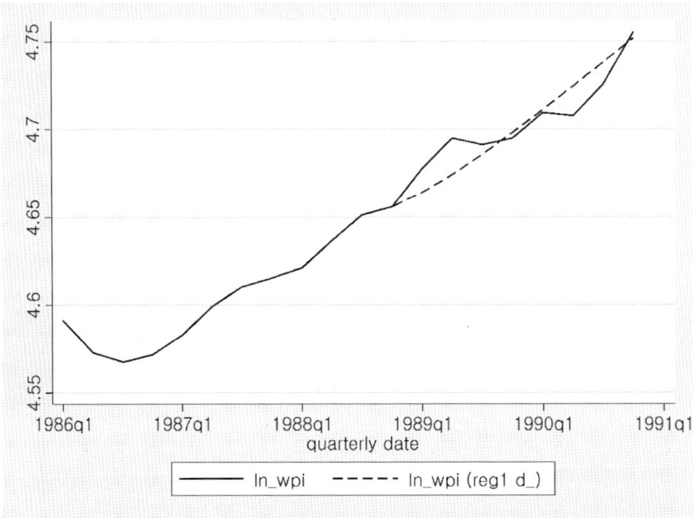

위 명령문을 보면, 앞의 그림 16-2에서 이미 생성했던 변수이름 "dlnwpi"를 미리 삭제한다.[*] 그리고 reg 명령문에서 마지막 8분기는 제외하고 실행한다. 마지막 8분기에 대해 표

* capture drop dlnwpi 명령문을 중간에 추가하였다.

본외 예측을 하고, 그 결과를 실제 관찰값과 비교함이 목적이기 때문이다. forecast solve의 옵션 begin(tq(1989q1))은 1989년 1분기부터 동적예측을 시작하라는 의미이다. static 옵션을 삭제하면 자동으로 동적예측을 실행하게 된다. 선그래프에서 알 수 있듯이 마지막 8분기 실제값과 예측치는 어느 정도 차이가 있다.

Tip 16.1 ● 시계열 2개 모형 예측결과 비교

data file: T_data16_1.dta

시계열 분석에서는 1개 이상 모형을 추정한 후 모형에 의한 예측결과를 서로 비교하는 경우가 많다. 모형 1과 모형 2를 추정한 예측결과를 forecast 명령문으로 생성한 후 비교해 보자.

모형 1: $D\ln wpi_{it} = \alpha + \gamma D\ln wpi_{it-1} + \beta t + \epsilon_t$

모형 2: $D\ln wpi_{it} = \alpha + \gamma_1 D\ln wpi_{it-1} + \gamma_2 D\ln wpi_{t-2} + \beta t + \epsilon_t$

앞의 그림 16-2에서 소개한 forecast create 명령어는 반드시 모형 1과 모형 2 중에서 하나만 저장할 수 있다. 따라서 모형 1을 이용하여 예측치를 얻은 후 다시 모형 2를 이용하여 예측치를 얻어야 한다.

```
qui reg D.ln_wpi LD.ln_wpi trend if t<=yq(1988,4)
estimates store reg_model1

capture forecast drop , prefix(d_)
capture drop dlnwpi
forecast create reg1, replace
forecast estimates reg_model1 ,name(dlnwpi)
forecast identity ln_wpi=L.ln_wpi+dlnwpi
forecast exogenous trend
forecast solve , prefix(d_) begin(tq(1989q1))
capture drop ln_wpi_model1
rename d_ln_wpi ln_wpi_model1
label var ln_wpi_model1 "AR(1)"

qui reg D.ln_wpi LD.ln_wpi L2D.ln_wpi trend if t<=yq(1988,4)
estimates store reg_model2

capture forecast drop , prefix(d_)
capture drop dlnwpi
forecast create reg1, replace
forecast estimates reg_model2 ,name(dlnwpi)
forecast identity ln_wpi=L.ln_wpi+dlnwpi
```

```
forecast exogenous trend
forecast solve , prefix(d_) begin(tq(1989q1))
capture drop ln_wpi_model2
rename d_ln_wpi ln_wpi_model2
label var ln_wpi_model2 "AR(2)"

tsline ln_wpi ln_wpi_model1 ln_wpi_model2 if t>=yq(1988,1)
```

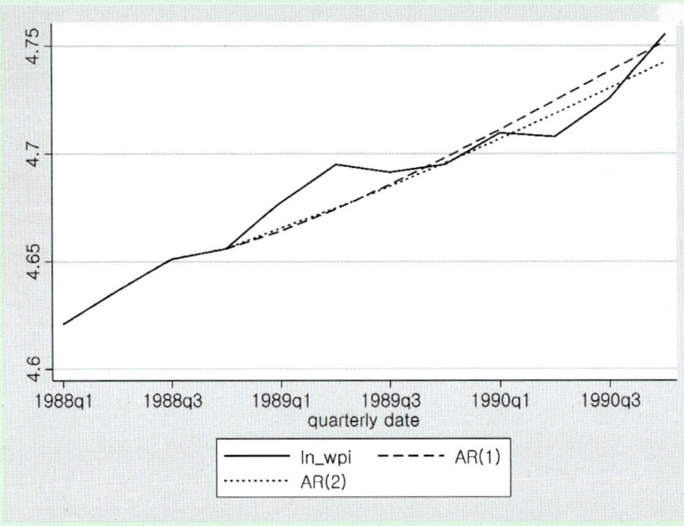

앞의 그림 16-3에서 설명한 **forecst** 명령문과 거의 일치하지만 중복되는 변수를 삭제하고 예측변수를 만들기 위해 **forecast drop, prefix(d_)** 명령문을 포함하고 있다. 또한 각 **forecast** 명령문에서 만들어진 d_ln_wpi 변수를 각각 ln_wpi_model1과 ln_wpi_model2로 이름을 변경하여 사용하고 있다.

data file: T_data16_2.dta*

2개 이상의 연립방정식과 항등식으로 구성된 거시 경제모형을 가정하고 내생변수에 대해 동적예측 결과를 계산해보자. 앞서 16.2절에서 소개했던 Klein(1950)의 변형된 모형을 다음과 같이 설정해 보자.

$$c_t = \beta_0 + \beta_1 p_t + \beta_2 p_{t-1} + \beta_3 w\, p_t + \epsilon_{1t} \tag{16.5}$$

$$i_t = \beta_4 + \beta_5 p_t + \beta_6 p_{t-1} + \beta_7 k_{t-1} + \epsilon_{2t} \tag{16.6}$$

$$y_t \equiv c_t + i_t + g_t \tag{16.7}$$

* 예제 데이터는 Stata 매뉴얼 [forecast]에서 인용하였다.

$$p_t \equiv y_t - t_t - w\,p_{\,t} \tag{16.8}$$

$$k_t \equiv k_{t-1} + i_t \tag{16.9}$$

먼저 식 16.5과 식 16.6 모형을 추정해야 한다. 그러나 설명변수 p_t는 내생적 설명변수임을 증명할 수 있기 때문에 도구변수 추정량을 얻어야 한다. 모형 내의 외생변수들을 도구변수로 사용하게 된다. ivregress 2sls로 식 16.5과 식 16.6을 각각 추정할 수 있지만, 더 효율적인 추정량을 얻기 위해 reg3 명령문을 사용한다.* reg3 명령문에서 내생적 설명변수 p_t를 endog( ) 옵션에서 지정해 주고 exog( ) 옵션에서 외생변수를 지정해 준다.** 추정 결과를 reg3_model 이름으로 저장한다. 동적예측을 위해 reg3 명령문에서 if 조건문을 추가한다.

| 그림 16-4 |

```
. use T_data16_2, clear
. tsset year
.
. reg3 (c p L.p wp) (i p L.p L.k) if year<=1937, endog(p) exog(wp t g)
Three-stage least-squares regression
----------------------------------------------------------------------
Equation          Obs  Parms        RMSE    "R-sq"       chi2        P
----------------------------------------------------------------------
c                  17      3    1.031416    0.9569     378.91   0.0000
i                  17      3    .6704128    0.9660     479.28   0.0000
----------------------------------------------------------------------

------------------------------------------------------------------------------
             |      Coef.   Std. Err.      z    P>|z|     [95% Conf. Interval]
-------------+----------------------------------------------------------------
c            |
           p |
         --. |  -.0345111    .1056258    -0.33   0.744    -.2415339    .1725118
         L1. |  -.2597132    .1172918    -2.21   0.027    -.4896009   -.0298255
             |
          wp |   1.294471    .0989272    13.09   0.000     1.100577    1.488364
       _cons |   11.89058    2.191698     5.43   0.000      7.59493    16.18623
-------------+----------------------------------------------------------------
i            |
           p |
         --. |   .5356014    .0838008     6.39   0.000     .3713549    .6998479
         L1. |   .3178355    .0779013     4.08   0.000     .1651518    .4705191
             |
```

* reg3 명령어에 대한 자세한 설명은 민인식 · 최필선(2019c)의 5장을 참고하라.

** 모형 내의 외생변수와 추정 과정에서 사용하는 도구변수와는 약간 다른 개념임에 주의해야 한다.

```
           k |
         L1. |  -.1016373   .0194133    -5.24   0.000    -.1396867   -.0635879
             |
       _cons |   7.703291   4.060934     1.90   0.058    -.2559929    15.66257
------------------------------------------------------------------------------
Endogenous variables:  c i p
Exogenous variables:   L.p wp L.k t g
------------------------------------------------------------------------------

. estimates store reg3_model
```

위 추정결과에 근거한 forecast 명령문을 실행해 보자. 마지막 4년(1938년~1941년) 예측결과를 실제값과 비교하고자 한다. forecast identity 명령어를 이용하여 식 16.7~식 16.9를 정의해 준다. 5개 내생 변수에 대한 예측값과 실제값에 대한 선그래프를 마지막에 그려준다.

| 그림 16-5 |

```
. forecast create reg3, replace
. forecast estimates reg3_model
. forecast identity y=c+i+g
. forecast identity p=y-t-wp
. forecast identity k=L.k+i
. forecast exogenous wp t g

. forecast solve , prefix(d_) begin(1938)
Computing dynamic forecasts for model reg3.
-------------------------------------------

Starting period:  1938
Ending period:    1941
Forecast prefix:  d_

1938:  .......................
------------------------------ 결과 중략----------------------------------

Forecast 5 variables spanning 4 periods.
----------------------------------------


. tsline c d_c if year>1930, name(graph1, replace)  nodraw
. tsline i d_i if year>1930, name(graph2, replace)  nodraw
. tsline y d_y if year>1930, name(graph3, replace)  nodraw
. tsline p d_p if year>1930, name(graph4, replace)  nodraw
. tsline k d_k if year>1930, name(graph5, replace)  nodraw

. graph combine graph1 graph2 graph3 graph4 graph5, col(3) row(2)
```

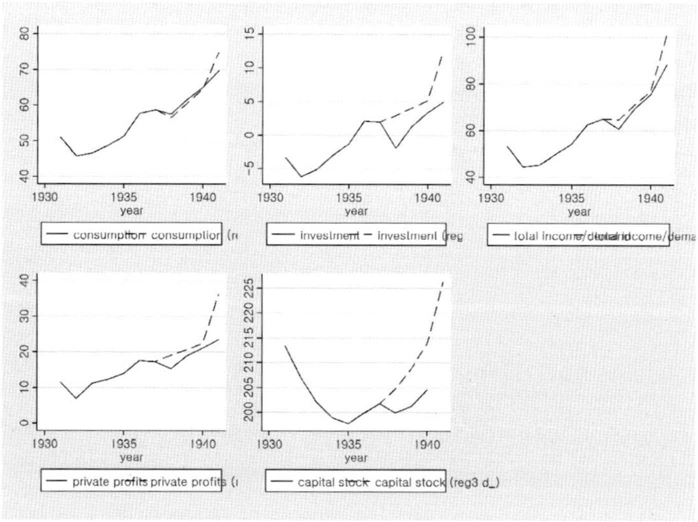

data file: T_data16_3.dta*

16.1절에서 소개하였듯이 **forecast** 명령문을 이용하면 시나리오 분석이 가능하다. 특정 시점에 충격이 발생하였을 때 그 충격의 효과가 내생변수 예측에 어떻게 영향을 미치는지 추적할 수 있다. 예제 데이터에는 1986년 2분기~2007년 4분기까지 GDP 성장률과 원유가격 변화율 변수를 포함하고 있다. 두 내생변수를 이용하여 VAR(2) 모형을 설정해 보자.

$$gdp_t = \beta_0 + \beta_{11} gdp_{t-1} + \beta_{12} gdp_{t-2} + \beta_{21} oil_{t-1} + \beta_{22} oil_{t-2} + \epsilon_{1t}$$

$$oil_t = \gamma_0 + \gamma_{11} gdp_{t-1} + \gamma_{12} gdp_{t-2} + \gamma_{21} oil_{t-1} + \gamma_{22} oil_{t-2} + \epsilon_{2t} \tag{16.24}$$

그림 16-6에서는 전체 표본을 이용하여 VAR(2) 모형을 추정하고 그 결과를 var2로 저장한다. 마지막 시점인 2007년 4분기 이후 8분기에 대해 동적예측 값을 얻기 위해서 **tsappend** 명령어를 사용하고 있다.

* 예제 데이터는 Stata 매뉴얼 [forecast]에서 인용하였다.

| 그림 16-6 |

```
. use T_data16_3, clear
. tsset qdate
        time variable:  qdate, 1986q2 to 2007q4
                delta:  1 quarter

. var gdp oil , lag(1/2)
Sample:  1986q4 - 2007q4                          No. of obs      =        85
Log likelihood = -500.0749                        AIC             =  12.00176
FPE            =  559.0724                        HQIC            =  12.11735
Det(Sigma_ml)  =  441.7362                        SBIC            =  12.28913

Equation           Parms      RMSE     R-sq      chi2     P>chi2
----------------------------------------------------------------
gdp                  5     1.88516   0.1820   18.91318   0.0008
oil                  5     11.8776   0.1140   10.93614   0.0273
----------------------------------------------------------------

------------------------------------------------------------------------------
             |      Coef.   Std. Err.      z    P>|z|     [95% Conf. Interval]
-------------+----------------------------------------------------------------
gdp          |
         gdp |
         L1. |   .1498285   .1015076     1.48   0.140    -.0491227    .3487797
         L2. |   .3465238   .1022446     3.39   0.001      .146128    .5469196
             |
         oil |
         L1. |  -.0374609   .0167968    -2.23   0.026     -.070382   -.0045399
         L2. |   .0119564   .0164599     0.73   0.468    -.0203043    .0442172
             |
       _cons |   1.519983   .4288145     3.54   0.000     .6795226    2.360444
-------------+----------------------------------------------------------------
oil          |
         gdp |
         L1. |   .8102233   .6395579     1.27   0.205    -.4432871    2.063734
         L2. |   1.090244   .6442017     1.69   0.091    -.1723684    2.352856
             |
         oil |
         L1. |   .0995271   .1058295     0.94   0.347    -.1078949    .3069491
         L2. |  -.1870052    .103707    -1.80   0.071    -.3902672    .0162568
             |
       _cons |  -4.041859   2.701785    -1.50   0.135     -9.33726    1.253543
------------------------------------------------------------------------------

. estimates store var2
. tsappend, add(8)
```

아래 그림 16-7에서는 2개의 내생변수에 대한 동적예측 값을 2008년 1분기~2009년 4분기까지 계산하는 Stata 명령문을 제시한다. 베이스 시나리오 하에서 동적예측을 실행한다.*

* 베이스 시나리오는 예측 기간 동안에 충격이 발생하지 않은 경우를 의미한다.

| 그림 16-7 |

```
. forecast create var_model, replace
  (Forecast model var_model ended.)
  Forecast model var_model started.

. forecast estimates var2
  Added estimation results from var.
  Forecast model var_model now contains 2 endogenous variables.

. forecast solve, prefix(d_) begin(tq(2008q1))

Computing dynamic forecasts for model var_model.
------------------------------------------------

Starting period:  2008q1
Ending period:    2009q4
Forecast prefix:  d_

2008q1:  ................
-------------------------  결과 중략 ----------------------------------------
Forecast 2 variables spanning 8 periods.
----------------------------------------


.
. label var oil "observed"
. label var d_oil "forecast"
. label var gdp "observed"
. label var d_gdp "forecast"

. tsline gdp d_gdp if qdate>=yq(2006,1), title("gdp") name(graph1, replace) nodraw
. tsline oil d_oil if qdate>=yq(2006,1), title("oil") name(graph2, replace) nodraw

. graph combine graph1 graph2
```

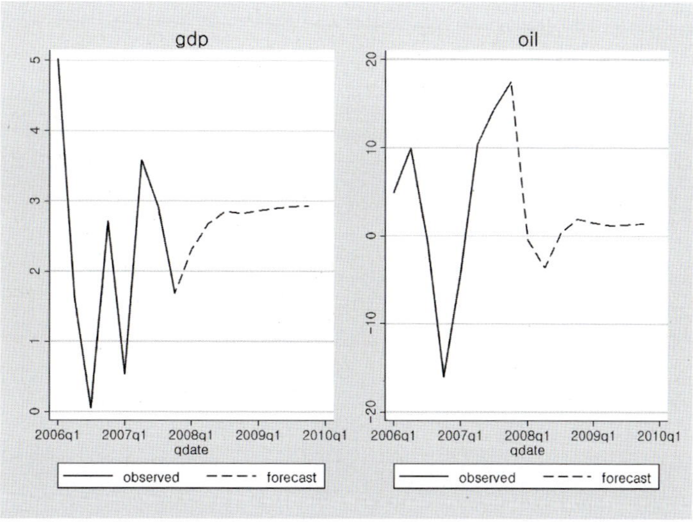

다음으로 스트레스(stress) 시나리오 하에서 내생변수 예측치를 계산한 것이 아래 그림 16-8에 나와 있다. oil 변수의 평균은 1.28%이다. 이는 매분기 평균적으로 원유가격이 1.28%씩 상승했다고 해석할 수 있다. 그런데 예를 들어 2008년 1분기~2008년 4분기까지 원유가격 상승률이 평균 상승률보다 훨씬 높다고 가정하자. 가령, 1.28% + 5% = 6.28%로 가정하자. 그러나 2009년 1분기부터는 다시 평균적 상승률(1.28%)로 돌아간다고 하자. 직관적으로 원유가격 충격이 GDP 상승률을 낮추는 방향으로 작동할 것으로 예상된다.

| 그림 16-8 |

```
. forecast adjust oil=6.28 if qdate>=yq(2008,1) & qdate<=yq(2008,4)
  Endogenous variable oil now has 1 adjustment.

. forecast adjust oil=1.28 if qdate>=yq(2009,1) & qdate<=yq(2009,4)
  Endogenous variable oil now has 2 adjustments.

. forecast solve, prefix(d1_) begin(tq(2008q1))
Computing dynamic forecasts for model var_model.
------------------------------------------------

Starting period:  2008q1
Ending period:    2009q4
Forecast prefix:  d1_

2008q1:  ................
-------------------------------- 결과 중략 ---------------------------------
Forecast 2 variables spanning 8 periods.
----------------------------------------

. label var d_gdp "BS forecast"
. label var d1_gdp "SS forecast"
. tsline gdp d_gdp d1_gdp if qdate>=yq(2006,1)
```

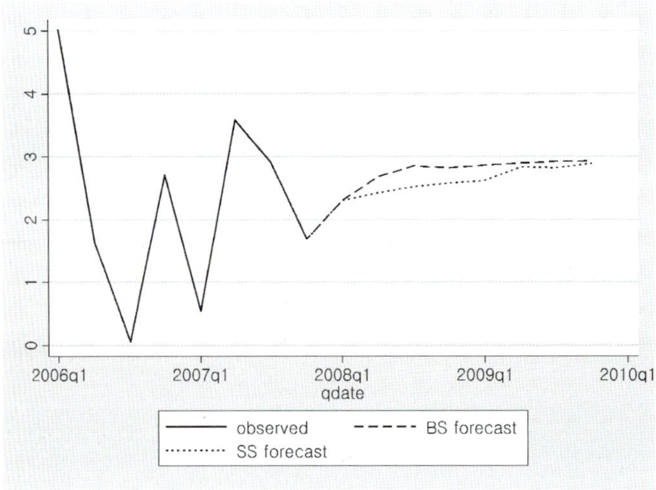

앞의 그림 16-7에서 이미 작업한 베이스 시나리오 결과는 그대로 두고 스트레스 시나리오 하에서 예측치에 해당하는 변수를 새로 만들면 된다. 위 결과에서 볼 수 있듯이 **forecast adjust** 명령어가 중요한 역할을 한다. 2008년 1분기~2008년 4분기까지는 내생변수 oil을 6.28로 고정시키고, 2009년 1분기~2009년 4분기까지는 oil 변수값을 1.28로 고정시킨다.* **forecast solve** 명령어의 옵션에서 **prefix(d1_)**으로 설정한다. 베이스 시나리오 변수이름과 약간 다르게 만든다. 마지막에 제시된 선그래프에서 알 수 있듯이 스트레스 시나리오 하에서 gdp 성장률이 더 낮아진다.

data file: T_data16_2.dta

Stata의 **forecast** 명령어는 표본외 예측 자체를 계산해 줄 뿐 아니라 이에 대한 95% 신뢰구간도 구할 수 있다. 다만 신뢰구간은 분석적(analytical) 신뢰구간을 구할 수는 없고, 시뮬레이션을 이용한 신뢰구간을 도출한다. 가령 $T+s$ 시점의 내생변수(y) 예측치를 다음과 같이 쓰자.

$$\hat{y}_{T+s} = \hat{\alpha} + \hat{\beta} x_{T+s} \tag{16.22}$$

여기에서 $\hat{y}_{T+s}$에 대한 불확실성(uncertainty) 또는 변동성(variation)은 $\hat{\alpha}$과 $\hat{\beta}$에 의존한다고 가정할 수 있다. 평균이 각각 $\hat{\alpha}$과 $\hat{\beta}$이고, 분산이 $var(\hat{\alpha})$과 $var(\hat{\beta})$, 그리고 공분산 $cov(\hat{\alpha}, \hat{\beta})$인 이변량 정규분포(bivariate normal distribution)에서 무작위로 난수를 추출하여 시뮬레이션을 반복하면 $\hat{y}_{T+s}$의 95% 신뢰구간을 얻을 수 있다.**

그림 16-9에서는 식 16.5~식 16.9의 변형된 Klein 모형에서 동적 예측치 95% 신뢰구간을 구하는 Stata 명령문을 제시한다.

| 그림 16-9 |

```
. use T_data16_2, clear
. qui tsset year
. qui reg3 (c p L.p wp) (i p L.p L.k) if year<=1937, endog(p) exog(wp t g)
. estimates store reg3_model

. forecast create reg3, replace
```

* **forecast solve** 명령어는 내생변수 값이 주어져 있으면 그 값을 그대로 이용하도록 코딩되어 있다.

** $var(\hat{\alpha})$, $var(\hat{\beta})$, $cov(\hat{\alpha}, \hat{\beta})$는 reg 명령문 추정결과에서 얻을 수 있다.

```
. forecast estimates reg3_model
. forecast identity y=c+i+g
. forecast identity p=y-t-wp
. forecast identity k=L.k+i
. forecast exogenous wp t g

. set seed 1234
. forecast solve , prefix(d_) begin(1938) simulate(betas, statistic(stddev,
prefix(sd_)) reps(100))

Computing dynamic forecasts for model reg3.
-------------------------------------------

Starting period:  1938
Ending period:    1941
Forecast prefix:  d_
------------------------------ 결과 중략 -----------------------------------
Performing simulations (100)
----+--- 1 ---+--- 2 ---+--- 3 ---+--- 4 ---+--- 5
..................................................    50
..................................................   100

Forecast 5 variables spanning 4 periods.
----------------------------------------

. gen upper_c=d_c+invnormal(0.975)*sd_c
. gen lower_c=d_c-invnormal(0.975)*sd_c

. twoway (tsrline upper_c lower_c, recast(rarea)) (tsline c, lpattern(solid))
(tsline d_c) if year>1933
```

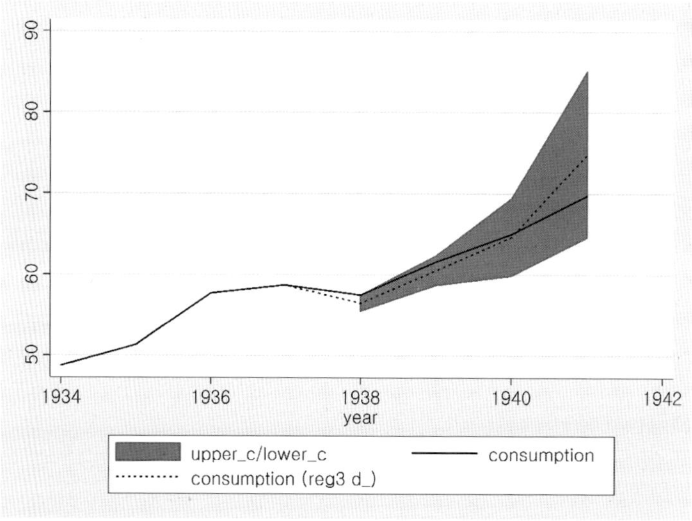

위에서 보듯이 forecast solve 명령문 이전에 시뮬레이션 시드(seed)를 고정해 준다. forecast solve 명령문에서 simulate( ) 옵션을 사용하는 것이 핵심이다. 괄호 안의 betas는 식 16.25에서 설명하였듯이 $\hat{\alpha}$과 $\hat{\beta}$에 대한 불확실성을 고려하라는 의미이다. 시뮬레이션을 이용해 d_로 생성된 내생변수의 표준편차를 계산하라는 옵션이 statistic(stddev)이다. 마지막으로 reps(100)은 시뮬레이션을 100번 시행하라는 의미이다. 95% 신뢰구간 변수는 d_c와 sd_c 변수를 이용하면 쉽게 생성할 수 있다.

data file: T_data16_4.dta*

패널모형에서도 패널그룹 별로 동적예측 값을 계산할 수 있다.** 그 예를 다음의 그림 16-10에서 보여준다. 먼저 예제 데이터를 이용하여 식 16.12~식 16.14를 추정하고, 내생변수 예측을 위해 항등식인 식 16.15와 식 16.16을 추가한다. 예측하고자 하는 내생변수는 dim_{it}, $sheet_{it}$, $misc_{it}$이다.

$$\begin{aligned} D\ln \dim_{it} &= \beta_{10} + \beta_{11} \ln start_{it} + \beta_{12} rgspgrowth_{it} \\ &\quad + \beta_{13} unrate_{it} + u_{1i} + \epsilon_{1it} \end{aligned} \tag{16.12}$$

$$\begin{aligned} sheet_{it} &= \beta_{20} + \beta_{21} dim_{it} + \beta_{22} rgspgrowth_{it} \\ &\quad + \beta_{23} unrate_{it} + u_{2i} + \epsilon_{2it} \end{aligned} \tag{16.13}$$

$$\begin{aligned} misc_{it} &= \beta_{30} + \beta_{31} dim_{it} + \beta_{32} rgspgrowth_{it} \\ &\quad + \beta_{33} unrate_{it} + u_{3i} + \epsilon_{3it} \end{aligned} \tag{16.14}$$

$$\ln dim_{it} \equiv \ln dim_{it-1} + D\ln dim_{it} \tag{16.15}$$

$$dim_{it} \equiv \exp(\ln dim_{it}) \tag{16.16}$$

먼저 식 16.12~식 16.14는 xtreg, fe 명령문을 이용해 고정효과 추정량을 계산한다. 16.3절에서 설명하였듯이 패널모형의 특징은 내생변수 예측치를 계산할 때 $\hat{u}_i$를 포함해야 한다. 그 작업을 위해 먼저 dlndim_u, sheet_u, misc_u 변수를 생성한다. 그리고 각 xtreg, fe 결과를 panel1, panel2, panel3 이름으로 저장한다. $\hat{u}_i$ 변수는 시간과 상관없이 일정한 값이기 때문에 예측치를 계산할 때도 여전히 dlndim_u, sheet_u, misc_u 변수값을 사용해야 한다. egen 명령어를 통해 패널그룹 별로 모든 기간에 같은 $\hat{u}_i$를 갖도록 만든다.

---

* Stata 매뉴얼 [forecast]에서 인용하였다.

** forecast 명령어를 사용하기 위해서는 반드시 균형패널이여야 한다. 만약 연구자의 패널데이터가 불균형패널이면 tsfill, full 명령문을 이용하여 균형패널로 변환한다. tsfill 명령어에 대해서는 본서 1장을 참고하라.

| 그림 16-10 |

```
. use T_data16_5, clear
(Hughes' state-level sales data)

. tsset state qdate
       panel variable:  state (strongly balanced)
        time variable:  qdate, 1998q1 to 2011q4
                delta:  1 quarter

. gen lndim =ln(dim)
. gen lnstarts=ln(starts)
.
. qui xtreg D.lndim lnstarts rgspgrowth unrate if qdate<=yq(2009,4), fe
. qui predict dlndim_u, u
. estimates store panel1
.
. qui xtreg sheet dim lnstarts rgspgrowth unrate if qdate<=yq(2009,4), fe
. qui predict sheet_u, u
. estimates store panel2

. qui xtreg misc dim rgspgrowth unrate if qdate<=yq(2009,4), fe
. qui predict misc_u, u
. estimates store panel3
.
. by state: egen dlndim_u2=mean(dlndim_u)
. by state: egen sheet_u2=mean(sheet_u)
. by state: egen misc_u2=mean(misc_u)
```

아래 그림 16-11에서는 동적예측 관련 명령어를 순서대로 보여준다. 앞선 예제들과 거의 유사하다. 다만 xtreg, fe가 세 번 실행되었기 때문에 각 추정결과를 forecast estimates 명령문으로 불러와야 한다. 또한 패널 모형에서는 forecast adjust 명령어가 매우 중요한 역할을 한다. 이 명령문은 다음 식을 계산하여 dlndim 변수를 대신한다.

$$\widehat{D\ln\dim}_{it} = X\hat{\beta} + \hat{u}_{1i} \tag{16.26}$$

위 식과 같이 $\hat{u}_i$를 더한 값이 각 패널그룹의 최종 예측치가 된다. forecast solve 명령문에서 그림 16-9와 같이 95% 신뢰구간을 만들기 위해 simulate 옵션을 추가한다. 마지막에 제시된 선그래프는 1번 패널 그룹의 예측값과 실제값, 그리고 95% 신뢰구간이다.

| 그림 16-11 |

```
. forecast create panel_model, replace

. forecast estimates panel1, name(dlndim)
. forecast adjust dlndim=dlndim+dlndim_u2

. forecast estimates panel2
. forecast adjust sheet=sheet+sheet_u2

. forecast estimates panel3
. forecast adjust misc=misc+misc_u2

. forecast identity lndim=L.lndim+dlndim
. forecast identity dim=exp(lndim)
.
. forecast exogenous lnstarts rgspgrowth unrate

. set seed 1234
. forecast solve , prefix(d_) begin(tq(2010q1)) simulate(betas,
statistic(stddev, prefix(sd_)) reps(100))

Computing dynamic forecasts for model panel_model.
--------------------------------------------------

Starting period:  2010q1
Ending period:    2011q4
Number of panels: 5
Forecast prefix:  d_

Solving panel 1
Solving panel 2
Solving panel 3
Solving panel 4
Solving panel 5

Performing simulations (100)
----+--- 1 ---+--- 2 ---+--- 3 ---+--- 4 ---+--- 5
..................................................    50
..................................................   100

Forecast 5 variables spanning 8 periods for 5 panels.
-----------------------------------------------------


. gen upper_dim=d_dim+invnormal(0.975)*sd_dim
. gen lower_dim=d_dim-invnormal(0.975)*sd_dim

. twoway (tsrline upper_dim lower_dim, recast(rarea)) (tsline dim,
lpattern(solid)) (tsline d_dim)  if qdate>=yq(2008,1) & state==1, scheme(s2mono)
```

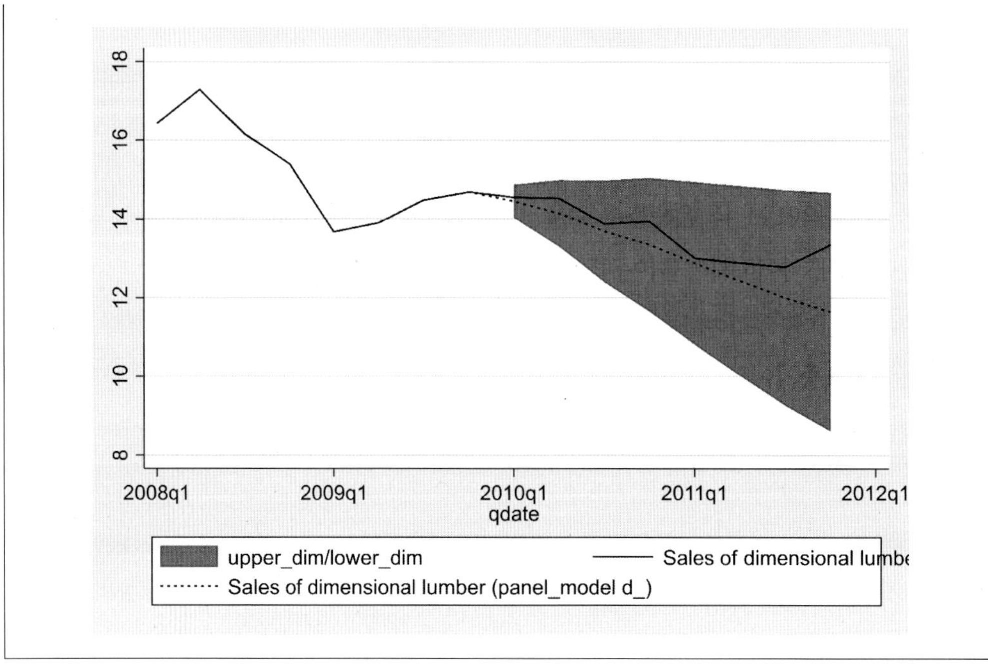

data file: T_data16_6.dta

예제 데이터는 2008년 1월~2014년 1월까지 서울지역 아파트 매매가격 지수와 아파트 거래량 변수를 포함하고 있다. 다음과 같은 거래량 예측모형을 설정해 보자.

$$lhq_t = \alpha + \beta_1 lhp_t + \beta_2 lhp_{t-1} + e_t \tag{16.24}$$

내생변수는 lhq_t 이고, 외생변수는 lhp_t 라고 가정하자. 만약 연구자가 2014년 2월~2014년 12월까지 거래량 예측결과를 구하고자 하면 forecast 명령문을 어떻게 활용할 수 있을까? 이 예제에서 중요한 문제는 lhp_t 변수를 외생변수로 가정하였는데, 이 변수의 2014년 2월~2014년 12월까지 데이터가 존재하지 않는다. 따라서 lhq_t 예측치 역시 계산될 수 없다.*

먼저 1단계 작업은 lhp_t 변수에 대한 표본외 예측을 계산해야 한다. lhp_t 변수에 대한 모형을 간단한 AR(1) 모형으로 가정하자.

$$lhp_t = \gamma_0 + \gamma_1 lhp_{t-1} + \epsilon_t \tag{16.25}$$

여기에서 hq_t 를 예측하기 위해 식 16.24와 식 16.25, 그리고 다음과 같은 항등식이 필

* 가령 2014년 2월 lhq_t 예측치를 구하기 위해서는 2014년 2월 lhp_t 값이 필요하기 때문이다.

요하다.

$$hq_t \equiv \exp(lhq_t) \tag{16.26}$$

아래 그림 16-12에서는 먼저 식 16.24와 식 16.15를 각각 추정한 다음, 그 결과를 저장한다. 식 16.25의 오른쪽 변수로 lhq_t를 포함하지 않기 때문에 각 방정식에 대해 OLS 추정량을 얻으면 일치추정량이 된다. 표본이 끝나는 2014년 1월 이후 예측치를 얻기 위해 2014년 2월~2014년 12월(총 11개월) 표본을 추가한다. 이는 **tsappend** 명령어를 사용하면 된다.

| 그림 16-12 |

```
. use T_data16_6, clear
. tsset month
        time variable:  month, 2008m1 to 2014m1
                delta:  1 month

. gen rhprice=100*(hprice/cpi)
. gen lhq=log(quantity)
. gen lhp=log(rhprice)

.
. qui reg lhp L.lhp
. estimates store lhp

. qui reg lhq lhp L.lhp
. estimates store lhq

. tsappend, add(11)
```

다음으로 **forecast create** 명령어로 예측결과를 저장하는 이름을 지정한다. 또한 **forecast estimates** 명령어로 각각 "lhp"와 "lhq" 추정결과를 불러온다. lhq_t는 거래량(quantity 변수)에 로그를 취한 값이므로 **forecast identity** 명령문을 추가한다. **forecast solve** 명령어로 표본외 예측을 실행한다. 모형에 의해 예측된 결과가 마지막에 선그래프로 나와 있다.*

* 예측결과가 거의 수평선으로 나온 이유는 모형 설정 때문이다. 본 예제에서는 모형 자체의 적절성에 대해서는 고려하지 않고 있다.

| 그림 16-13 |

```
. forecast create lhq_model, replace
  Forecast model lhq_model started.
. forecast estimates lhq
  Added estimation results from regress.
  Forecast model lhq_model now contains 1 endogenous variable.

. forecast estimates lhp
  Added estimation results from regress.
  Forecast model lhq_model now contains 2 endogenous variables.

. forecast identity quantity=exp(lhq)
  Forecast model lhq_model now contains 3 endogenous variables.

. forecast solve , begin(tm(2014m2)) prefix(d_)

Computing dynamic forecasts for model lhq_model.
------------------------------------------------

Starting period:  2014m2
Ending period:    2014m12
Forecast prefix:  d_

2014m2:  ...............
------------------------------------ 결과 중략 ------------------------------

Forecast 3 variables spanning 11 periods.
-----------------------------------------

. tsline quantity d_quantity if month>=ym(2013,1)
```

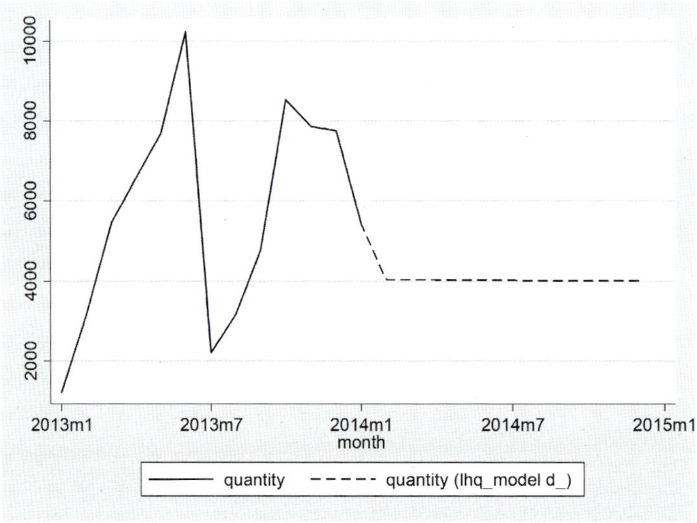

16.5 Stata do file

```
use T_data16_1,clear
tsset t
gen trend=_n-1
reg D.ln_wpi LD.ln_wpi trend
estimates store reg_model

forecast create reg1, replace
forecast estimates reg_model ,name(dlnwpi)
forecast identity ln_wpi=L.ln_wpi+dlnwpi
forecast exogenous trend
forecast solve , prefix(s_) begin(tq(1960q3)) static

tsline ln_wpi s_ln_wpi if t>=yq(1976,1)

qui reg D.ln_wpi LD.ln_wpi trend if t<=yq(1988,4)
estimates store reg_model
capture drop dlnwpi
forecast create reg1, replace
forecast estimates reg_model ,name(dlnwpi)
forecast identity ln_wpi=L.ln_wpi+dlnwpi
forecast exogenous trend
forecast solve , prefix(d_) begin(tq(1989q1))
tsline ln_wpi d_ln_wpi if t>=yq(1986,1)

qui reg D.ln_wpi LD.ln_wpi trend if t<=yq(1988,4)
estimates store reg_model1

capture forecast drop , prefix(d_)
capture drop dlnwpi
forecast create reg1, replace
forecast estimates reg_model1 ,name(dlnwpi)
forecast identity ln_wpi=L.ln_wpi+dlnwpi
forecast exogenous trend
forecast solve , prefix(d_) begin(tq(1989q1))
capture drop ln_wpi_model1
rename d_ln_wpi ln_wpi_model1
label var ln_wpi_model1 "AR(1)"

qui reg D.ln_wpi LD.ln_wpi L2D.ln_wpi trend if t<=yq(1988,4)
estimates store reg_model2

capture forecast drop , prefix(d_)
capture drop dlnwpi
forecast create reg1, replace
```

```
forecast estimates reg_model2 ,name(dlnwpi)
forecast identity ln_wpi=L.ln_wpi+dlnwpi
forecast exogenous trend
forecast solve , prefix(d_) begin(tq(1989q1))
capture drop ln_wpi_model2
rename d_ln_wpi ln_wpi_model2
label var ln_wpi_model2 "AR(2)"

tsline ln_wpi ln_wpi_model1 ln_wpi_model2 if t>=yq(1988,1)

use T_data16_2, clear
tsset year
reg3 (c p L.p wp) (i p L.p L.k) if year<=1937, endog(p) exog(wp t g)
estimates store reg3_model

forecast create reg3, replace
forecast estimates reg3_model
forecast identity y=c+i+g
forecast identity p=y-t-wp
forecast identity k=L.k+i
forecast exogenous wp t g
forecast solve , prefix(d_) begin(1938)

tsline c d_c if year>1930, name(graph1, replace)  nodraw
tsline i d_i if year>1930, name(graph2, replace)  nodraw
tsline y d_y if year>1930, name(graph3, replace)  nodraw
tsline p d_p if year>1930, name(graph4, replace)  nodraw
tsline k d_k if year>1930, name(graph5, replace)  nodraw
graph combine graph1 graph2 graph3 graph4 graph5, col(3) row(2)

use T_data16_3, clear
tsset qdate
var gdp oil , lag(1/2)
estimates store var2
tsappend, add(8)
forecast create var_model, replace
forecast estimates var2
forecast solve, prefix(d_) begin(tq(2008q1))

tsline gdp d_gdp if qdate>=yq(2006,1), title("gdp") ///
name(graph1, replace) nodraw

tsline oil d_oil if qdate>=yq(2006,1), title("oil") ///
name(graph2, replace) nodraw

graph combine graph1 graph2
```

```
forecast adjust oil=6.28 if qdate>=yq(2008,1) & qdate<=yq(2008,4)
forecast adjust oil=1.28 if qdate>=yq(2009,1) & qdate<=yq(2009,4)
forecast solve, prefix(d1_) begin(tq(2008q1))
label var d_gdp "BS forecast"
label var d1_gdp "SS forecast"
tsline gdp d_gdp d1_gdp if qdate>=yq(2006,1)

use T_data16_2, clear
qui tsset year
qui reg3 (c p L.p wp) (i p L.p L.k) if year<=1937, endog(p) exog(wp t g)
estimates store reg3_model
forecast create reg3, replace
forecast estimates reg3_model
forecast identity y=c+i+g
forecast identity p=y-t-wp
forecast identity k=L.k+i
forecast exogenous wp t g

set seed 1234
forecast solve , prefix(d_) begin(1938) ///
simulate(betas, statistic(stddev, prefix(sd_)) reps(100))

gen upper_c=d_c+invnormal(0.975)*sd_c
gen lower_c=d_c-invnormal(0.975)*sd_c
twoway (tsrline upper_c lower_c, recast(rarea)) ///
 (tsline c, lpattern(solid)) (tsline d_c)  if year>1933

use T_data16_5, clear
tsset state qdate

gen lndim =ln(dim)
gen lnstarts=ln(starts)

qui xtreg D.lndim lnstarts rgspgrowth unrate if qdate<=yq(2009,4), fe
qui predict dlndim_u, u
estimates store panel1

qui xtreg sheet dim lnstarts rgspgrowth unrate if qdate<=yq(2009,4), fe
qui predict sheet_u, u
estimates store panel2

qui xtreg misc dim rgspgrowth unrate if qdate<=yq(2009,4), fe
qui predict misc_u, u
estimates store panel3
```

```
by state: egen dlndim_u2=mean(dlndim_u)
by state: egen sheet_u2=mean(sheet_u)
by state: egen misc_u2=mean(misc_u)

forecast create panel_model, replace
forecast estimates panel1, name(dlndim)
forecast adjust dlndim=dlndim+dlndim_u2

forecast estimates panel2
forecast adjust sheet=sheet+sheet_u2
forecast estimates panel3
forecast adjust misc=misc+misc_u2

forecast identity lndim=L.lndim+dlndim
forecast identity dim=exp(lndim)

forecast exogenous lnstarts rgspgrowth unrate
set seed 1234
forecast solve , prefix(d_) begin(tq(2010q1)) ///
simulate(betas, statistic(stddev, prefix(sd_)) reps(100))

gen upper_dim=d_dim+invnormal(0.975)*sd_dim
gen lower_dim=d_dim-invnormal(0.975)*sd_dim

twoway (tsrline upper_dim lower_dim, recast(rarea)) ///
(tsline dim, lpattern(solid)) (tsline d_dim) ///
 if qdate>=yq(2008,1) & state==1 , scheme(s2mono)

use T_data16_6, clear
tsset month
gen rhprice=100*(hprice/cpi)
gen lhq=log(quantity)
gen lhp=log(rhprice)

qui reg lhp L.lhp
estimates store lhp
qui reg lhq lhp L.lhp
estimates store lhq
tsappend, add(11)

forecast create lhq_model, replace
forecast estimates lhq
forecast estimates lhp
forecast identity quantity=exp(lhq)
forecast solve , begin(tm(2014m2)) prefix(d_)
tsline quantity d_quantity if month>=ym(2013,1)
```

참고문헌

민인식 · 최필선(2007), STATA를 이용한 몬테카를로 시뮬레이션, *Korean Journal of STATA*, 제1권 1호.

민인식 · 최필선 (2019a), 『STATA 기초적 이해와 활용 : 15-16버전』, 지필미디어.

민인식 · 최필선 (2019b), 『STATA 기초통계와 회귀분석 : 15-16버전』, 지필미디어.

민인식 · 최필선 (2022b), 『STATA 패널데이터 분석: 16-17버전』, 지필미디어.

민인식 · 최필선 (2019c), 『STATA 고급 패널데이터 분석: 15-16버전』, 지필미디어.

민인식 최필선 (2021), 『STATA 고급통계 분석: 16-17버전』, 지필미디어.

Adkins, L. C. and R. C. Hill (2011) *Using Stata for Principles of Econometrics*, Wiley.

Ahn, S. K. and G. C. Reinsel (1990) Estimation for Partially Nonstationary Multivariate Autoregressive Models, *Journal of American Statistical Association*, 85: 813-823.

Arbigo, M. R. M and I. Love (2016). Estimation of panel vector autoregression in Stata. *The Stata Journal*, 16(3): 778-804.

Arellano, M. and O. Bover (1995) Another Look at the Instrumental Variable Estimation of Error Component Models, *Journal of Econometrics*, 68: 29-51.

Becketti, S. (2012) *Introduction to Time Series Using Stata*, Stata Press.

Bollerslev, T. (1986) Generalized Autoregressive Conditional Heteroskedasticity, *Journal of Econometrics*, 31: 307-327.

Chamberlain, G. (1983) "Panel Data," Chapter 22 in *The Handbook of Econometrics* Volume II, Z. Griliches and M. Intrilligator (eds), Amsterdam: North-Holland Publishing.

Chatfield, C. (2001) *Time-series Forecasting*, London, Chapman & Hall/CRC.

Choi, I. (2001) Unit Root Tests for Panel Data, *Journal of International Money and Finance*, 20: 249-272.

Davison, R. and J. G. MacKinnon (1993) *Estimation and Inference in Econometrics*, Oxford University Press.

Dickey, D. A. and W. A. Fuller (1979) Distribution of the Estimators for Autoregressive Time Series with a Unit Root, *Journal of American Statistical Association*, 74: 427-431.

Enders, W. (2004) *Applied Econometric Time Series*, Wiley.

Engle, R. F. (1982) Autoregressive Conditional Heteroskedasticity with Estimates of the Variance of United Kingdon Inflation, *Econometrica*, 50: 987-1007.

Engle, R. F. and C. W. Granger (1987) Cointegration and Error Correction: Representation, Estimation and Testing, *Econometrica*, 55: 251-276.

Fama, E. F. and J. D. MacBeth (1973) Risk, Returns and Equilibrium: Empirical Tests, *Journal of Political Economy*, 81: 607-636.

Gardner, E. S. (1985) Exponential Smoothing: The State of the Art, *Journal of Forecasting*, 4: 1-28.

Granger, C. W. (1969) Investigating Causal Relations by Econometric Models and Cross-spectral Methods, *Econometrica*, 37: 424-438.

Hamilton, J. (1994) *Time Series Analysis*, Princeton University Press.

Harris, R. D. and E. Tzavalis (1999) Inference for Unit Roots in Dynamic Panels Where the Time Dimension Is Fixed, *Journal of Econometrics*, 91: 201-226.

Hill. R. C., E. G. William, and C. L. Guay (2012) *Principles of Econometrics*, Wiley.

Hodrick, R. J. and E. C. Prescott (1997). Postwar U.S. business cycles: An empirical investigation. *Journal of Money, Credit, and Banking* 19: 1-16.

Holtz, E. D., D. W. Newey and H. Rosen (1988). Estimating Vector Autoregression with Panel Data, *Econometrica*, 56: 1371-1395.

Im, K. S., H. Pesaran and Y. Shin (2003) Testing for Unit Roots in Heterogenous Panels, *Journal of Econometrics*, 115: 53-74.

Johansen, S. (1988) Statistical Analysis of Cointegration Vectors, *Journal of Economic Dynamics and Control*, 12: 231-254.

Kao, C. (1999) Spurious Regression and Residual-Based Tests for Cointegration in Panel Data, *Journal of Econometrics*, 90: 1-44.

Klein, L. R. (1950) Economic Fluctuations in the United States 1921-1941, New York,

Wiley.

Levin, A., F. Lin and C. Chu (2002) Unit Root Tests in Panel Data: Asymptotic and Finite-sample Properties. *Journal of Econometrics*, 108: 1-24.

Love, I. and L. Ziccino (2006) Financial Development and Dynamic Investiment Behavior: Evidence from Panel VAR. *Quarterly Review of Economics and Finance*, 46: 190-210.

Lutkepohl, H. (2005) *New Introduction to Multiple Time Series Analysis*, New York, Springer.

Nickell, S. (1981) Biases in Dynamic Models with Fixed Effects, *Econometrica*, 49: 1417-1426.

O'Connell, P. G. (1998) The Overvaluation of Purchasing Power Parity. *Journal of International Economics*, 44: 1-19.

Pesaran, M. H. and R. P. Smith (1995) Estimation of Long-run Relationships form Dynamic Heterogenous Panels, *Journal of Econometrics*, 68: 79-113.

Pesaran, M. H., Y. Shin and R. J. Smith (2000) Structural Analysis of Vector Error Correction Models with Exogenous I(1) Variables, *Journal of Econometrics*, 97:293-343.

Persyn, D. and J. Westerlund (2008) Error Correction Based Cointegration Tests for Panel Data. *Stata Journa*l, 8(2): 232-241.

Ravn, M. O. and H. Ulhig (2002). On adjusing the Hodrick-Prescott filter for the frequency of observations. *Review of Economics and Statistics* 84:371-376.

Sims, C. A. (1980) Macroeconomics and Reality, *Econometrica*, 48: 1-48.

Stata Manual, [TS] *Time Series*, Stata Press.

Stata Manual, [XT] *Longitudinal Data/Panel Data*, Stata Press.

U.S. Census Bureau (2011) *X-12-ARIMA Reference Manual* (Version 0.3). http://www.censu.gov/ts/x12a/v03/x12adocV03.pdf

Verbeek, M. (2008) *A Guide to Modern Econometrics*, Wiley.

Wang, Q. and N. Wu (2012) Menu-driven X-12-ARIMA Seasonal Adjustment In Stata, *Stata Journal*, 12(2): 214-241.

Westerlund, J. (2007) Testing for Error Correction in Panel Data. *Oxford Bulletin of Economics and Statistics*, 69(6): 709-748.

찾아보기

저자 약력

- 민인식
  - 서울대학교 사회과학대학 경제학부 졸업
  - Texas A&M University 경제학과 대학원 졸업 (경제학 박사)
  - 정보통신정책연구원 책임연구원
  - Adjunct Professor, School of Public Health, Texas A&M University
  - (현) 경희대학교 정경대학 경제학과 교수

- 최필선
  - 서울대학교 사회과학대학 국제경제학과 및 동 대학원 졸업
  - Texas A&M University 경제학과 대학원 졸업 (경제학 박사)
  - 예금보험공사 연구위원, 금융감독원 팀장
  - (현) 건국대학교 상경대학 국제무역학과 교수

STATA 시계열데이터분석 16-17version 2판
STATA Time Series Data Analysis version16-17 2nd edition

발 행 일 2022년 1월 28일 2판 1쇄
저 자 민인식, 최필선
발 행 인 김성남
발 행 처 (주)지필미디어

주 소 경기도 파주시 문발로 115 세종밴처타운 404호
전 화 031-957-4504
팩 스 031-957-4503
이 메 일 book@jiphil.co.kr
홈페이지 www.jiphil.co.kr
등록번호 제 312-1997-000043호 (1997년 07월 16일)

I S B N 979-11-86674-90-1 (93310)
가 격 30,000원